영재학급, 영재교육원,
경시대회 준비를 위한



창의사고력
초등수학

# 팩토

Lv. 1
기본 B

규칙 · 기하 · 문제해결력

# 머리말

“

서로 다른 펜토미노 조각 퍼즐을 맞추어
직사각형 모양을 만들어 본 경험이 있는지요?

한참을 고민하여 스스로 완성한 후 느끼는 행복은 꼭 말로 표현하지 않아도 알겠지요. 퍼즐 놀이를 했을 뿐인데, 여러분은 펜토미노 12조각을 어느 사이에 모두 외워버리게 된답니다. 또 보도블록을 보면서 조각 맞추기를 하고, 화장실 바닥과 벽면의 조각들을 보면서 멋진 퍼즐을 스스로 만들기도 한답니다.
이 과정에서 공간에 대한 감각과 또 다른 퍼즐 문제, 도형 맞추기, 도형 나누기 에 대한 자신감도 생기게 되지요. 완성했다는 행복감보다 더 큰 자신감과 수학에 대한 흥미가 생기게 되는 것입니다.

팩토가 만드는 창의사고력 수학은 바로 이런 것입니다.

수학 문제를 한 문제 풀었을 뿐인데, 그 결과는 기대 이상으로 여러분을 행복하게 해줍니다. 학교에서도 친구들과 다른 멋진 방법으로 문제를 해결할 수 있고, 중학생이 되어서는 더 큰 꿈을 이루는 밑거름이 되어 줄 것입니다.
물론 고민하고, 시행착오를 반복하는 것은 퍼즐을 맞추는 것과 같이 여러분들의 몫입니다. 팩토는 여러분에게 생각할 수 있는 기회를 주고, 그 과정에서 포기하지 않도록 여러분들을 도와주는 친구가 되어줄 것입니다.
자 그럼 시작해 볼까요?

”

# Contents

## Ⅰ 규칙

## Ⅱ 기하

## Ⅲ 문제해결력

# 구성과 특징

## 팩토를 공부하기 前 » 진단평가

1 매스티안 홈페이지 www.mathtian.com의 교재 자료실에서 해당 학년의 진단평가 시험지와 정답지를 다운로드 하여 출력한 후 정해진 시간 안에 풀어 봅니다.

2 학부모님 또는 선생님이 정답지를 참고하여 채점하고 채점한 결과를 홈페이지에 입력한 후 팩토 교재 추천을 받습니다.

## 팩토를 공부하는 방법

### ① 원리 탐구하기

하나의 주제에서 배우게 될 중요한 2가지 원리를 요약 정리하였습니다.

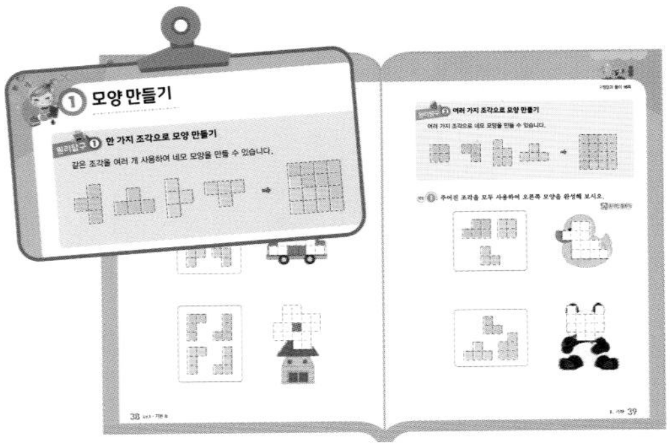


### ② 대표 유형 익히기

각종 경시대회, 영재교육원 기출 유형을 대표 문제로 소개하며 사고의 흐름을 단계별로 전개하였습니다.

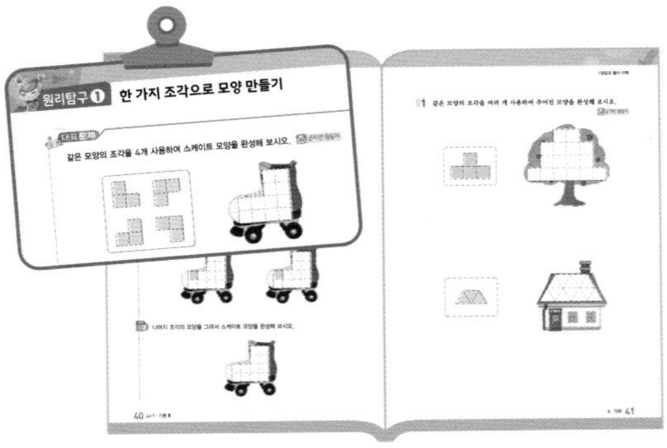

## ③ 실력 키우기

다양한 통합형 문제를 빠짐없이 수록하여 내실있는 마무리 학습을 제공합니다.

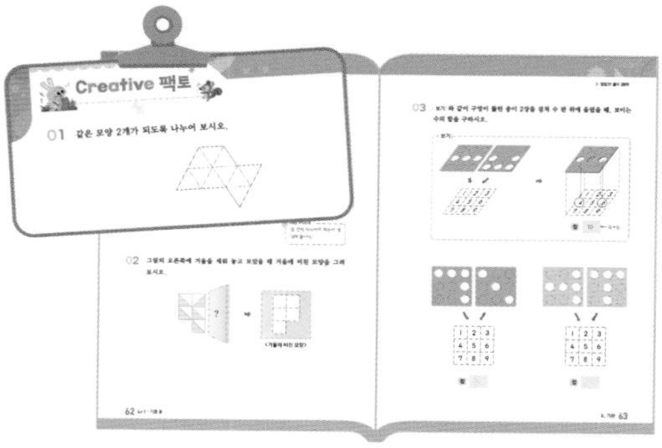


## ④ 영재교육원 다가서기

경시대회는 물론 새로워진 영재교육원 선발 문제인 영재성 검사를 경험할 수 있는 개방형, 다답형 문제를 담았습니다.

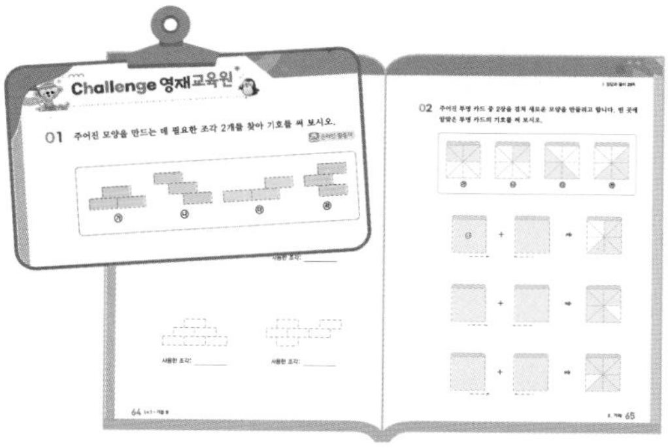


## ⑤ 명확한 정답 & 친절한 풀이

채점하기 편하게 직관적으로 정답을 구성하였고, 틀린 문제를 이해하거나 다양한 접근을 할 수 있도록 친절하게 풀이를 담았습니다.

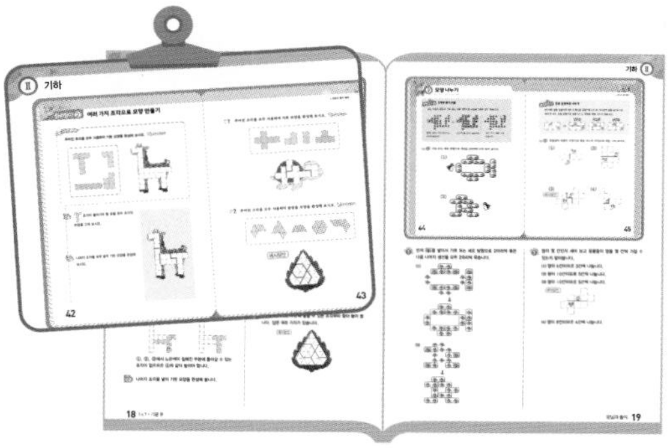

### 팩토를 공부하고 난 後 » 형성평가·총괄평가

1. 팩토 교재의 부록으로 제공된 형성평가와 총괄평가를 정해진 시간 안에 풀어 봅니다.
2. 학부모님 또는 선생님이 정답지를 참고하여 채점하고 채점한 결과를 매스티안 홈페이지 www.mathtian.com에 입력한 후 학습 성취도와 다음에 공부할 팩토 교재 추천을 받습니다.

# I

# 규 칙

## 학습 Planner

계획한 대로 공부한 날은 😀에, 공부하지 못한 날은 ☹️에 ○표 하세요.

| 공부할 내용 | 공부할 날짜 | 확 인 |
|---|---|---|
| 1 규칙 | 월 일 | 😀 ｜ ☹️ |
| 2 이중 규칙 | 월 일 | 😀 ｜ ☹️ |
| 3 수 규칙 | 월 일 | 😀 ｜ ☹️ |
| 4 유비 추론 | 월 일 | 😀 ｜ ☹️ |
| Creative 팩토 | 월 일 | 😀 ｜ ☹️ |
| Challenge 영재교육원 | 월 일 | 😀 ｜ ☹️ |

# ① 규칙

## 원리탐구 ① 반복 규칙

규칙적으로 나열된 모양에서 규칙을 찾아 색깔, 모양, 크기 등의 반복되는 부분을 찾을 수 있습니다.

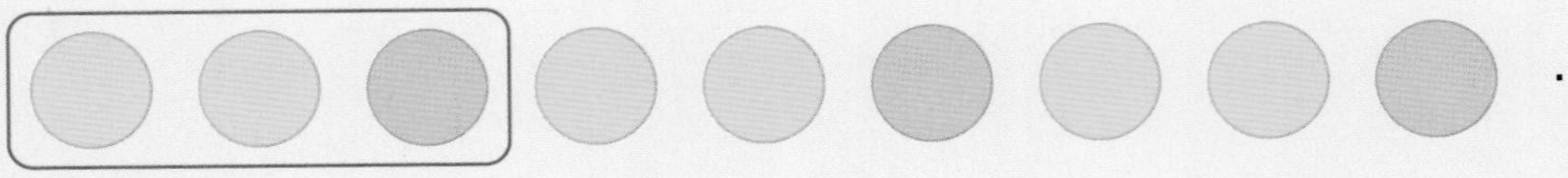

➡ 색깔이 ___, ___, ___으로 반복됩니다.

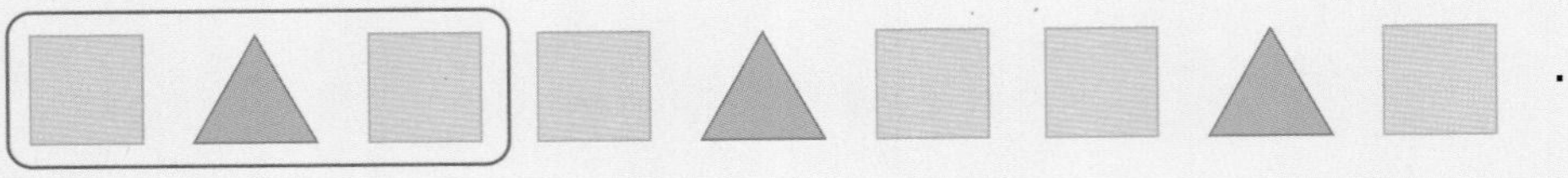

➡ 모양이 □, △, □으로 반복됩니다.

**확인 1.** 반복되는 부분을 찾아 ⬭로 묶어 보시오.

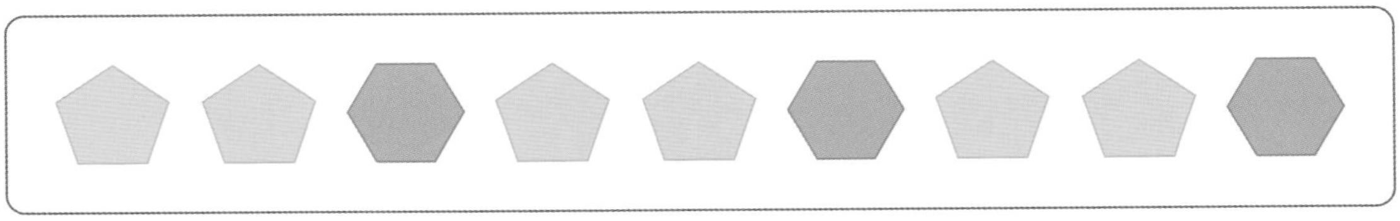

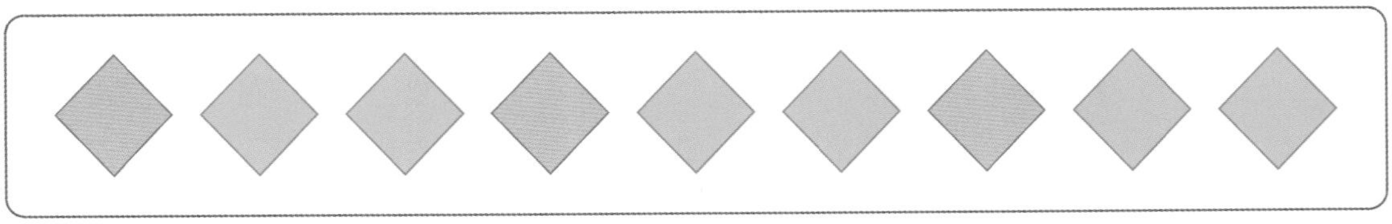

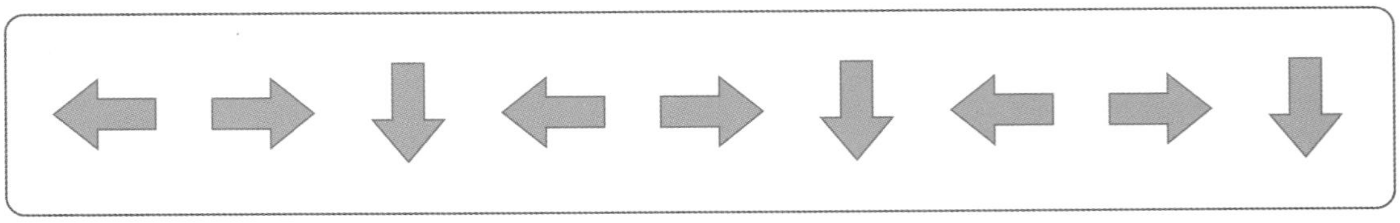

## 원리탐구 ② 회전 규칙

모양이 시계 방향 또는 시계 반대 방향으로 일정한 규칙에 따라 회전하는 규칙을 회전 규칙이라고 합니다.

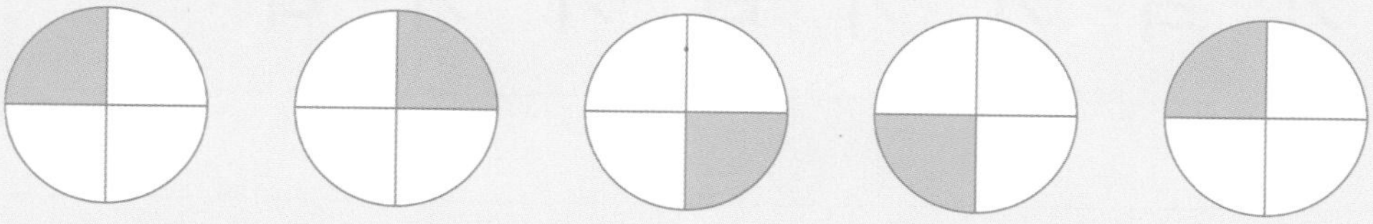

**규칙** 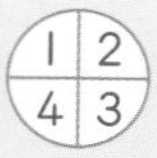

라고 할 때, 색칠한 부분이 1 ⟶ 2 ⟶ 3 ⟶ 4의 순서를 반복하면서 이동합니다.

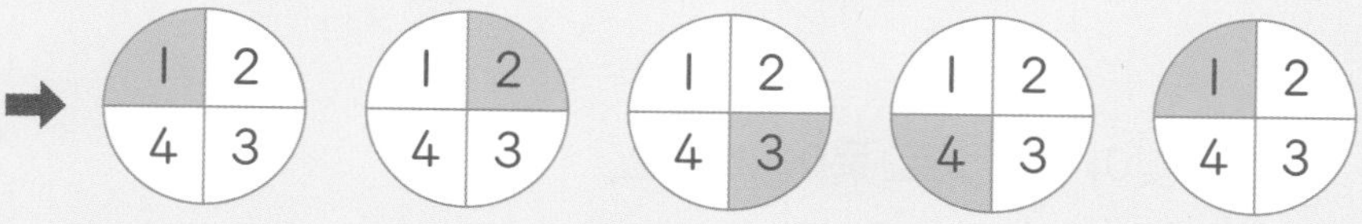


**확인 1.** 규칙을 찾아 ☐ 안에 알맞은 수를 써넣으시오.

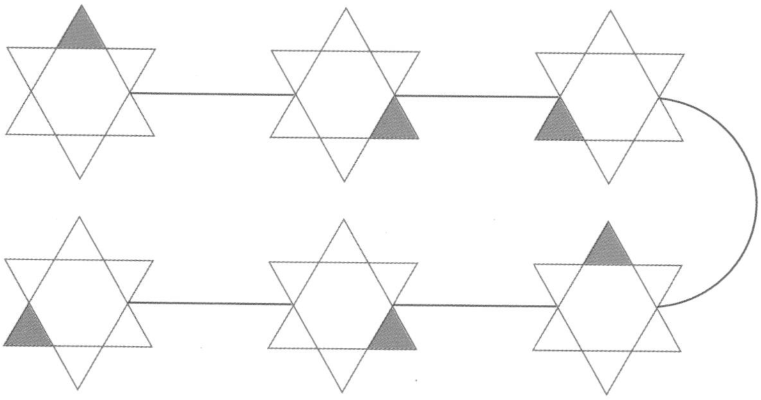

**규칙** 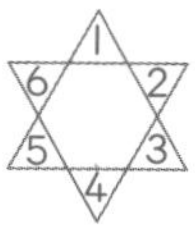

이라고 할 때, 색칠한 부분이 ☐ ⟶ ☐ ⟶ ☐ 의 순서를 반복하면서 이동합니다.

# 원리탐구 ❶ 반복 규칙

**대표문제**

규칙에 따라 ☐ 안에 알맞은 글자를 써넣으시오.

| | | | | | | | | |
|---|---|---|---|---|---|---|---|---|
| 기 | 러 | 기 | 기 | 러 | 기 | 기 | 러 | ☐ |

| | | | | | | | | | | |
|---|---|---|---|---|---|---|---|---|---|---|
| M | A | T | H | M | A | T | H | M | A | ☐ |

**STEP 01** 반복되는 부분을 찾아 ⬭로 묶어 보시오.

| | | | | | | | | |
|---|---|---|---|---|---|---|---|---|
| 기 | 러 | 기 | 기 | 러 | 기 | 기 | 러 | ☐ |

| | | | | | | | | | | |
|---|---|---|---|---|---|---|---|---|---|---|
| M | A | T | H | M | A | T | H | M | A | ☐ |

**STEP 02** STEP 01의 반복되는 부분을 보고 ☐ 안에 알맞은 글자를 써넣으시오.

| | | | | | | | | |
|---|---|---|---|---|---|---|---|---|
| 기 | 러 | 기 | 기 | 러 | 기 | 기 | 러 | ☐ |

| | | | | | | | | | | |
|---|---|---|---|---|---|---|---|---|---|---|
| M | A | T | H | M | A | T | H | M | A | ☐ |

> 정답과 풀이 3쪽

**01** 규칙에 따라 ▢ 안에 알맞은 모양이나 숫자를 써넣으시오.

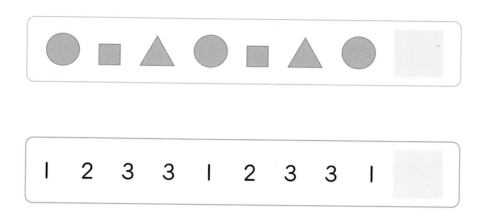

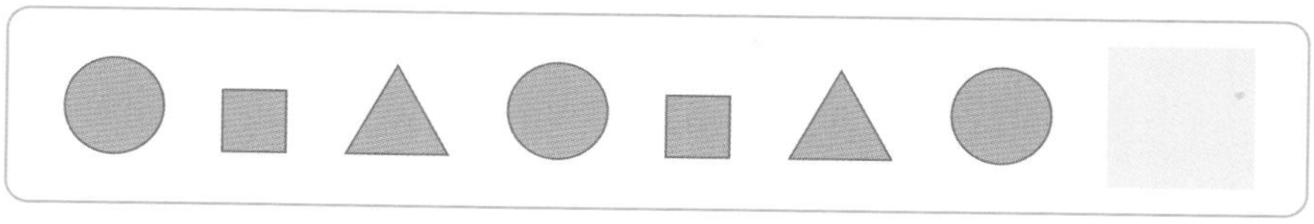

| | | | | | | | | | |
|---|---|---|---|---|---|---|---|---|---|
| 1 | 2 | 3 | 3 | 1 | 2 | 3 | 3 | 1 | |

**02** | 규칙 |에 맞게 왼쪽부터 알맞은 그림을 그려 보시오.

| 규칙 |

○, △, □ 순서로 반복됩니다.

| | | | | | | |
|---|---|---|---|---|---|---|
| | | | | | | |

| 규칙 |

△, ○, △ 순서로 반복됩니다.

| | | | | | | |
|---|---|---|---|---|---|---|
| | | | | | | |

# 원리탐구 ② 회전 규칙

대표문제

규칙을 찾아 마지막 모양에 알맞게 색칠해 보시오.

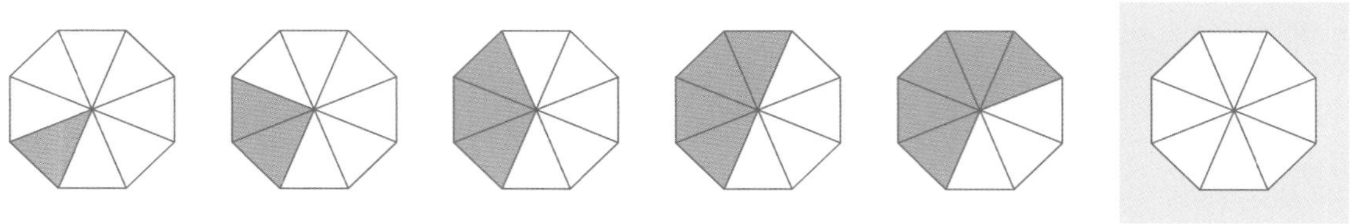

STEP 01 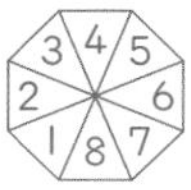

이라고 할 때, 색칠된 칸에 숫자 1, 2, 3…을 순서대로 써넣으시오.

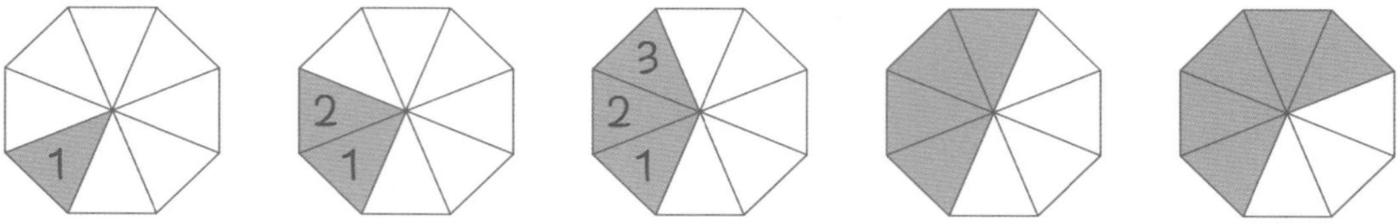


STEP 02 STEP 01 에서 찾은 규칙에 따라 마지막 모양에 알맞게 색칠해 보시오.

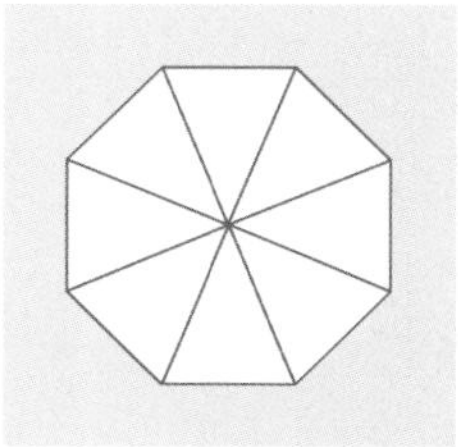

› 정답과 풀이 4쪽

**01** 규칙을 찾아 마지막 모양에 알맞게 색칠해 보시오.

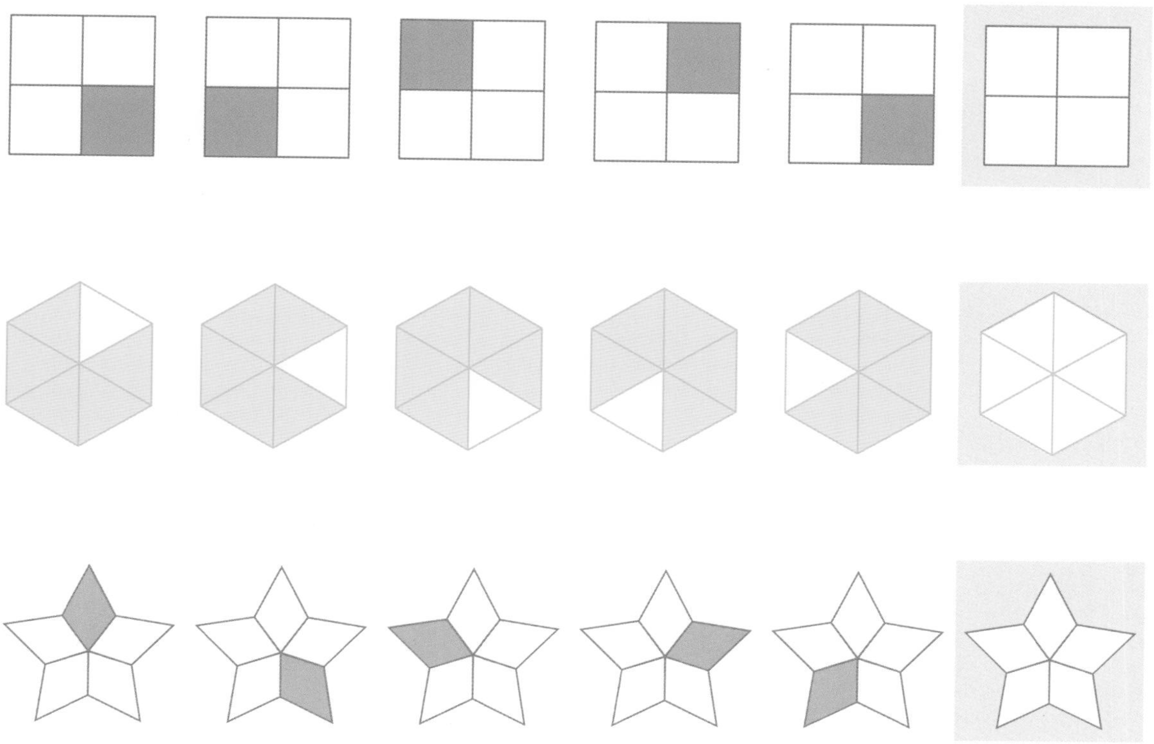

**02** 규칙을 찾아 빈칸에 알맞게 색칠해 보시오.

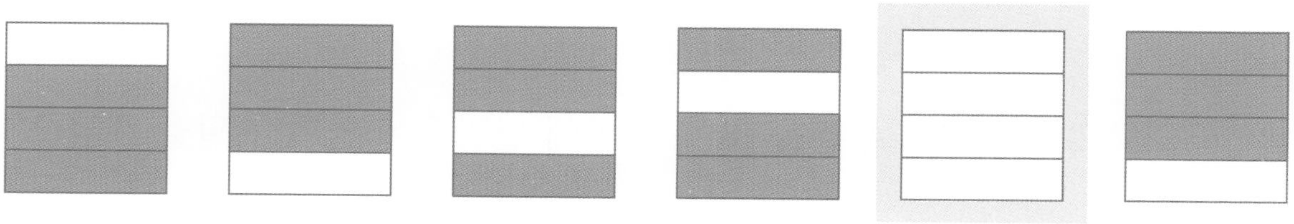

# ② 이중 규칙

## 원리탐구 ① 이중 규칙 (1)

모양과 색깔이 반복되어 나타나는 것을 보고 규칙을 찾아봅니다.

규칙1 모양이 ♤, ◇, ♡으로 반복됩니다.

규칙2 색깔이 ______ , ______ 으로 반복됩니다.

**확인 1. 규칙에 따라 늘어놓은 모양입니다. 물음에 답해 보시오.**

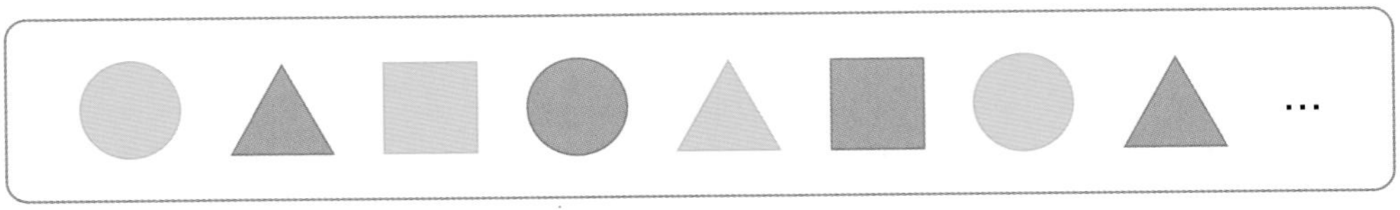

(1) 빈칸에 알맞은 모양과 색깔을 써넣으시오.

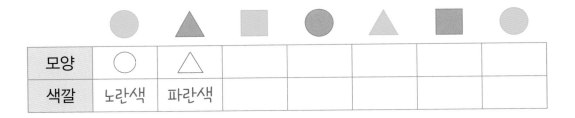

| 모양 | ○ | △ | | | | | |
|---|---|---|---|---|---|---|---|
| 색깔 | 노란색 | 파란색 | | | | | |

(2) 반복되는 부분을 찾아 ☐ 안에 알맞은 모양이나 말을 써넣으시오.

모양 반복 ○ ➡ ☐ ➡ ☐

색깔 반복 ☐ 색 ➡ ☐ 색

## 원리탐구 ② 이중 규칙 (2)

색깔과 개수가 반복되어 나타나는 것을 보고 규칙을 찾아봅니다.

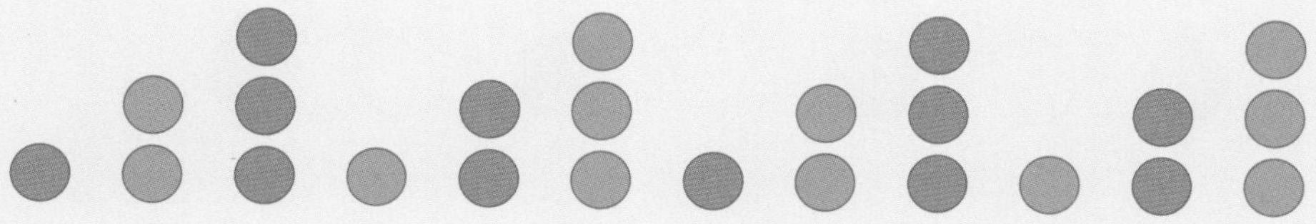

규칙1 색깔이 , 으로 반복됩니다.

규칙2 개수가 1개, 2개, 3개로 반복됩니다.

**확인 1.** 규칙에 따라 바둑돌을 늘어놓은 모양입니다. 물음에 답해 보시오.

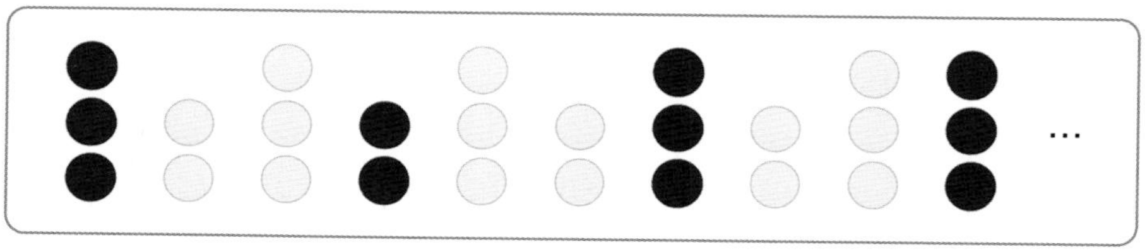

(1) 빈칸에 알맞은 개수와 색깔을 써넣으시오.

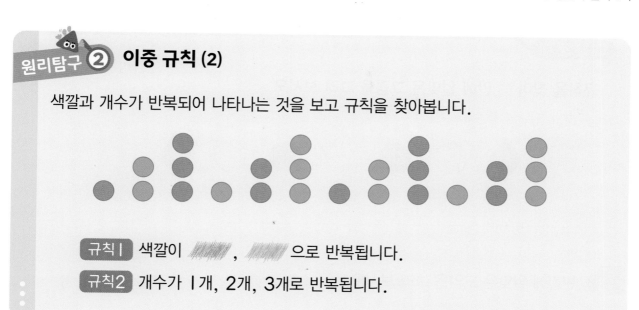

| | | | | | | | |
|---|---|---|---|---|---|---|---|
| 개수 | 3 | 2 | | | | | |
| 색깔 | 검은색 | 흰색 | | | | | |

(2) 반복되는 부분을 찾아 □ 안에 알맞은 숫자나 말을 써넣으시오.

개수 반복 3 개 ➡ □ 개

색깔 반복 □ 색 ➡ □ 색 ➡ □ 색

# 원리탐구 1 이중 규칙 (1)

**대표문제**

규칙을 찾아 ▢ 안에 알맞은 그림을 그려 보시오.

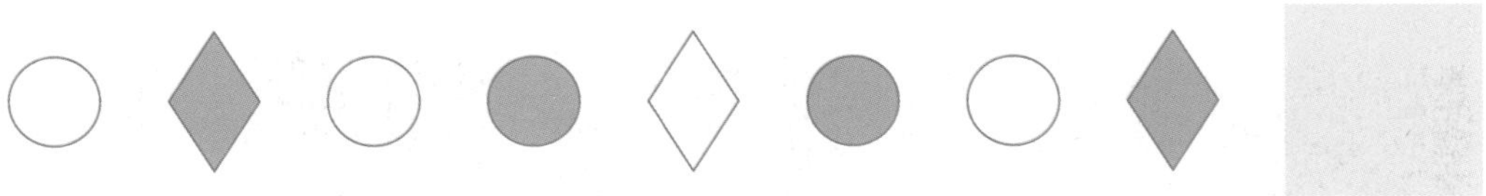

**STEP 01** 빈칸에 알맞은 모양을 그려 보시오.

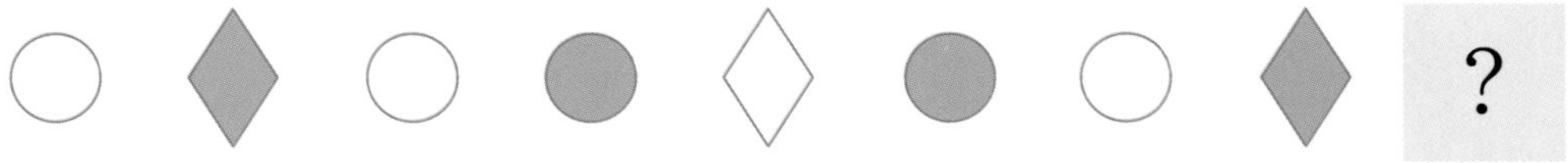

| 모양 | ○ | ◇ | | | | | | | |
|---|---|---|---|---|---|---|---|---|---|

**STEP 02** 빈칸에 알맞은 색깔을 써넣으시오.

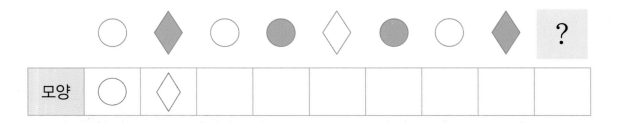

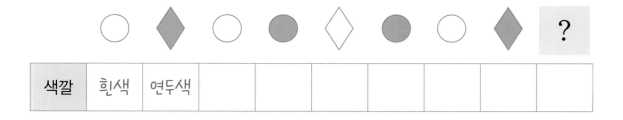

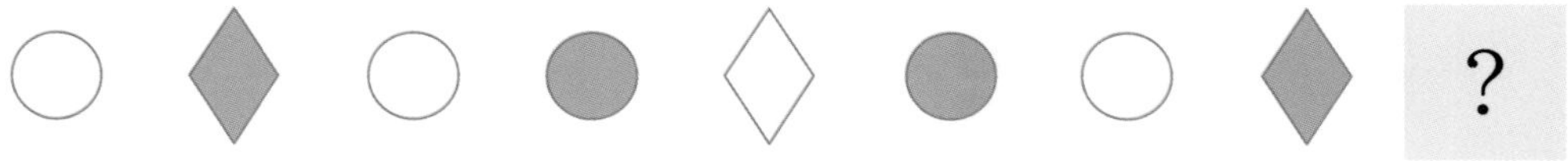

| 색깔 | 흰색 | 연두색 | | | | | | | |
|---|---|---|---|---|---|---|---|---|---|

**STEP 03** STEP 01 과 STEP 02 에서 찾은 규칙에 맞게 ▢ 안에 알맞은 그림을 그려 보시오.

정답과 풀이 6쪽

## 01 규칙에 따라 □ 안에 알맞은 모양을 그려 보시오.

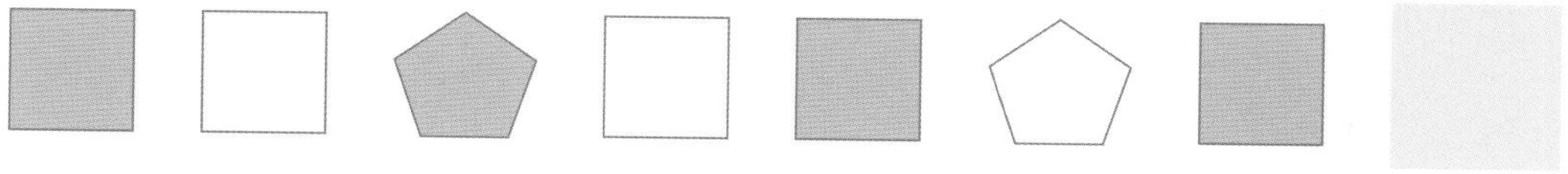

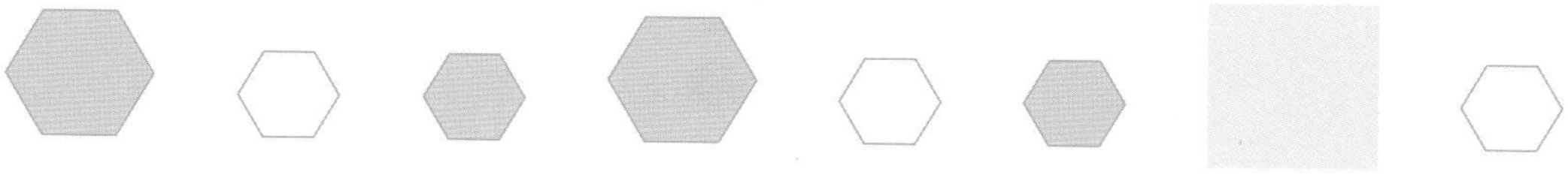

## 02 규칙에 따라 ? 안에 알맞은 모양을 찾아 ○표 하시오.

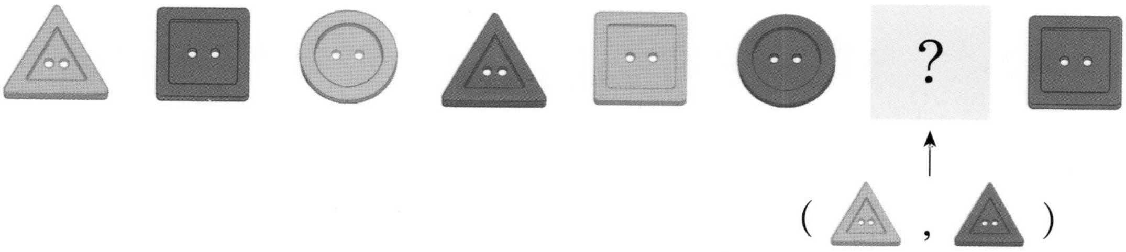

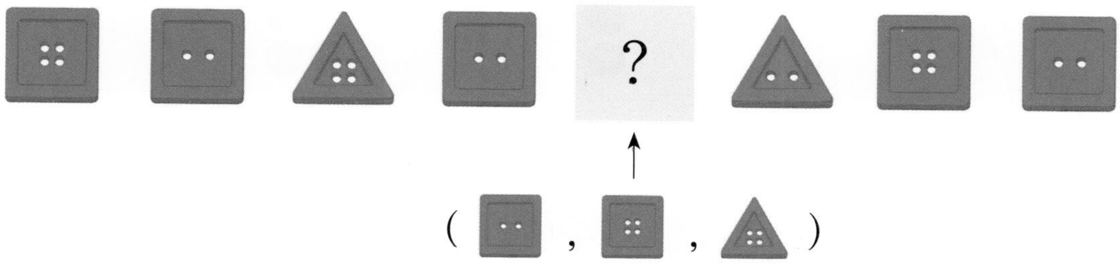

# 원리탐구 2 이중 규칙 (2)

**대표문제**

규칙에 따라 바둑돌을 늘어놓을 때, ▢ 안에 알맞은 바둑돌을 그려 보시오.

**STEP 01** 빈칸에 알맞은 개수를 써넣으시오.

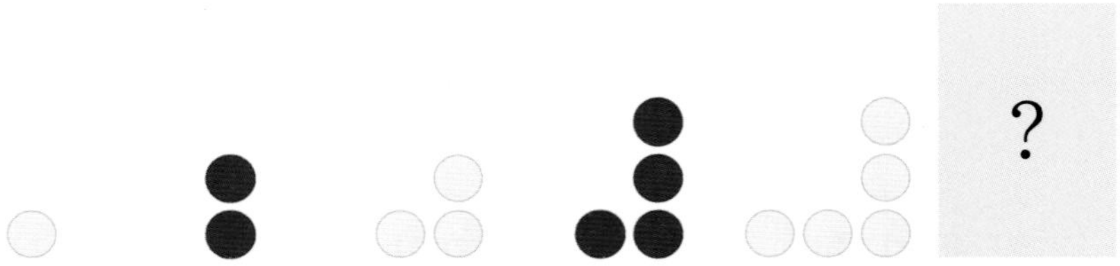


| 개수 | 1 | | | | | |
|---|---|---|---|---|---|---|

**STEP 02** 빈칸에 알맞은 색깔을 써넣으시오.

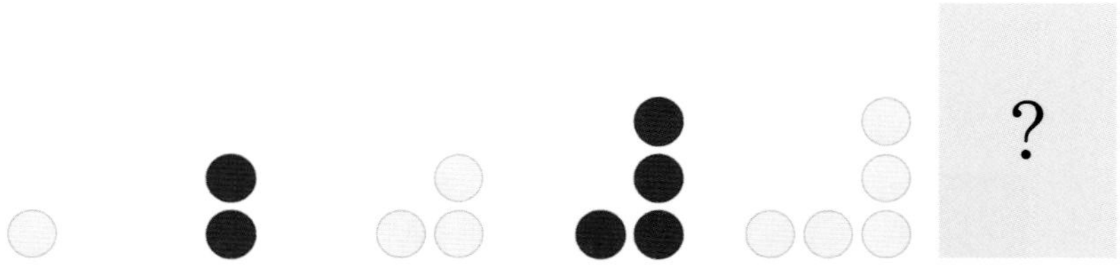


| 색깔 | 흰색 | | | | | |
|---|---|---|---|---|---|---|

**STEP 03** STEP 01 과 STEP 02 에서 찾은 규칙에 맞게 ▢ 안에 알맞은 바둑돌을 그려 보시오.

**01** 규칙을 찾아 빈 곳에 알맞은 모양을 그려 보시오.

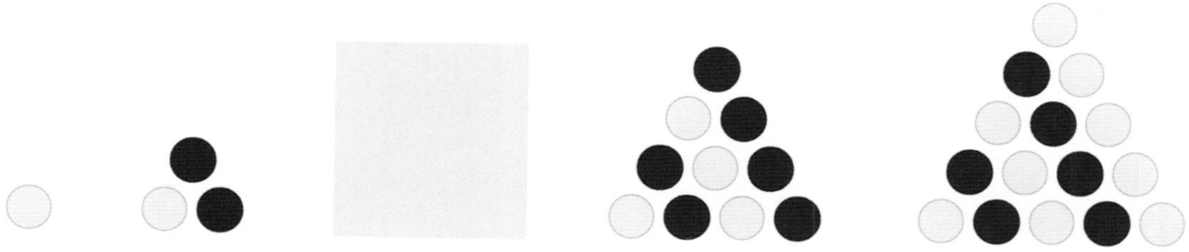

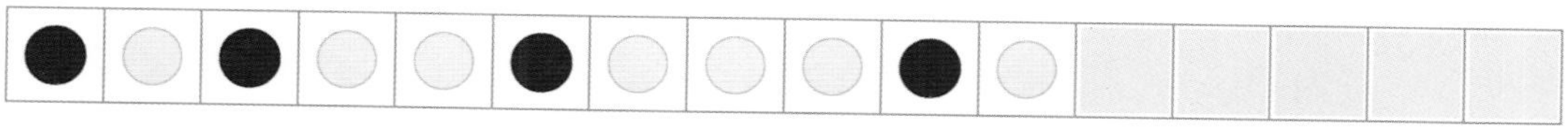

**02** 규칙에 따라 바둑돌을 늘어놓을 때, 다섯째 번에 놓아야 할 검은색 바둑돌의 개수를 구해 보시오.

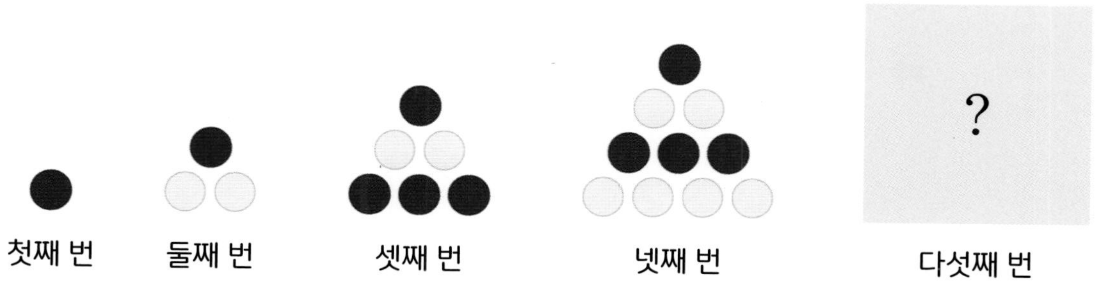

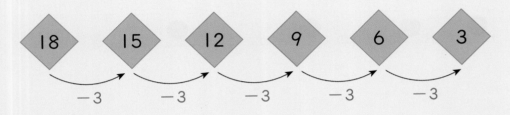

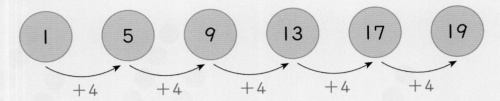

# 3 수 규칙

## 원리탐구 1 뛰어 세기

1 → 5 → 9 → 13 → 17 → 19

+4 +4 +4 +4 +4

➡ 4씩 커지는 규칙입니다.

18 → 15 → 12 → 9 → 6 → 3

−3 −3 −3 −3 −3

➡ 3씩 작아지는 규칙입니다.

확인 1. 규칙을 찾아 ☐ 안에 알맞은 수를 써넣으시오.

2 4 6 8 10 12

➡ ☐ 씩 커지는 규칙입니다.

24 20 16 12 8 4

➡ ☐ 씩 작아지는 규칙입니다.

## 원리탐구 ② 도형 수 규칙

도형 안의 수들을 관찰하여 수의 규칙을 찾아봅니다.

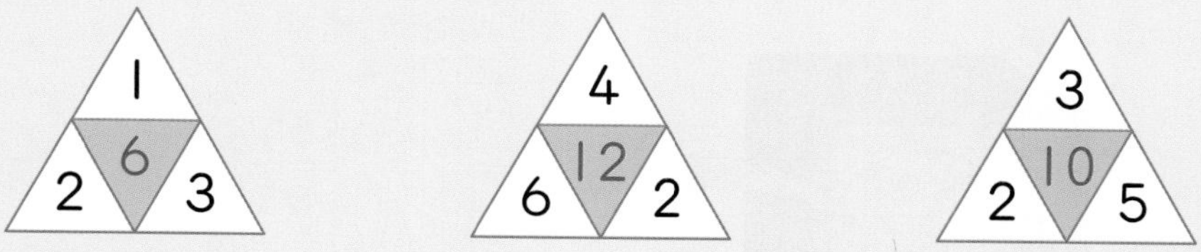


$1+2+3=6$ $4+6+2=12$ $3+2+5=10$

➡ 가운데 색칠된 칸의 수는 나머지 세 수의 합입니다.

확인 **1.** 규칙을 찾아 빈 곳에 알맞은 수를 써넣으시오.

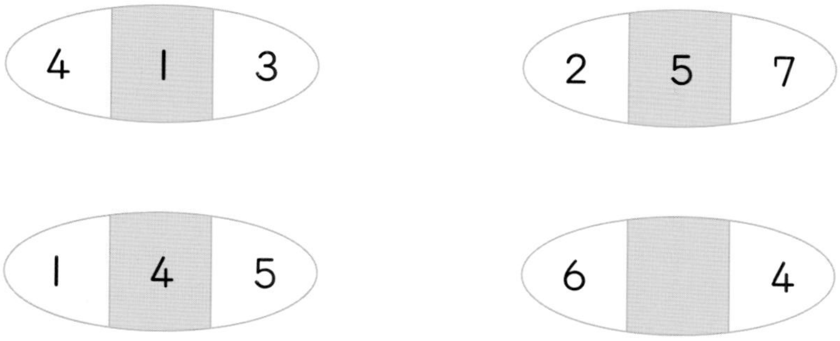


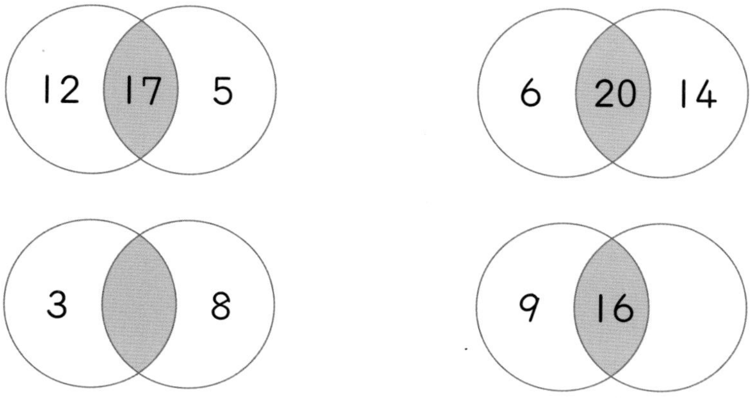

# 뛰어 세기

**대표문제**

규칙을 찾아 금고의 숫자판을 완성해 보시오.

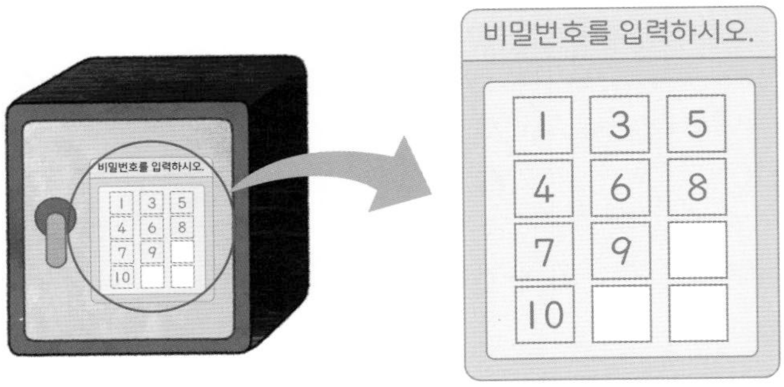


STEP 01 세로 방향의 수들은 몇씩 커지고 있습니까?

STEP 02 STEP 01 의 규칙에 따라 숫자판을 완성해 보시오.

정답과 풀이 9쪽

**01** 풍차 날개에 쓰여 있는 수들의 규칙을 찾아 빈칸에 알맞은 수를 써넣으시오.

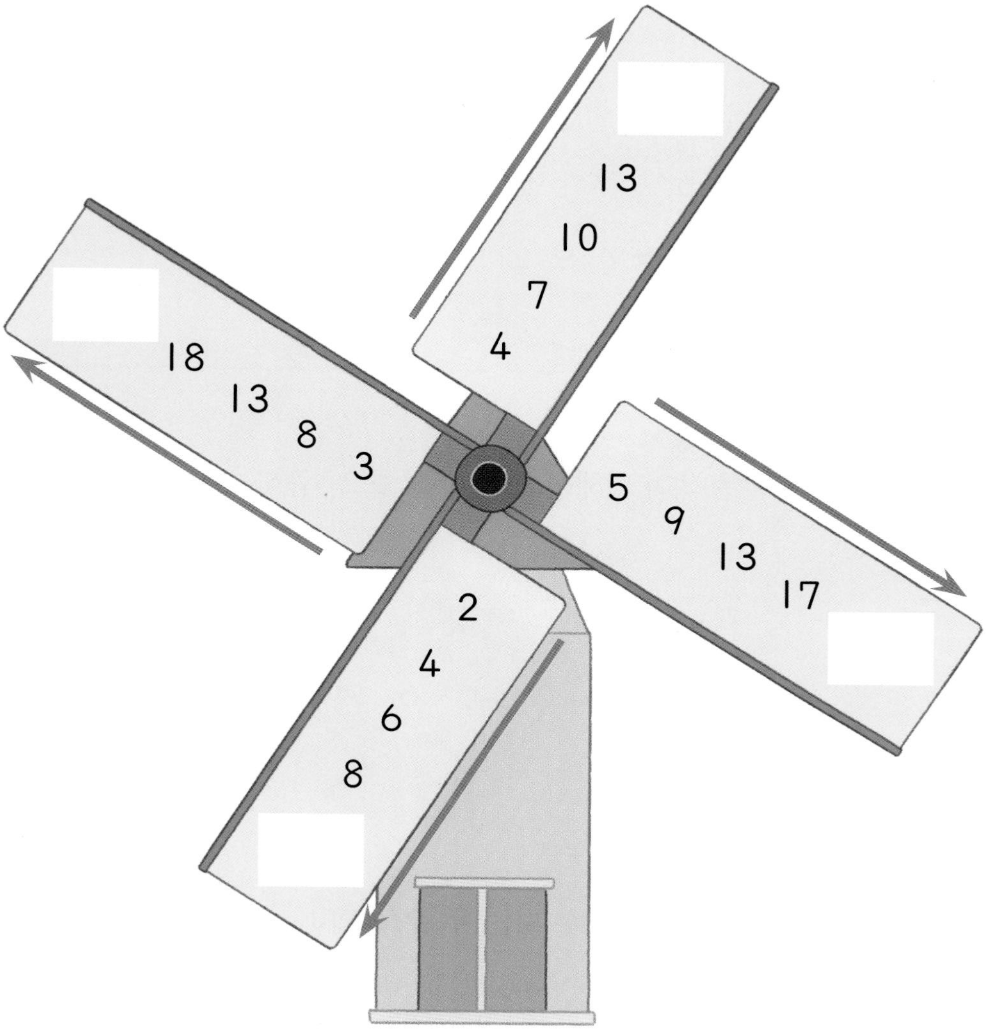

## 원리탐구 ② 도형 수 규칙

**대표문제**

원판에 적힌 수의 규칙을 찾아 빈 곳에 알맞은 수를 써넣으시오.

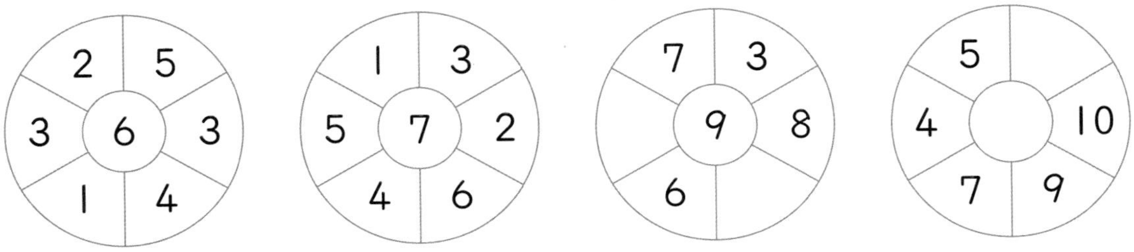


**STEP 01** 다음 원판에서 같은 색이 칠해진 곳의 수를 보고, 규칙을 찾아보시오.

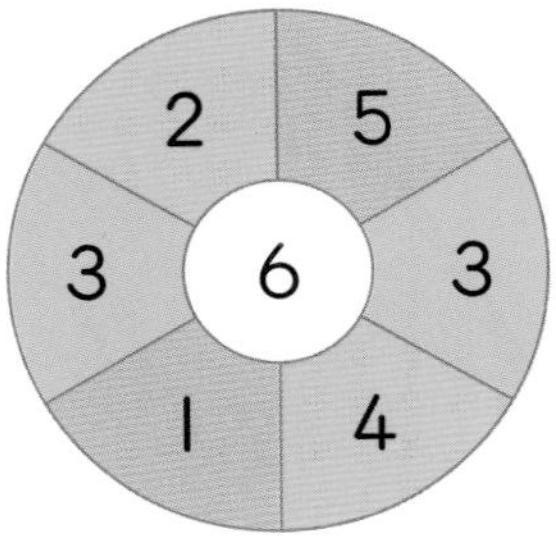


규칙 마주 보는 두 수의 합이 ☐ 입니다.

**STEP 02** STEP 01 의 규칙에 맞게 빈 곳에 알맞은 수를 써넣으시오.

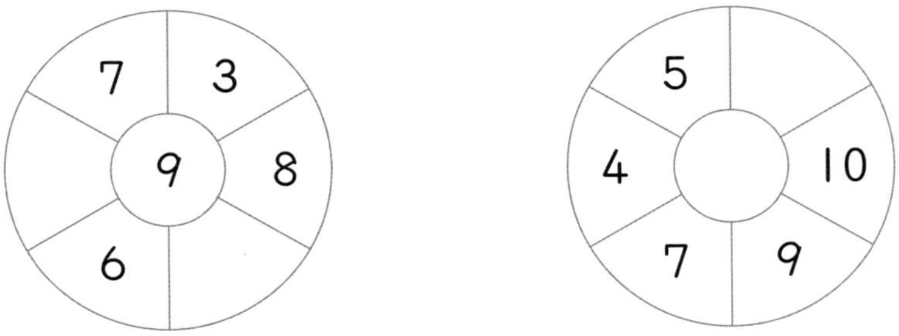

정답과 풀이 10쪽

**01** 규칙을 찾아 빈 곳에 알맞은 수를 써넣으시오.

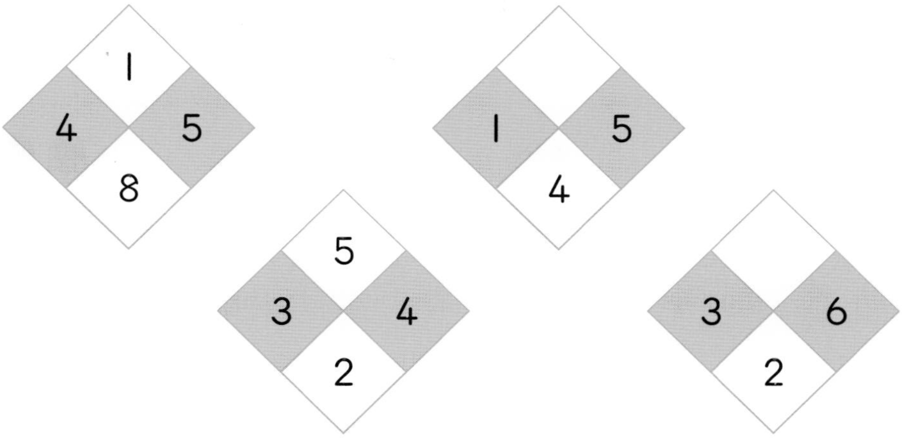


**02** 규칙을 찾아 ○ 안에 알맞은 수를 써넣으시오.

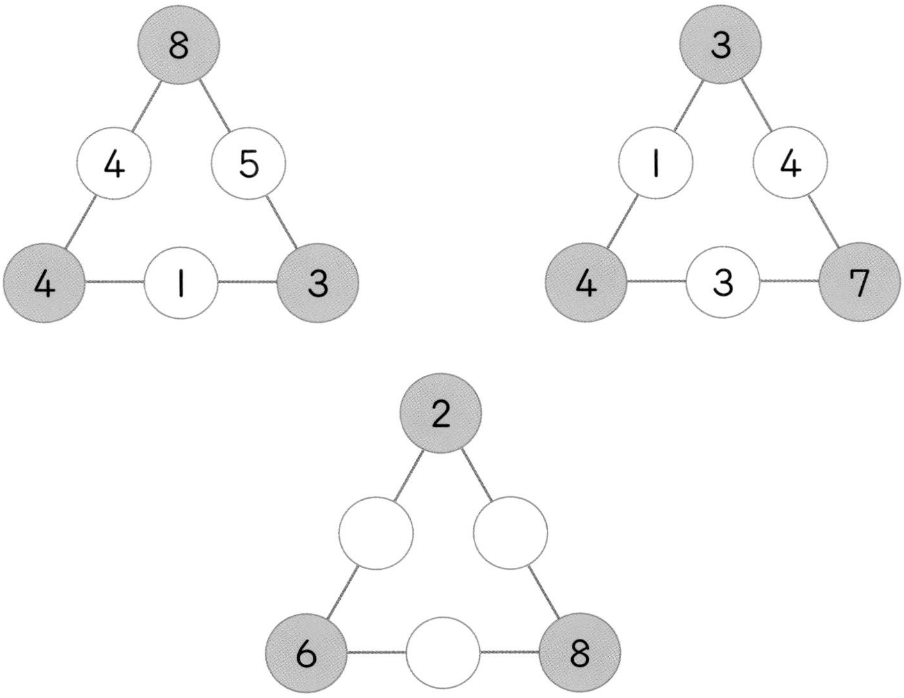

# 4 유비 추론

## 원리탐구 1 언어 유비 추론

왼쪽의 두 그림 사이의 관계를 보고, □ 안에 올 그림을 예상할 수 있습니다.

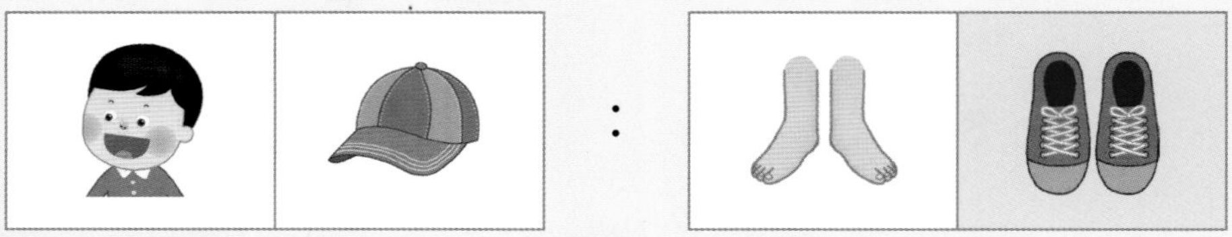

머리에 모자를 씁니다. 발에 신발을 신습니다.

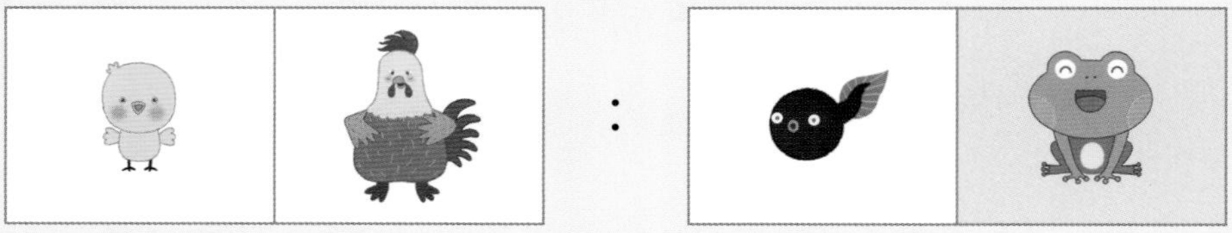

병아리는 자라서 닭이 됩니다. 올챙이는 자라서 개구리가 됩니다.

확인 1. 왼쪽의 두 그림 사이의 관계를 보고, ? 안에 알맞은 그림에 ○표 하시오.

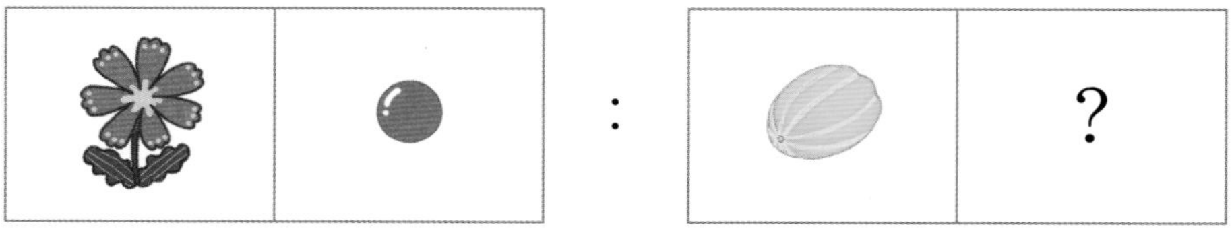


(  ,  )

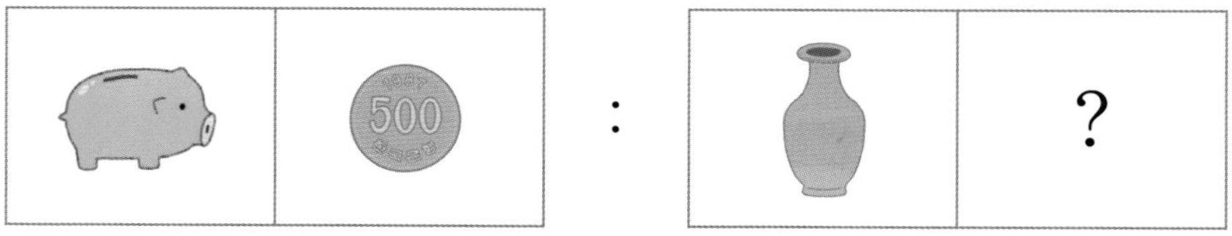


(  ,  )

정답과 풀이 11쪽

## 원리탐구 ② 도형 유비 추론

왼쪽의 두 도형의 변화를 관찰하여 □ 안에 올 모양을 예상할 수 있습니다.

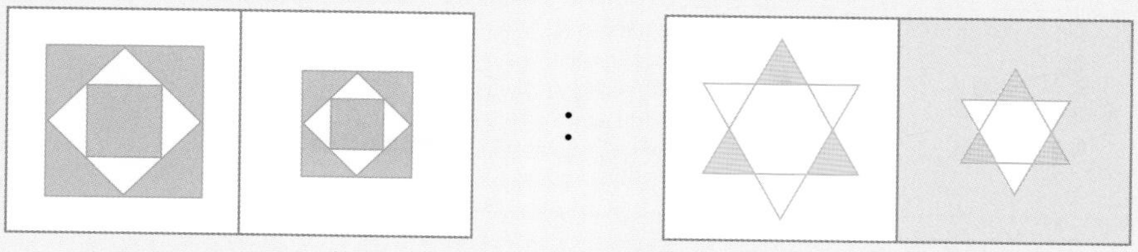

㉮ ㉯ ㉰ ㉱

㉮ 모양보다 ㉯ 모양의 크기가 작습니다.

㉰ 모양보다 ㉱ 모양의 크기가 작습니다.

확인 **1.** 왼쪽의 두 도형의 변화를 관찰하여 빈칸에 알맞은 모양을 그려 보시오.

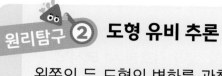

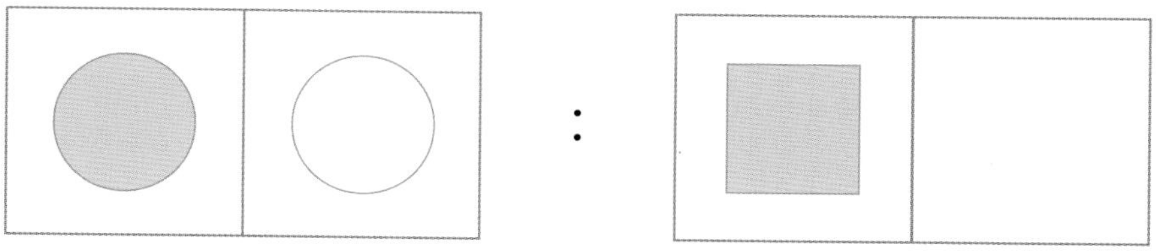

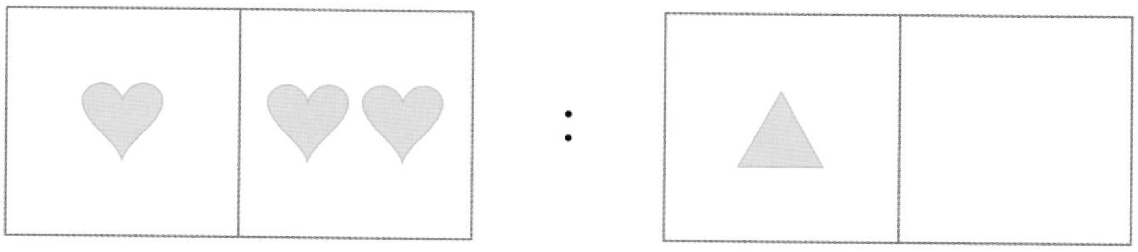

# 원리탐구 ❶ 언어 유비 추론

**대표문제**

**왼쪽 두 그림 사이의 관계를 보고, ? 안에 알맞은 그림을 찾아 기호를 써 보시오.**

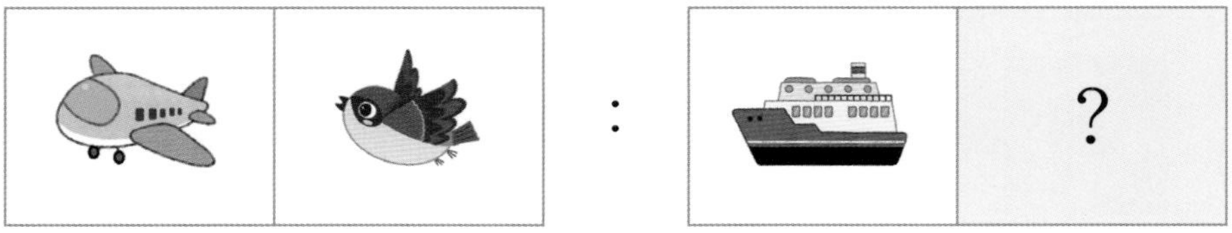

㉮ ㉯ ㉰ ㉱

**STEP 01** 왼쪽 두 그림 사이의 관계를 보고, 알맞은 말에 ○표 하시오.

비행기와 새는 주로 ( 땅, 하늘 )에서 볼 수 있습니다.

**STEP 02** STEP 01 에서 찾은 관계와 같아지도록 ? 안에 알맞은 그림을 찾아 기호를 써 보시오.

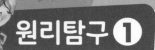

정답과 풀이 12쪽

**01** 왼쪽 두 단어 사이의 관계를 보고, 빈칸에 알맞은 단어를 써넣으시오.

| 장갑 | 손 | : | 양말 | |
|---|---|---|---|---|
| 공책 | 문구점 | : | | 서점 |
| 해 | 낮 | : | 달 | |

**02** 관계없는 단어 1개를 찾아 ○표 하시오.

| | |
|---|---|
| 참새 | 토끼 |
| 독수리 | 비둘기 |
| 갈매기 | 딱따구리 |

| | |
|---|---|
| 책상 | 의자 |
| 칠판 | 분필 |
| 주걱 | 책 |

# 원리탐구 2 도형 유비 추론

대표문제

왼쪽 두 도형의 변화를 관찰하여 □ 안에 알맞은 모양을 그려 보시오.

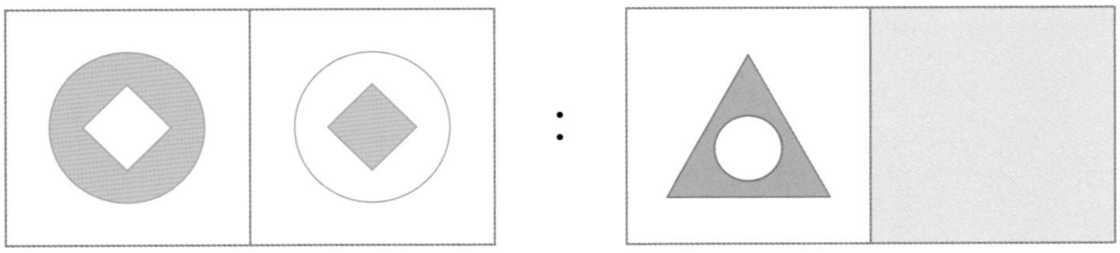

STEP 01 두 도형을 비교하여 무엇이 바뀌었는지 알맞은 말에 ○표 하시오.

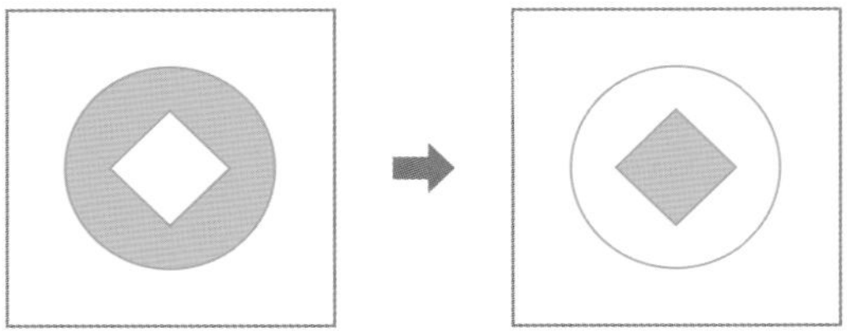

( 모양, 색깔 )은 바뀌지 않고, ( 모양, 색깔 )은 바뀌었습니다.

STEP 02 STEP 01 에서 찾은 규칙에 맞게 □ 안에 알맞은 모양을 그려 보시오.

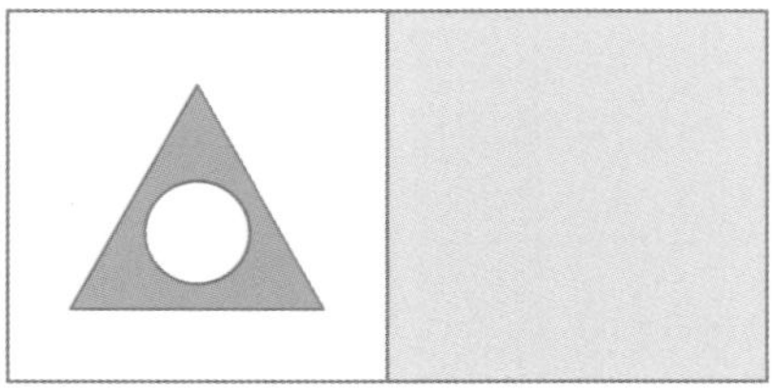

**01** 왼쪽 두 도형의 변화를 관찰하여 빈칸에 알맞은 모양을 그려 보시오.

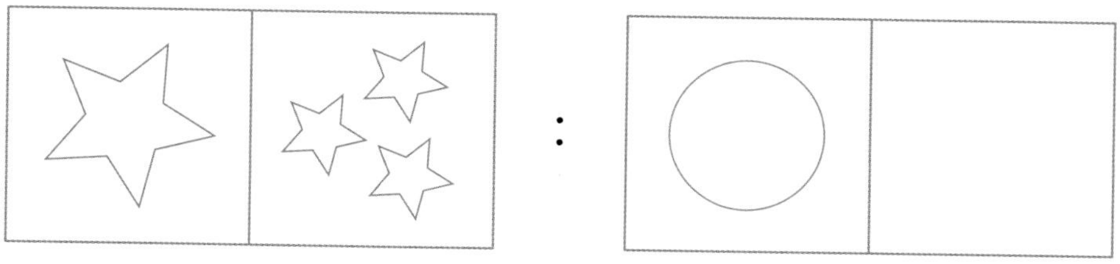

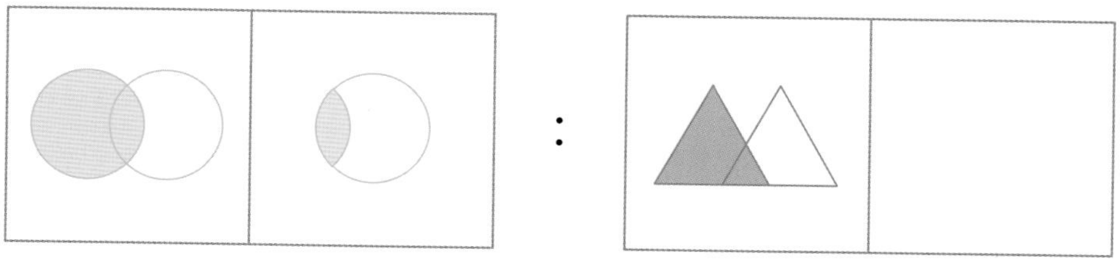

**02** 왼쪽 두 도형의 변화를 관찰하여 빈칸에 알맞은 모양을 그려 보시오.

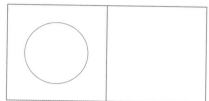

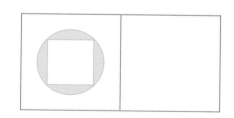

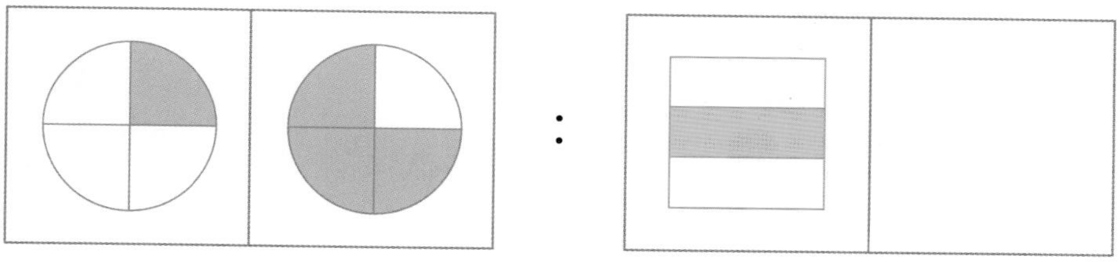

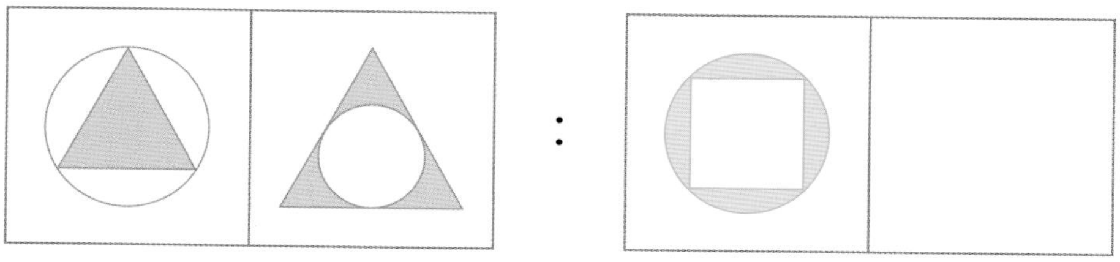

# Creative 팩토

**01** 규칙을 찾아 빈 곳에 알맞은 수를 써넣으시오.

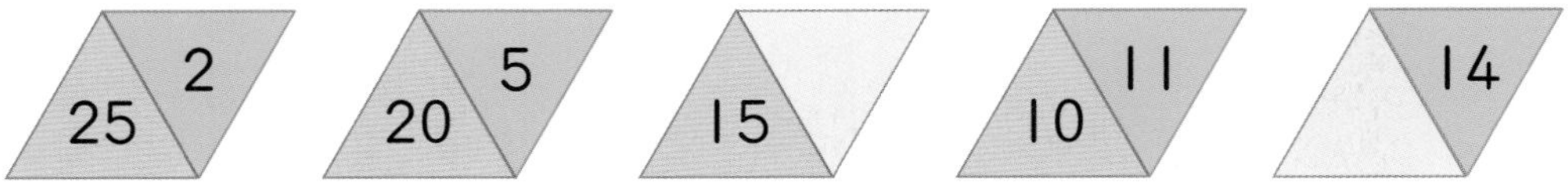


**02** 규칙에 따라 바둑돌을 늘어놓을 때, 마지막 줄에 알맞게 색칠해 보시오.

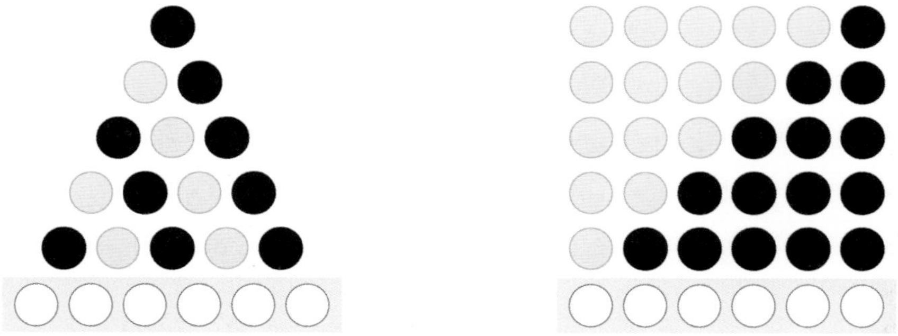

**03** 주어진 그림끼리의 관계를 살펴보고, 빈칸에 알맞은 단어나 숫자를 써넣으시오.

| | |
|---|---|
|  | 겨울 |
|  | |

| | |
|---|---|
|  | 4 |
|  | |

**04** 가로와 세로의 주어진 모양끼리의 관계를 살펴보고, 마지막 모양에 알맞게 색칠해 보시오.

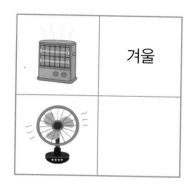

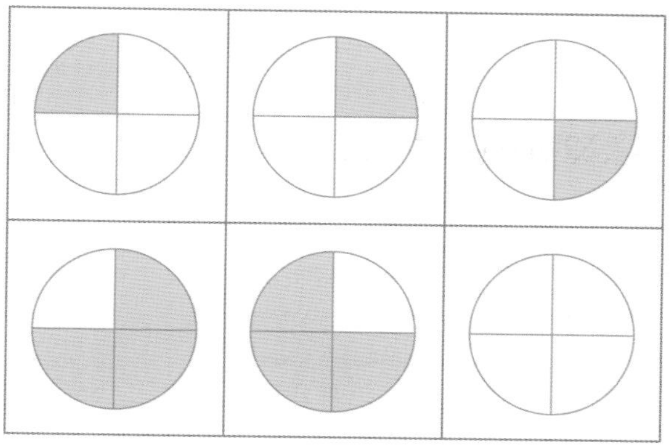

# Challenge 영재교육원

**01** 주어진 수 카드를 사용하여 규칙을 만들어 보시오.

| | | | | | | | | |
|---|---|---|---|---|---|---|---|---|
| 0 | 1 | 2 | 3 | 4 | 5 | 6 | 7 | 8 |
| 9 | 10 | 11 | 12 | 13 | 14 | 15 | 16 | 17 |

보기

5 7 9 11 13 → 2 씩 커지는 규칙입니다.

+2 +2 +2 +2

☐ ☐ ☐ ☐ ☐ → ☐ 씩 작아지는 규칙입니다.

☐ ☐ ☐ ☐ ☐ → ☐ 씩 커지는 규칙입니다.

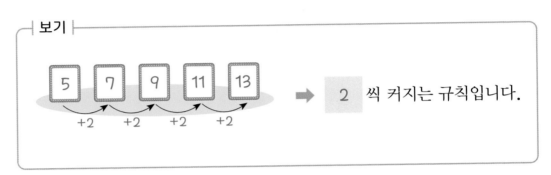

> 정답과 풀이 15쪽

**02** 다음을 보고 알맞은 것에 ○표 하고, 나만의 쿠쿠와 미미를 각각 3개씩 그려 보시오.

**쿠쿠**입니다.

**쿠쿠**가 아닙니다.

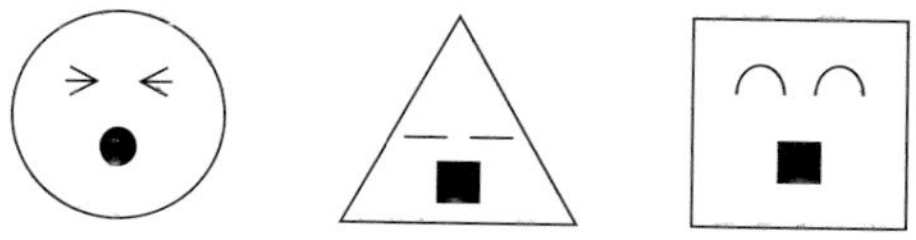

➡ 쿠쿠는 입이 ( ●, ▼, ■ ) 모양입니다.

나만의 쿠쿠

**미미**입니다.

**미미**가 아닙니다.

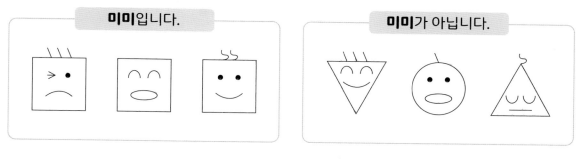

➡ 미미는 얼굴이 ( ○, △, □ ) 모양입니다.

나만의 미미

# Ⅱ

# 기 하

## 학습 Planner

계획한 대로 공부한 날은 😀 에, 공부하지 못한 날은 ☹ 에 ◯표 하세요.

| 공부할 내용 | 공부할 날짜 | 확 인 |
|---|---|---|
| 1 모양 만들기 | 월 일 | 😀 \| ☹ |
| 2 모양 나누기 | 월 일 | 😀 \| ☹ |
| 3 모양 겹치기 | 월 일 | 😀 \| ☹ |
| 4 거울에 비친 모양 | 월 일 | 😀 \| ☹ |
| Creative 팩토 | 월 일 | 😀 \| ☹ |
| Challenge 영재교육원 | 월 일 | 😀 \| ☹ |

# 1 모양 만들기

## 원리탐구 1 한 가지 조각으로 모양 만들기

같은 조각을 여러 개 사용하여 네모 모양을 만들 수 있습니다.

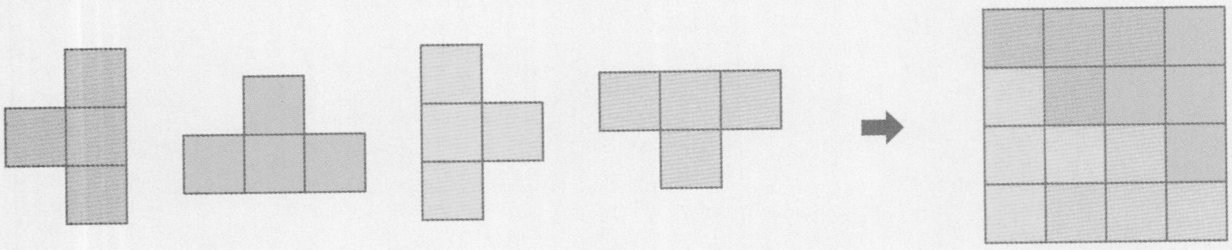

확인 1. 같은 모양의 조각을 4개 사용하여 오른쪽 모양을 완성해 보시오.

온라인 활동지

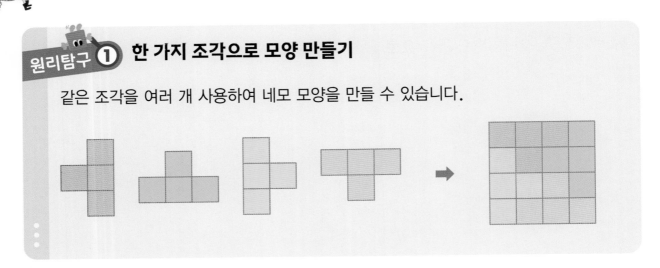

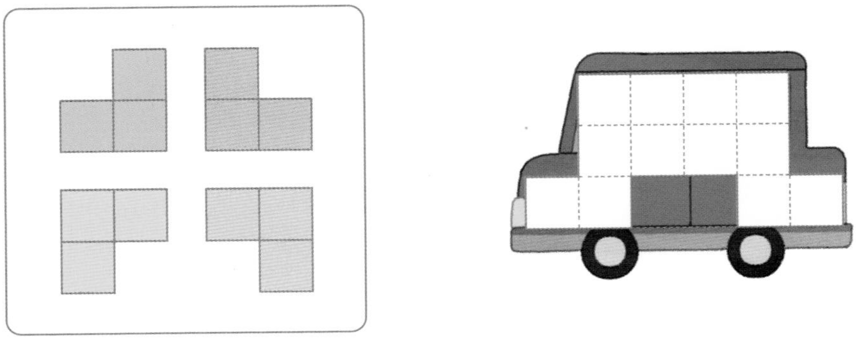

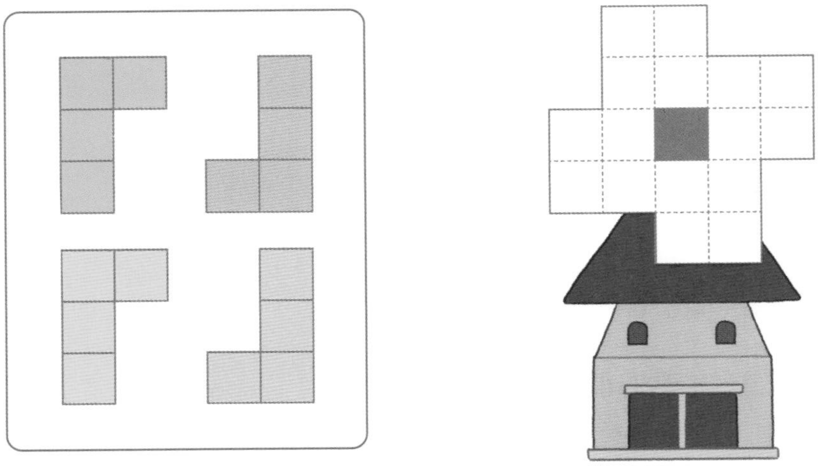

> 정답과 풀이 16쪽

## 원리탐구 ② 여러 가지 조각으로 모양 만들기

여러 가지 조각으로 네모 모양을 만들 수 있습니다.

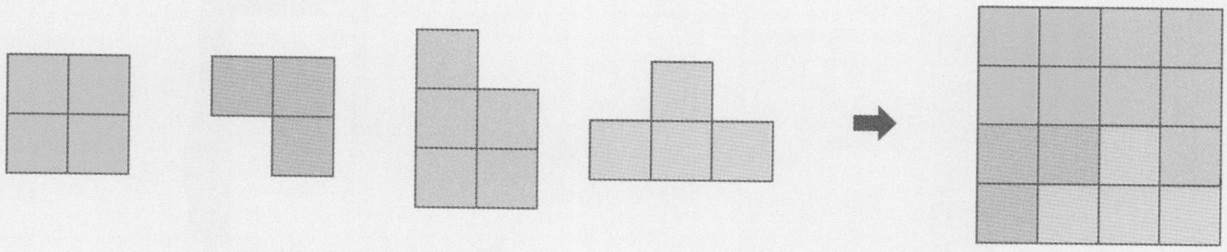

확인 **1.** 주어진 조각을 모두 사용하여 오른쪽 모양을 완성해 보시오.

온라인 활동지

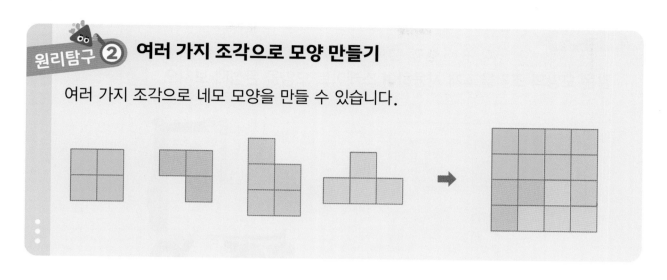

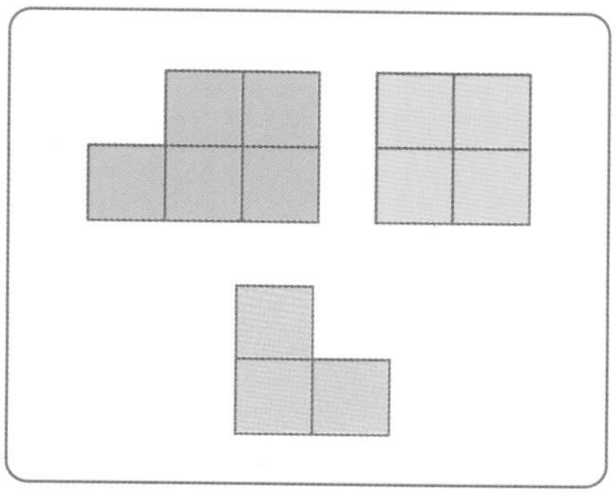

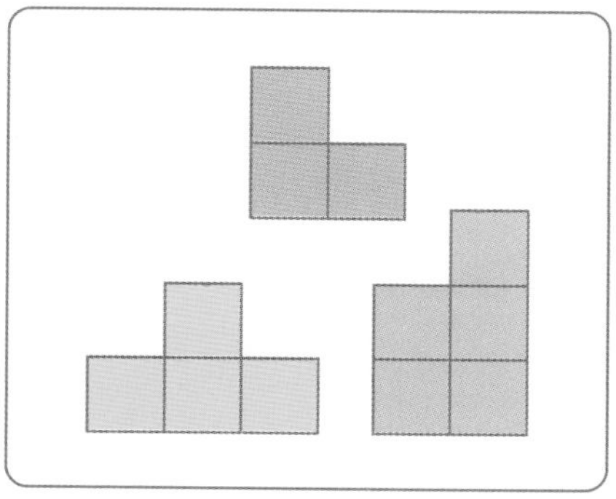

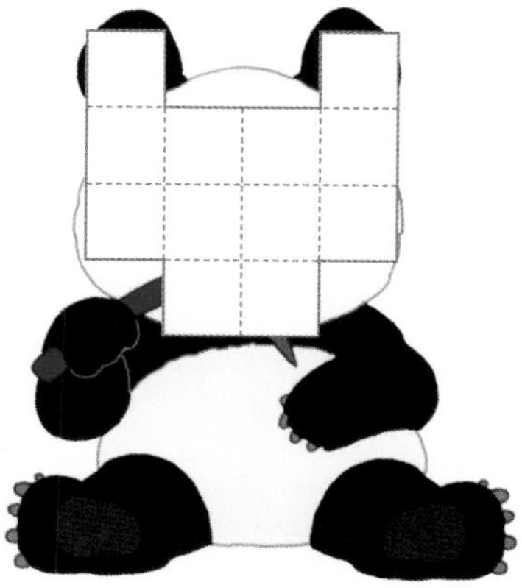

# 원리탐구 ① 한 가지 조각으로 모양 만들기

**대표문제**

같은 모양의 조각을 4개 사용하여 스케이트 모양을 완성해 보시오. 온라인 활동지

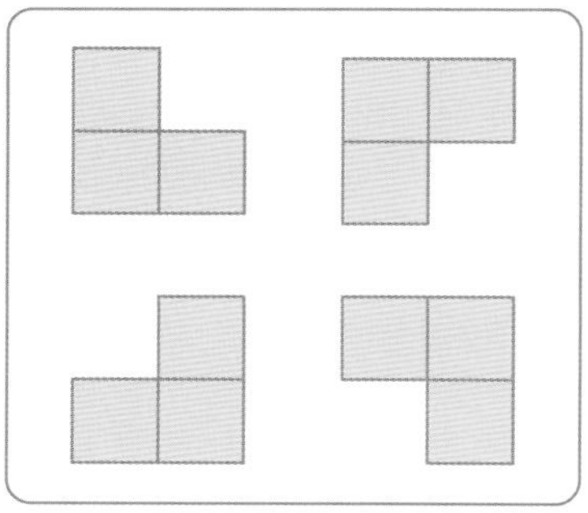

**STEP 01** 노란색으로 색칠한 칸에 주어진 조각이 들어갈 수 있는 곳을 모두 찾아 조각의 모양을 그려 보시오.

**STEP 02** 나머지 조각의 모양을 그려서 스케이트 모양을 완성해 보시오.

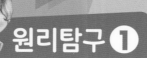

정답과 풀이 17쪽

**01** 같은 모양의 조각을 여러 개 사용하여 주어진 모양을 완성해 보시오.

온라인 활동지

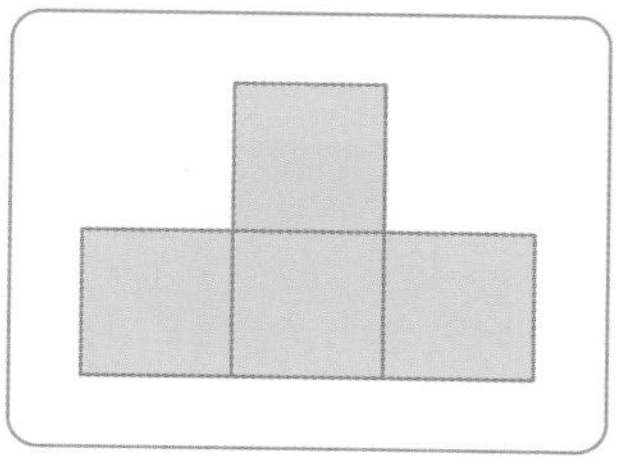

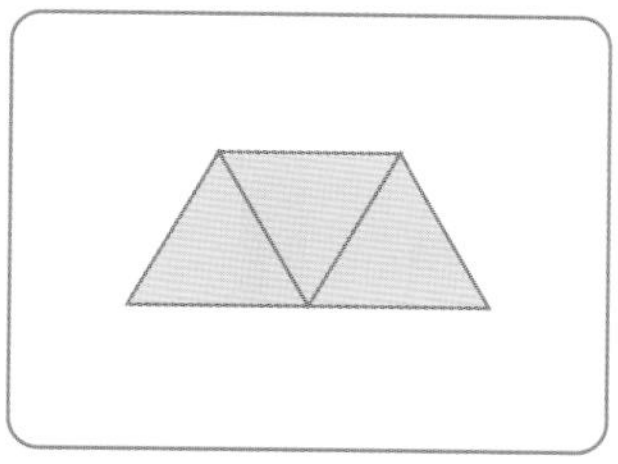

# 원리탐구 ② 여러 가지 조각으로 모양 만들기

**대표문제**

주어진 조각을 모두 사용하여 기린 모양을 완성해 보시오. 온라인 활동지

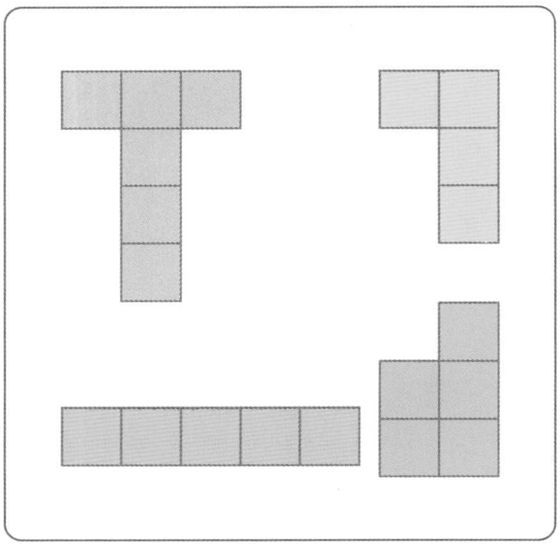

STEP 01 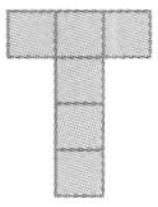 조각이 들어가야 할 곳을 찾아 조각의 모양을 그려 보시오.

STEP 02 나머지 조각의 모양을 그려서 기린 모양을 완성해 보시오.

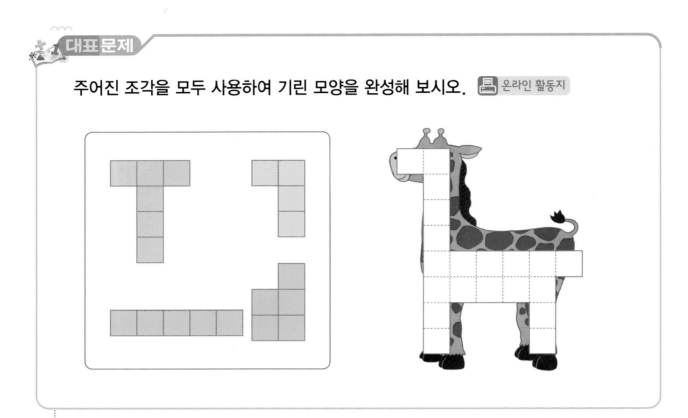

**01** 주어진 조각을 모두 사용하여 거북 모양을 완성해 보시오. 온라인 활동지

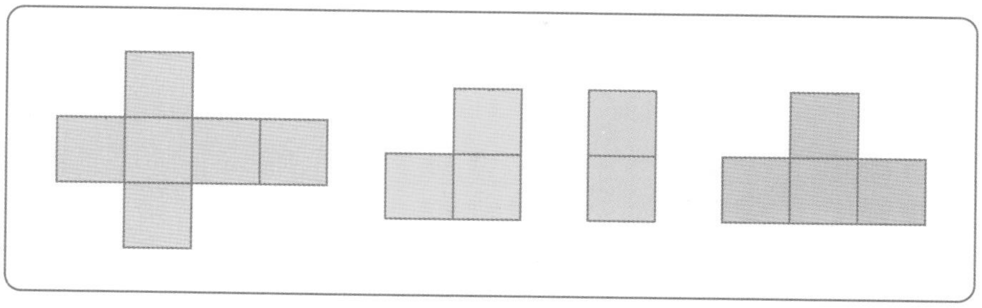

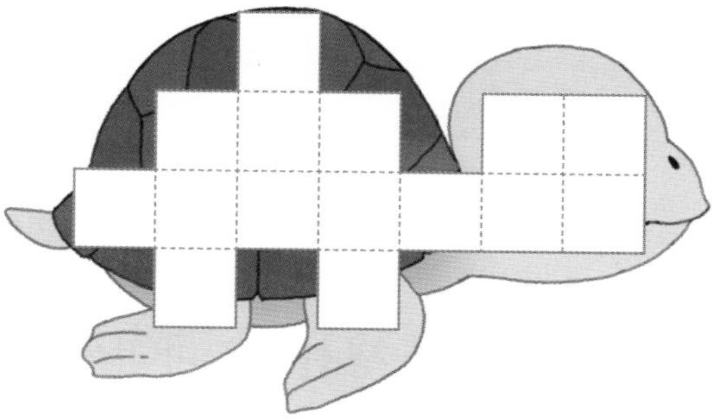

**02** 주어진 조각을 모두 사용하여 솔방울 모양을 완성해 보시오. 온라인 활동지

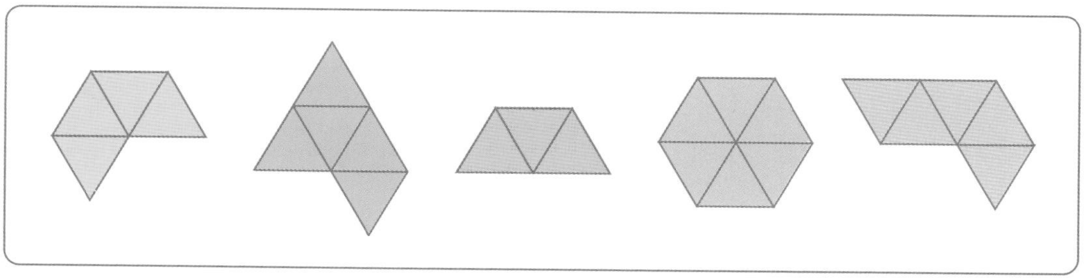

# ② 모양 나누기

## 원리탐구 ① 3개씩 묶기 퍼즐

남는 구슬이 없도록 가로 또는 세로 방향으로 구슬을 3개씩 모두 묶습니다.

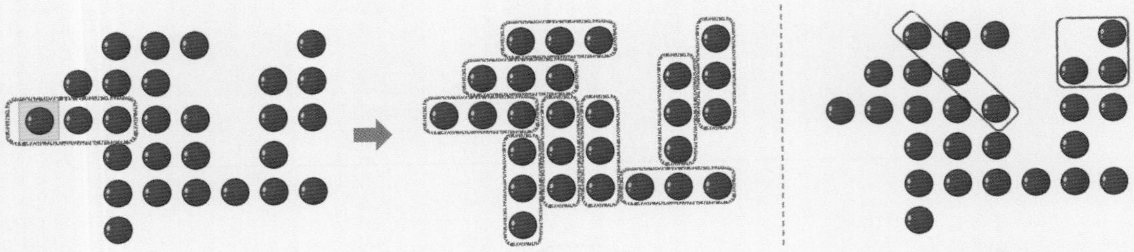

●를 넣어서 가로 방향으로 3개를 묶습니다.

남은 구슬을 3개씩 묶습니다.

위와 같이 묶을 수는 없습니다.

**확인 1.** 가로 또는 세로 방향으로 생선을 2마리씩 모두 묶어 보시오.

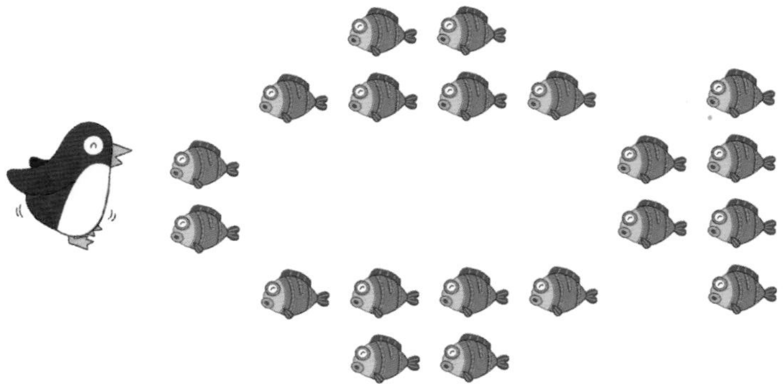

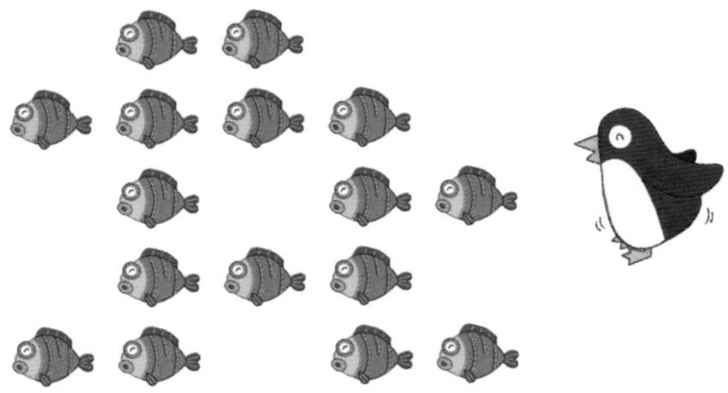

정답과 풀이 19쪽

## 원리탐구 ② 같은 모양으로 나누기

8칸짜리 땅을 원숭이와 돼지가 똑같은 모양으로 나누어 가지려면 땅을 4칸씩 나누어야 합니다. 같은 모양으로 땅을 나누는 방법은 여러 가지가 있습니다.

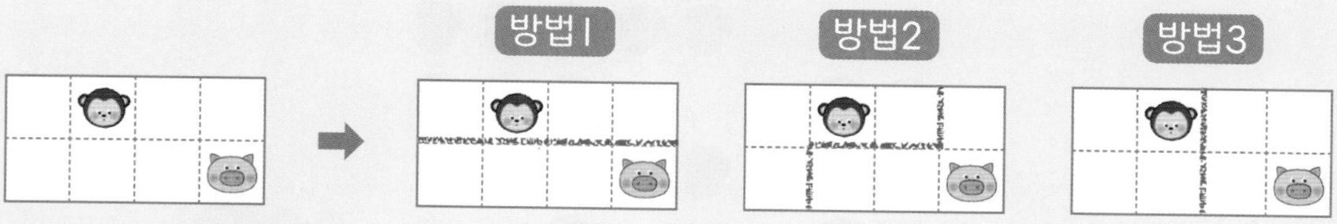


**확인 1.** 동물들이 똑같은 모양으로 땅을 나누어 가지도록 선을 그어 보시오.

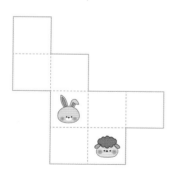

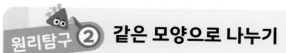

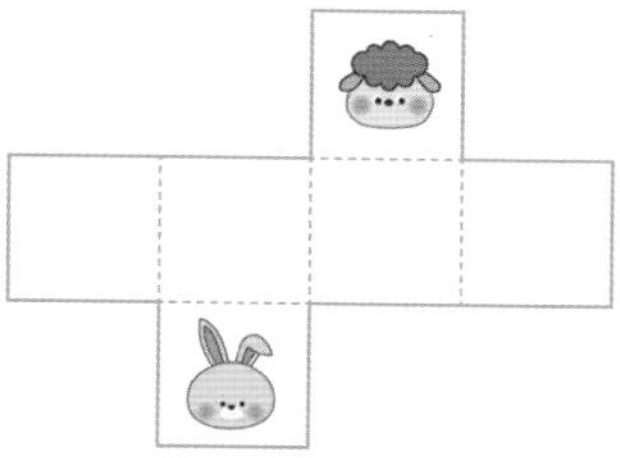

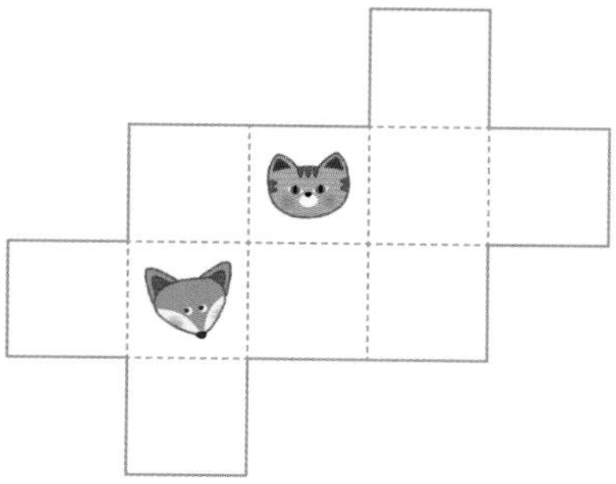

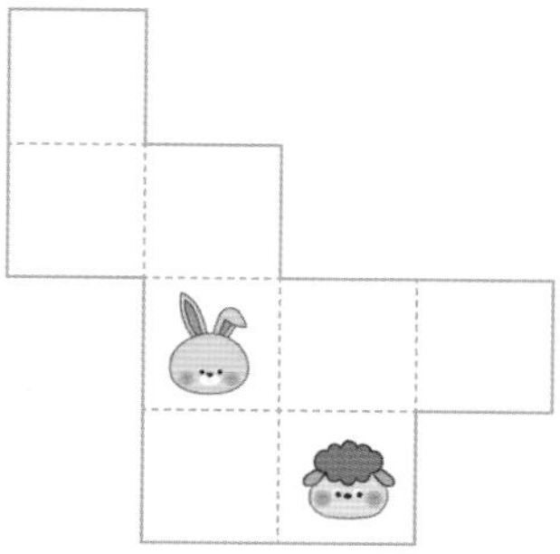

# 원리탐구 ❶ 3개씩 묶기 퍼즐

**대표문제**

도토리가 남지 않도록 가로 또는 세로 방향으로 3개씩 모두 묶어 보시오.

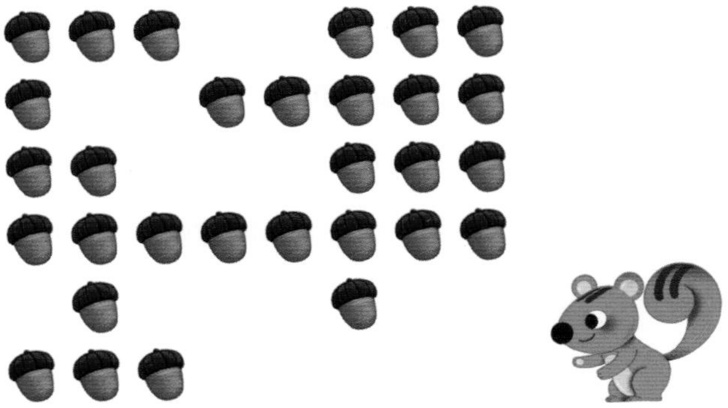

STEP 01 를 넣어서 가로 또는 세로 방향으로 3개씩 묶어 보시오.

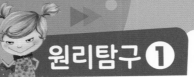

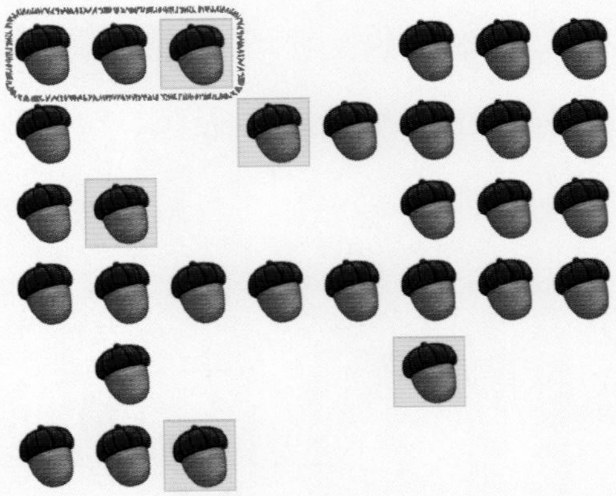

STEP 02 STEP 01 에서 남은 도토리를 3개씩 모두 묶어 보시오.

> 정답과 풀이 20쪽

**01** 가로 또는 세로 방향으로 3개씩 모두 묶어 보시오.

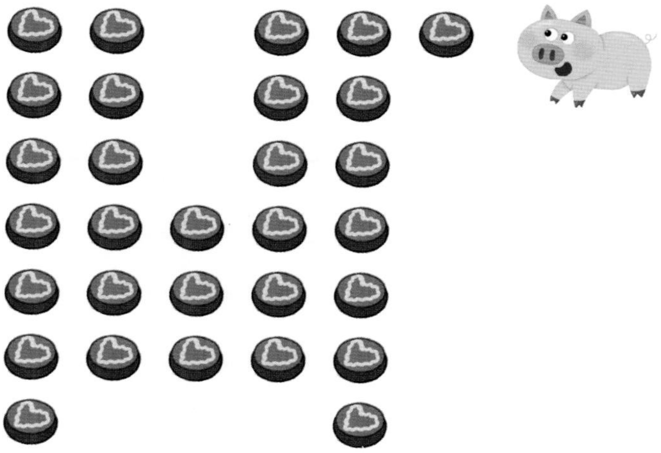

# 원리탐구 ❷ 같은 모양으로 나누기

**대표문제**

고양이와 쥐가 똑같은 모양으로 땅을 나누어 가지려고 합니다. 3가지 방법으로 나누어 보시오.

방법1

방법2

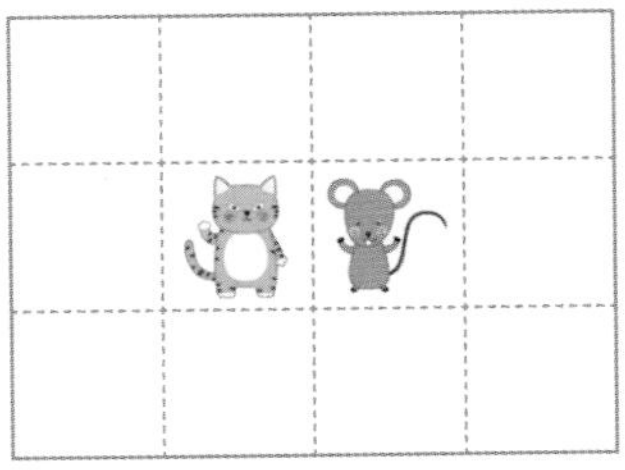

방법3

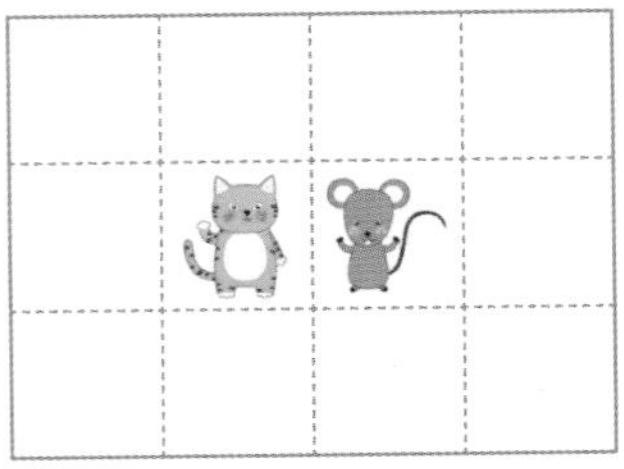

**STEP 01** 같은 모양 2개가 되도록 나누려면 몇 칸씩 나누어야 합니까?

**STEP 02** 선을 그어 같은 모양 2개가 되도록 3가지 방법으로 나누어 보시오.

방법1

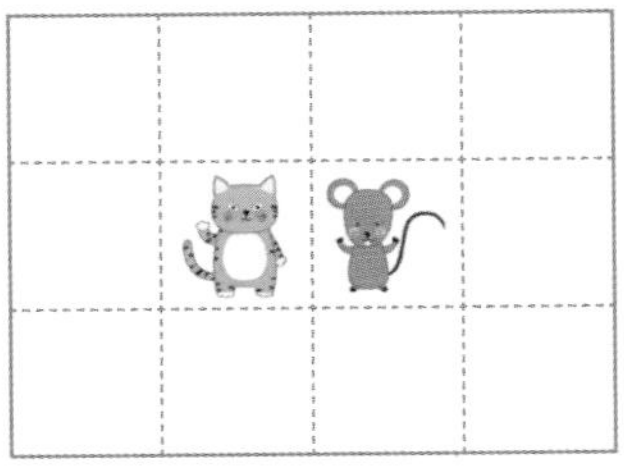

방법2

방법3

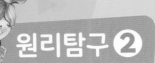

정답과 풀이 21쪽

**01** 돼지와 강아지가 똑같은 모양으로 땅을 나누어 가지려고 합니다. 3가지 방법으로 나누어 보시오.

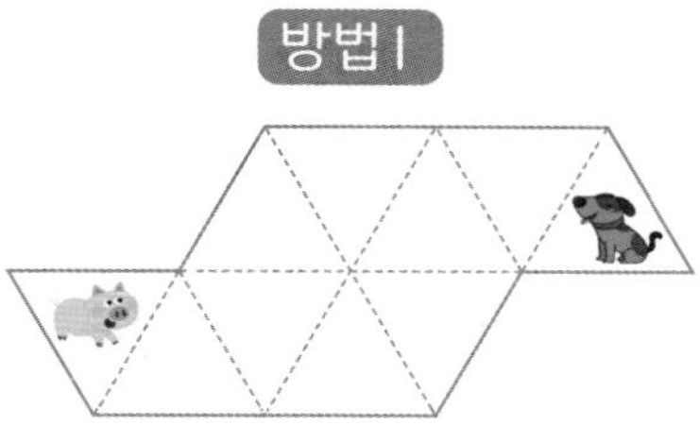


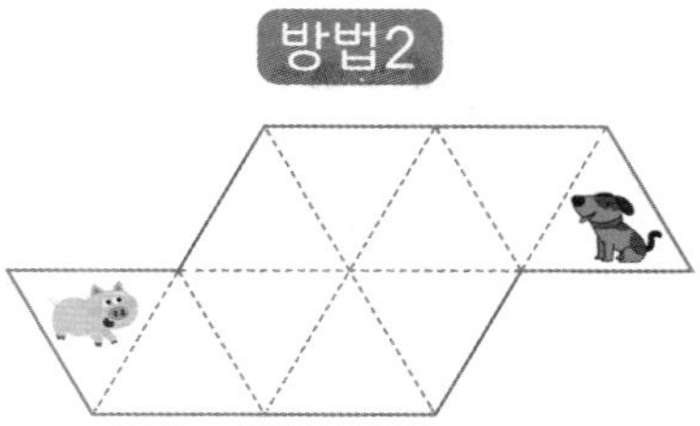


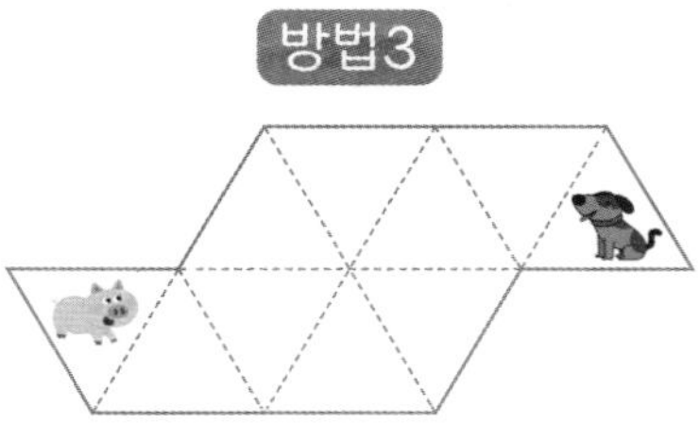


**02** 똑같은 모양으로 땅을 나누려고 합니다. 나누어진 땅마다 나무가 1그루씩 있도록 땅을 나누어 보시오.

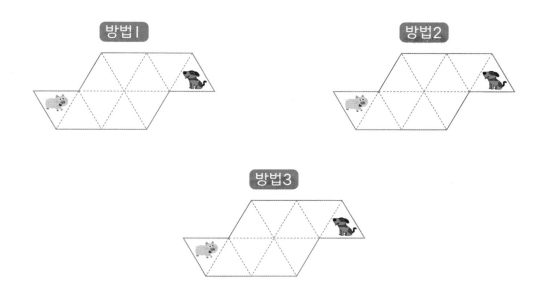

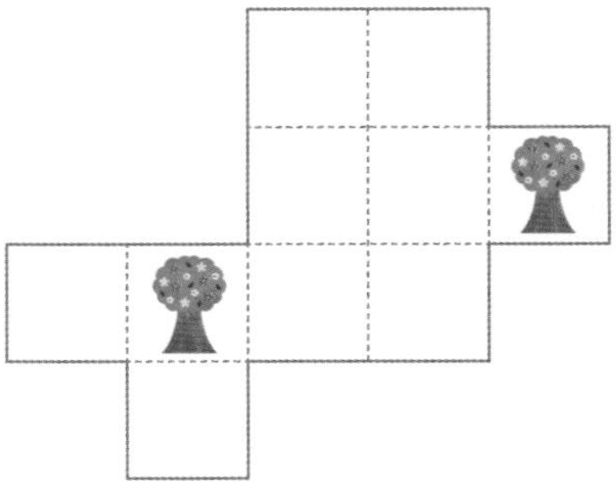

# 3 모양 겹치기

## 원리탐구 ① 그림 만들기

그림이 그려진 투명 카드 2장을 겹치면 새로운 그림을 만들 수 있습니다.

확인 **1.** 투명 카드 2장을 겹쳐서 주어진 개구리 그림을 만들 때, 필요한 투명 카드 2장을 찾아 ○표 하시오.

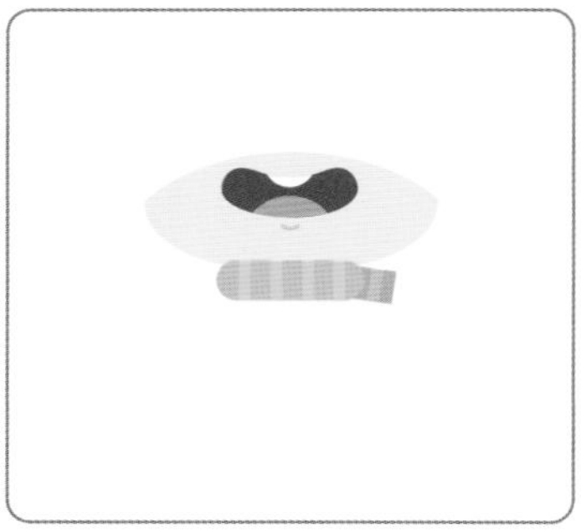

## 원리탐구 2 투명 카드 겹치기

투명 카드 2장을 겹쳤을 때 다른 위치의 모양은 모두 보입니다.

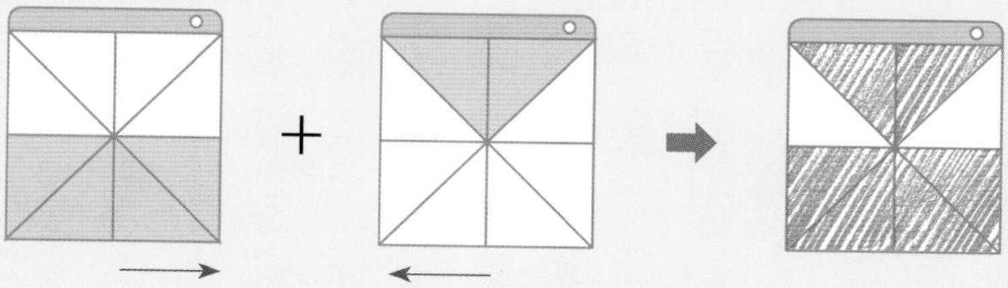

투명 카드 2장을 겹쳤을 때 같은 위치의 모양은 하나로 보입니다.

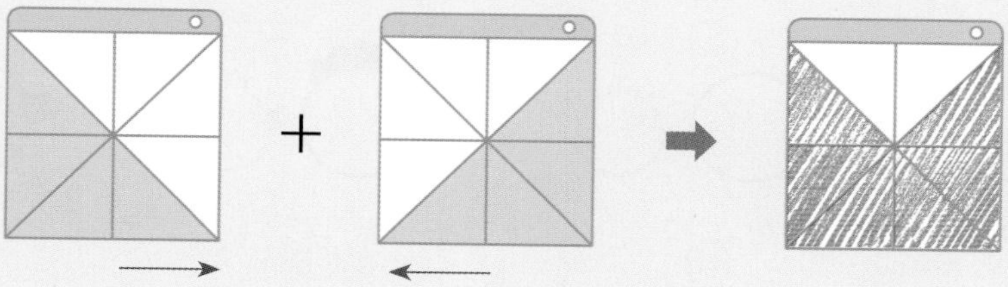

확인 1. 투명 카드 2장을 겹쳤을 때 나타나는 모양을 그려 보시오.

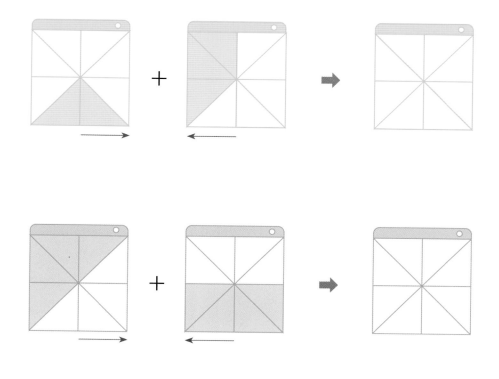

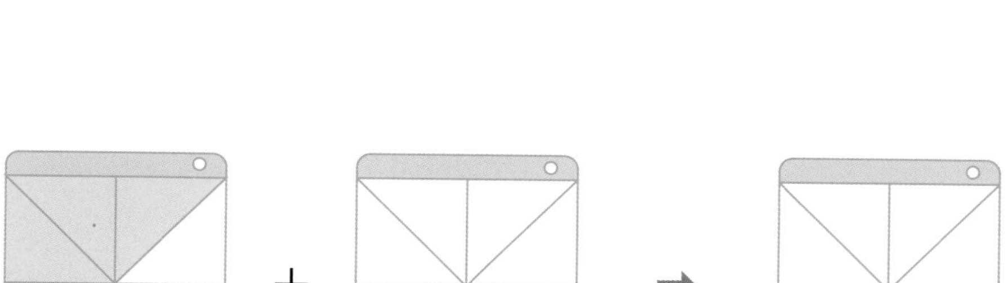

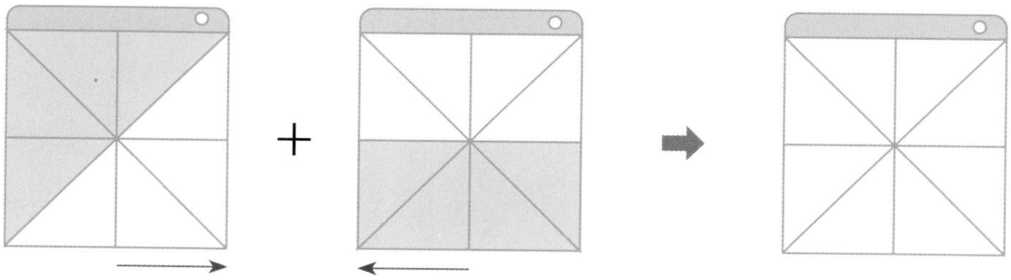

# 그림 만들기

## 대표문제

주어진 그림을 만들기 위해 필요한 투명 카드 2장을 찾아 기호를 써 보시오.

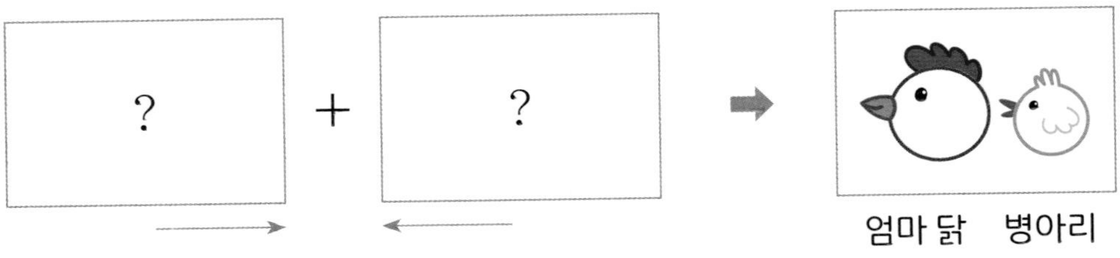

㉮

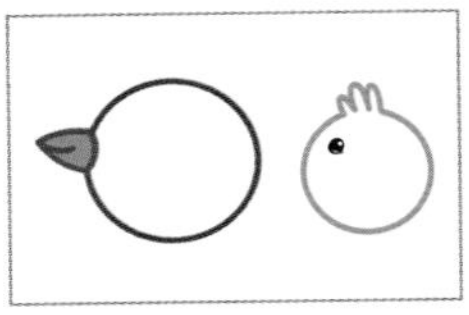
㉯

㉰

㉱

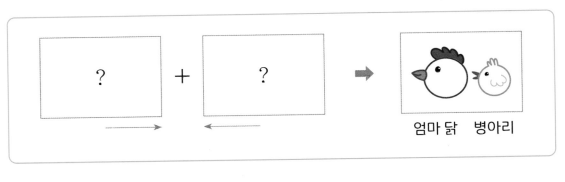

**STEP 01** 엄마 닭을 만들기 위해서 필요한 투명 카드 2장을 찾아 기호를 써 보시오.

방법1 ㉮ 와 　　　　방법2 　 와 

**STEP 02** STEP 01에서 고른 것 중에서 병아리를 만들 수 있는 것을 찾아 기호를 써 보시오.

**01** 투명 카드 2장을 겹쳐서 오른쪽 그림을 만들려고 합니다. 필요한 투명 카드를 찾아 기호를 써 보시오.

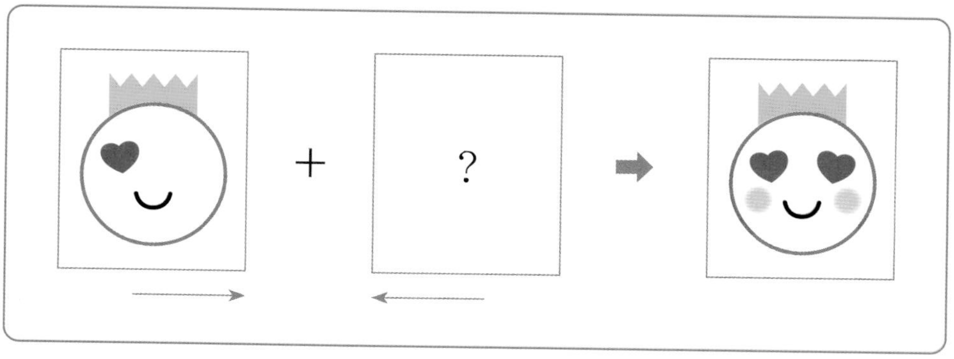

㉮ ㉯ ㉰ ㉱

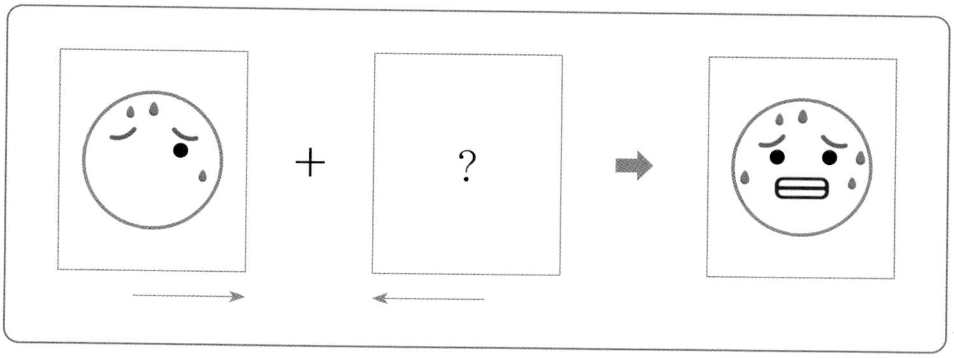


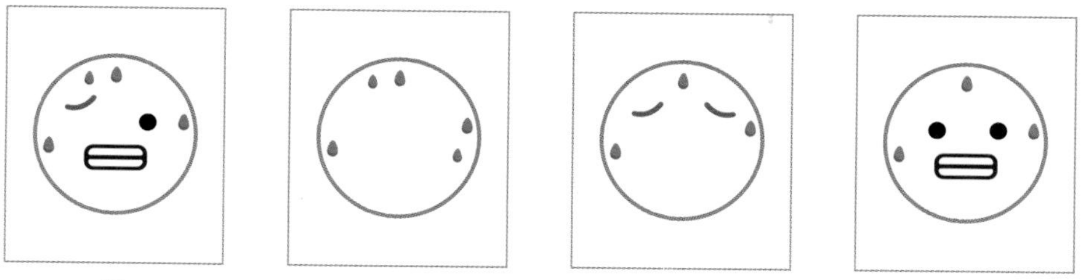

㉮ ㉯ ㉰ ㉱

대표문제

다음 투명 카드 2장을 겹쳤을 때 나타나는 모양을 찾아 번호를 써 보시오.

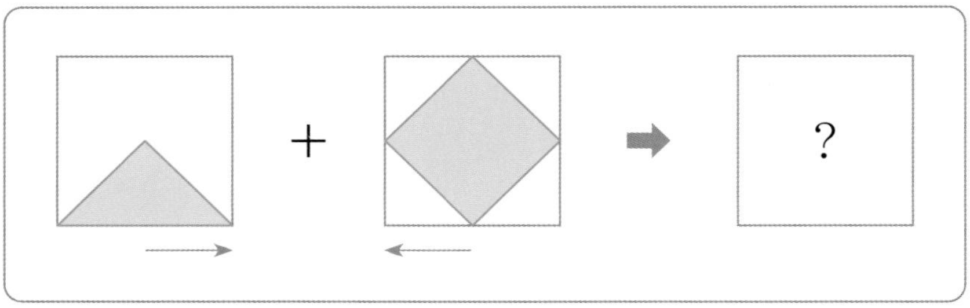


①  ② 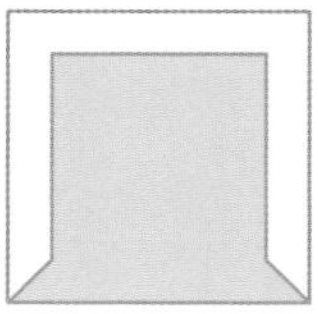 ③ 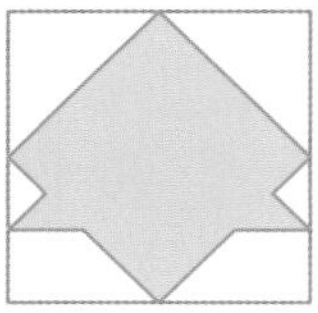 ④ 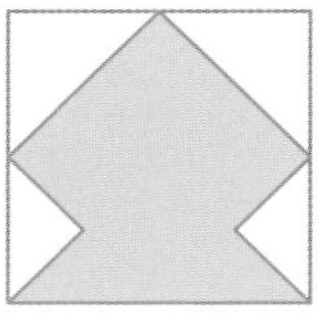

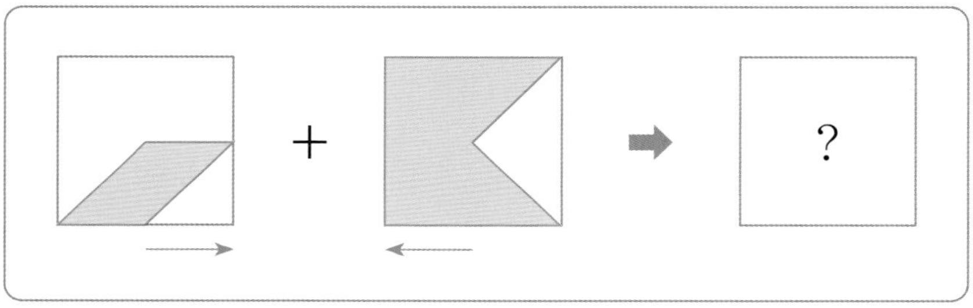


①  ② 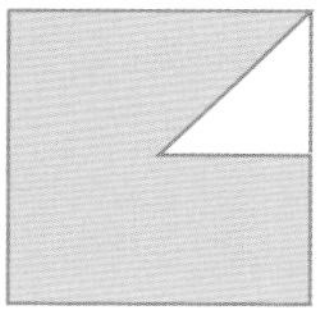 ③ 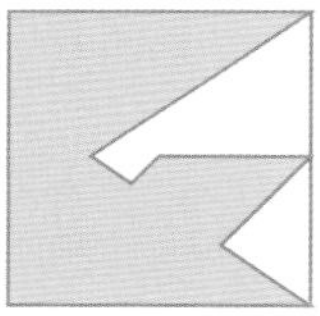 ④ 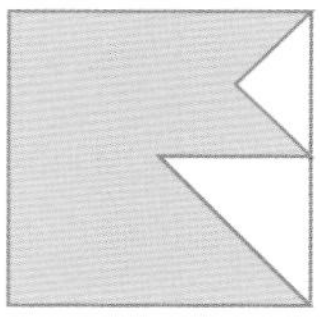

정답과 풀이 24쪽

**01** 투명 카드 2장을 겹쳤을 때 나타나는 모양을 그려 보시오.

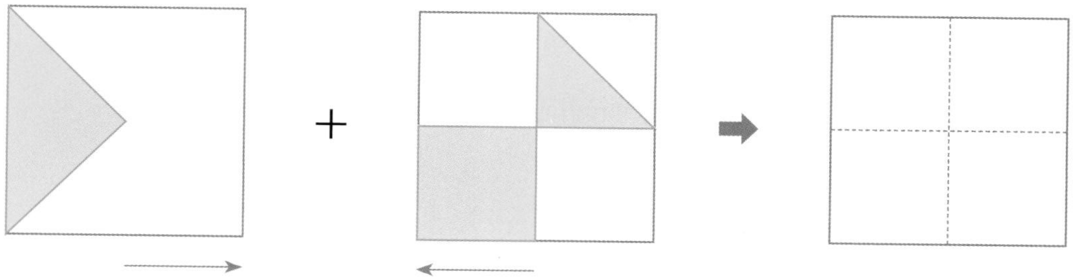


**02** 투명 카드 2장을 겹쳐 오른쪽 모양을 만들려고 합니다. 필요한 투명 카드 2장을 찾아 기호를 써 보시오.

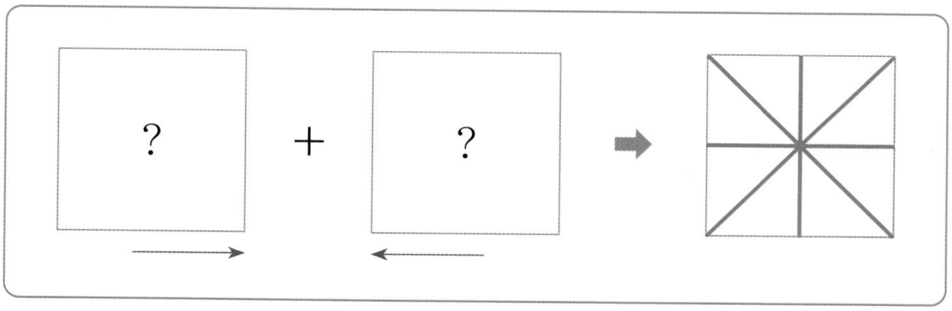


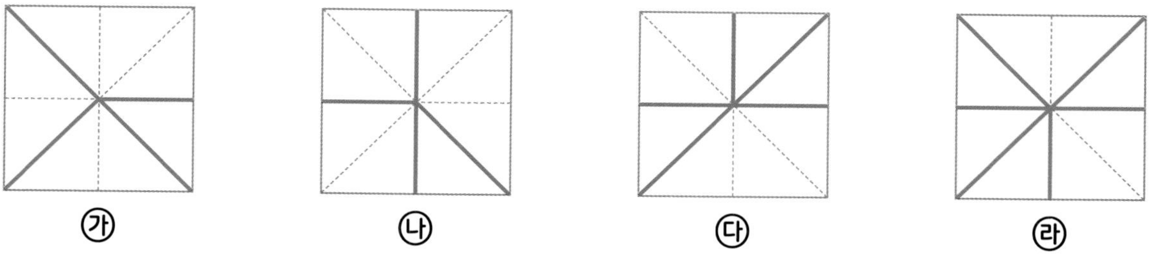

# 4 거울에 비친 모양

## 원리탐구 1 거울에 비친 모양 그리기

그림의 오른쪽에 거울을 세워 놓고 보았을 때의 거울에 비친 모양을 그릴 때는 거울에서 가장 가까운 부분부터 차례대로 그립니다.

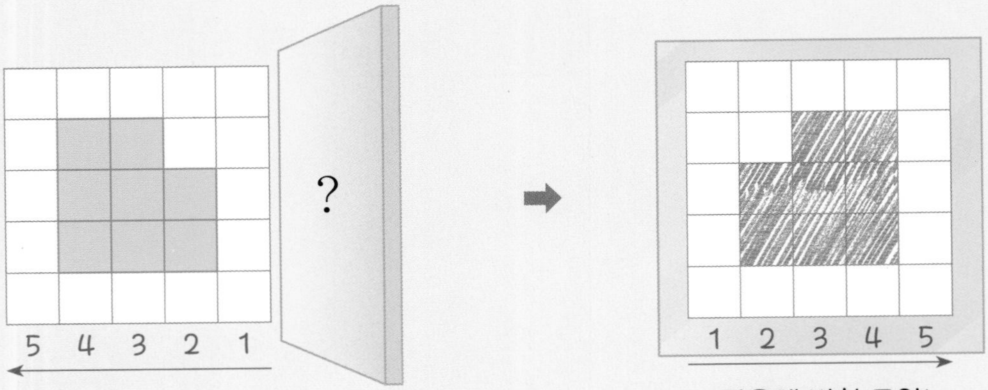


<거울에 비친 모양>

확인 1. 그림의 오른쪽에 거울을 세워 놓고 보았을 때 거울에 비친 모양을 그려 보시오.

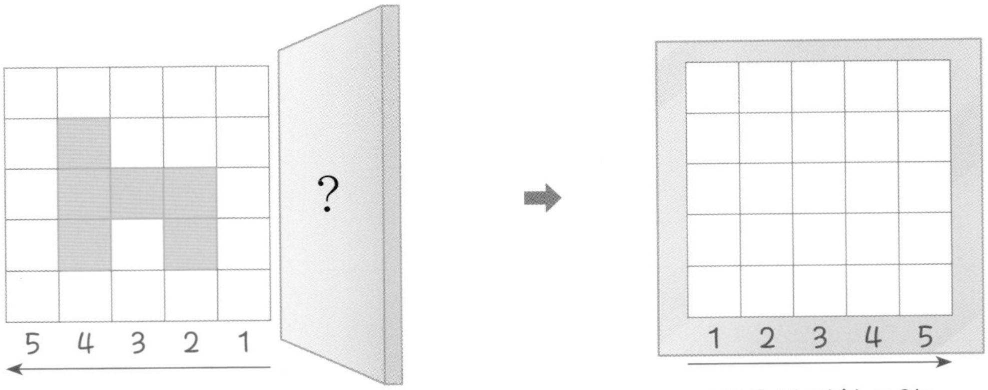


<거울에 비친 모양>

정답과 풀이 25쪽

## 원리탐구 ② 거울에 비친 모양

그림 카드의 오른쪽에 거울을 세워 놓고 보았을 때 거울에 비친 모양은 왼쪽과 오른쪽이 서로 바뀝니다.

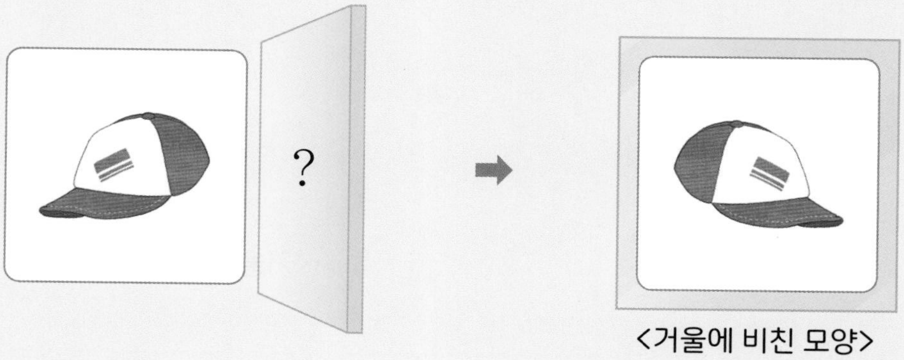


<거울에 비친 모양>

확인 1. 그림 카드의 오른쪽에 거울을 세워 놓고 보았을 때 거울에 비친 모양을 찾아 기호를 써 보시오.

㉮

㉯

㉰

# 거울에 비친 모양 그리기

대표문제

그림의 오른쪽에 거울을 세워 놓고 보았을 때 거울에 비친 모양을 그려 보시오.

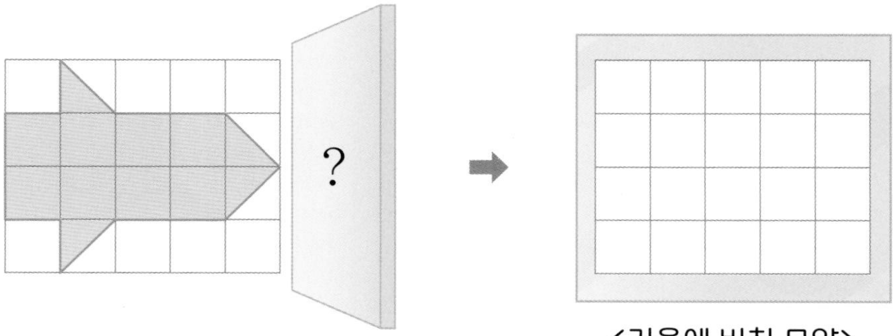


<거울에 비친 모양>

STEP 01 빨간색으로 칠한 부분을 거울에 비쳤을 때의 모양을 그려 보시오.

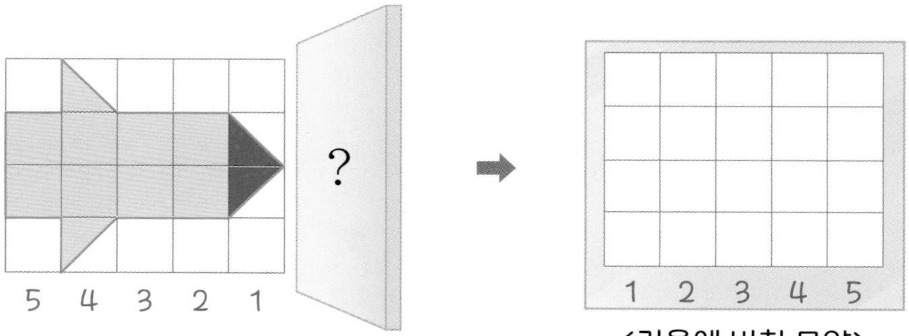


<거울에 비친 모양>

STEP 02 STEP 01 의 나머지 부분을 그려 거울에 비친 모양을 완성해 보시오.

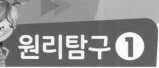

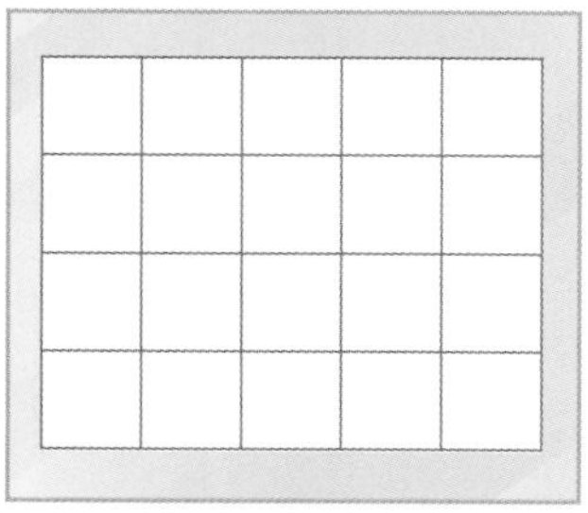

<거울에 비친 모양>

정답과 풀이 26쪽

**01** 그림의 오른쪽에 거울을 세워 놓고 보았을 때 어떤 모양이 나타나는지 그려 보시오.

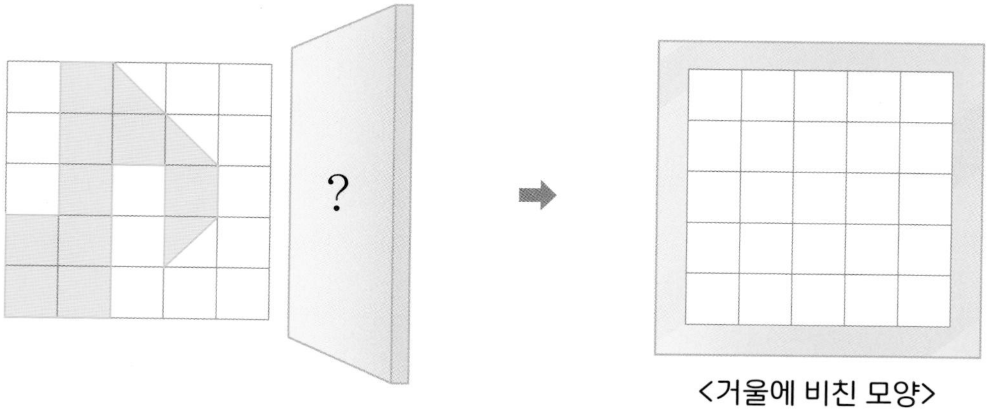

<거울에 비친 모양>

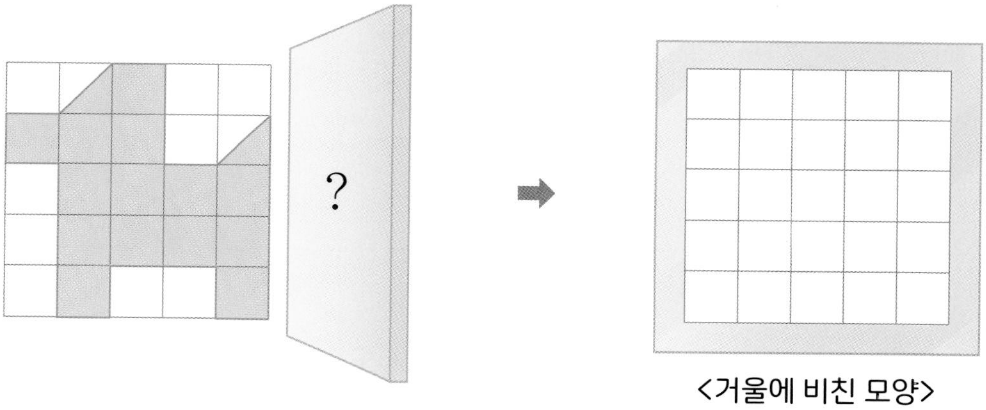

<거울에 비친 모양>

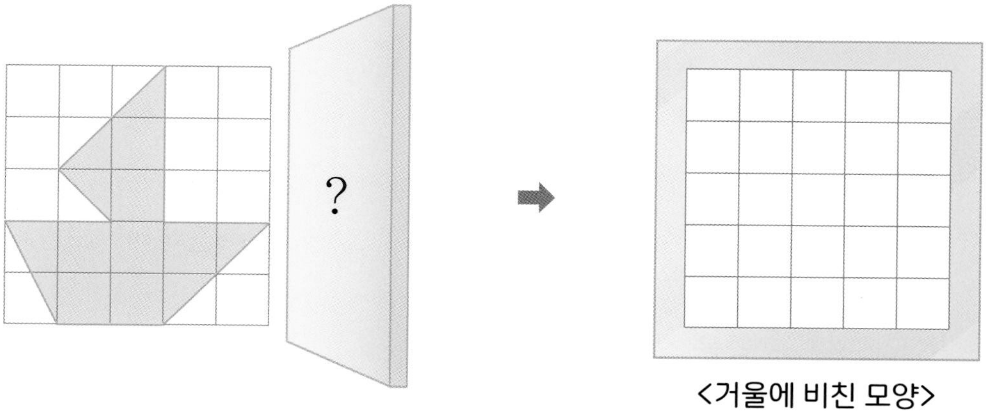

<거울에 비친 모양>

# 원리탐구 ❷ 거울에 비친 모양

대표문제

그림 카드의 오른쪽에 거울을 세워 놓고 보았을 때 거울에 비친 모양을 찾아 기호를 써 보시오.

㉮ ㉯ ㉰

STEP 01 빈칸에 거울에 비친 물건의 이름을 써 보시오.

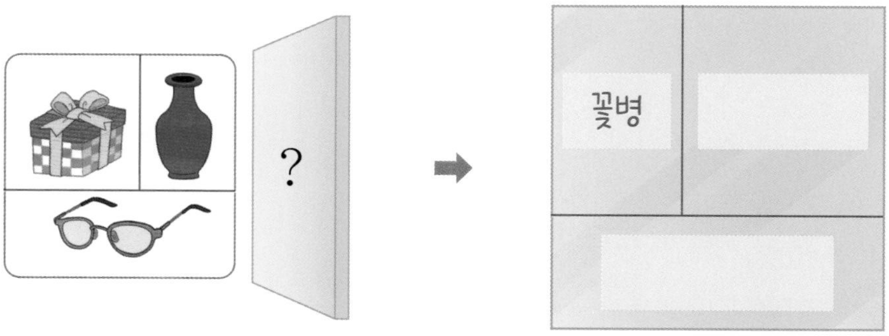


<거울에 비친 모양>

STEP 02 거울에 비친 모양을 찾아 기호를 써 보시오.

정답과 풀이 27쪽

**01** 그림 카드의 오른쪽에 거울을 세워 놓고 보았을 때 거울에 비친 모양을 찾아 기호를 써 보시오.

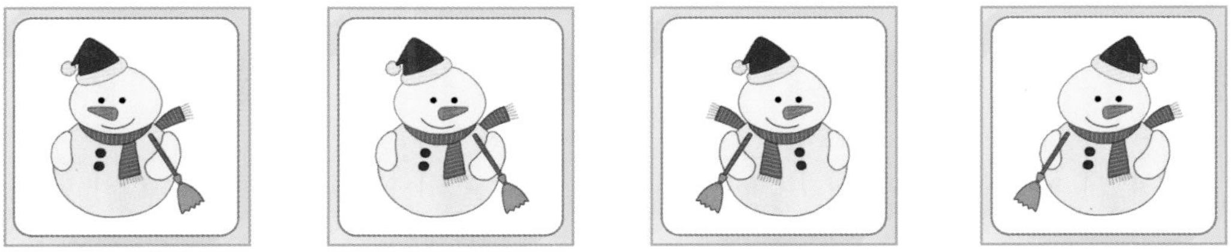

㉮ ㉯ ㉰ ㉱

**02** 그림 카드의 오른쪽에 거울을 세워 놓고 보았을 때 거울에 비친 모양이 다음과 같습니다. 그림 카드의 모양을 찾아 기호를 써 보시오.

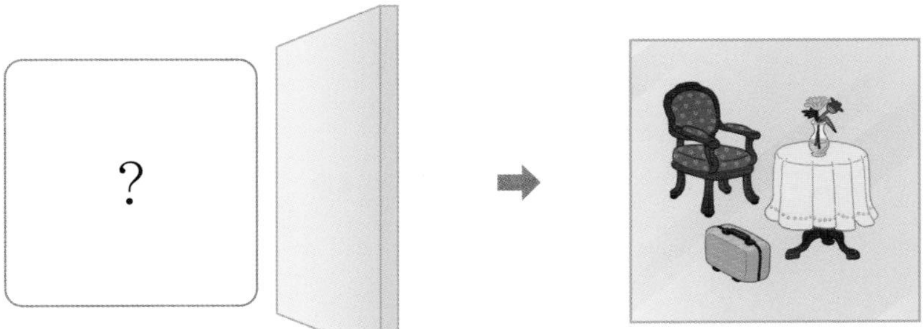

<거울에 비친 모양>

㉮ ㉯ ㉰

# Creative 팩토

## 01 똑같은 모양 2개가 되도록 나누어 보시오.

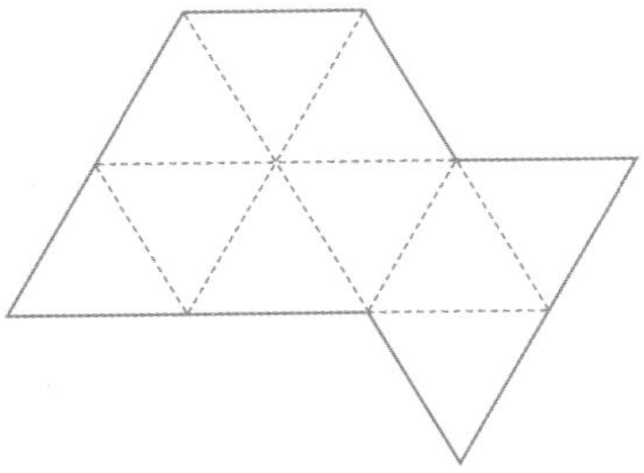

**Key Point**
몇 칸씩 나누어야 하는지 생각해 봅니다.

## 02 그림의 오른쪽에 거울을 세워 놓고 보았을 때 거울에 비친 모양을 그려 보시오.

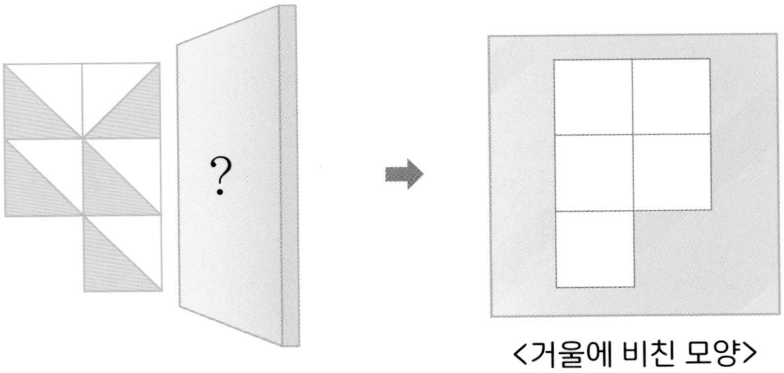


<거울에 비친 모양>

**03** | 보기 |와 같이 구멍이 뚫린 종이 2장을 겹쳐 수 판 위에 올렸을 때, 보이는 수의 합을 구하시오.

| 보기 |

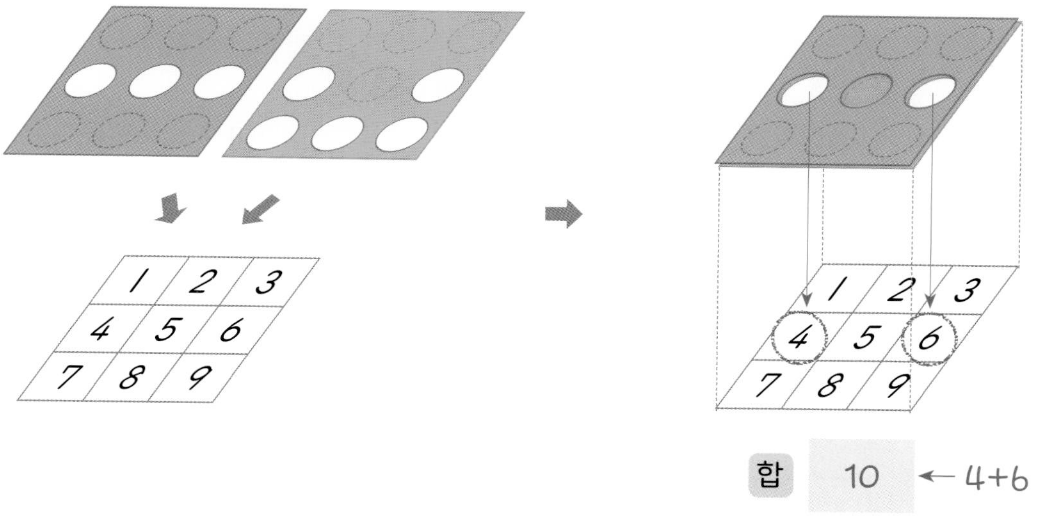


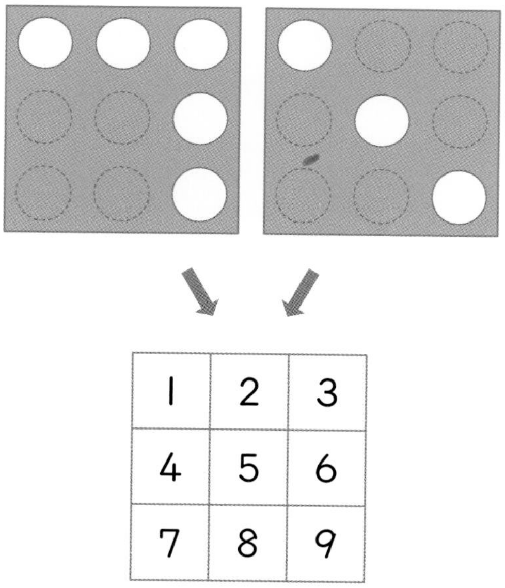


합

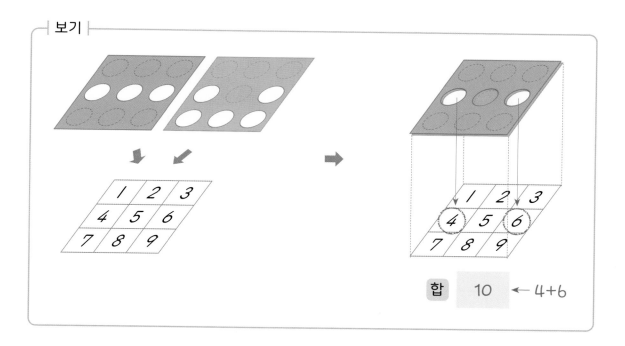

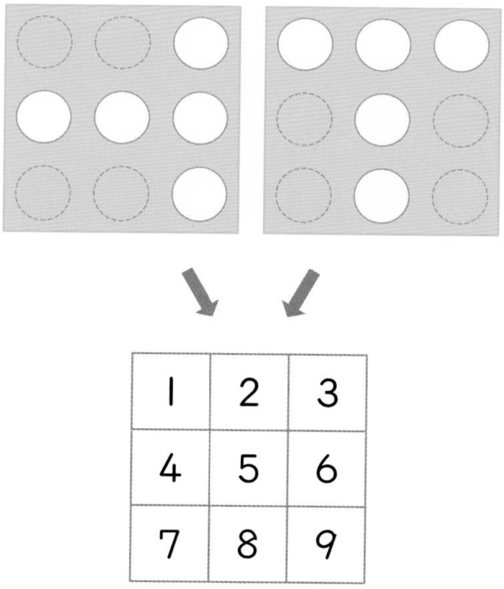


합

**01** 주어진 모양을 만드는 데 필요한 조각 2개를 찾아 기호를 써 보시오.

온라인 활동지

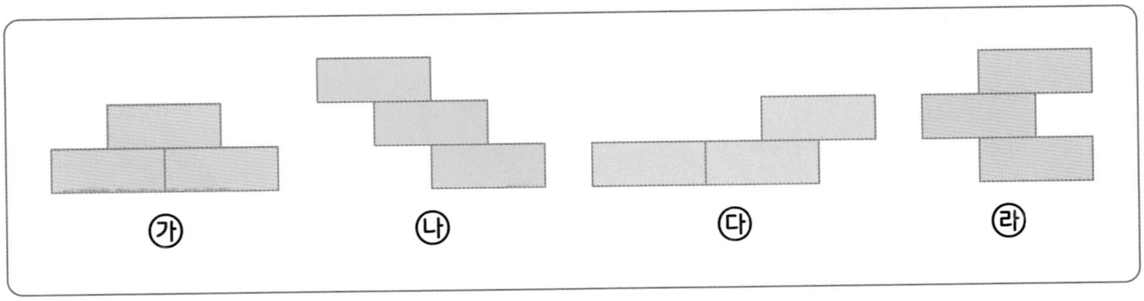


보기

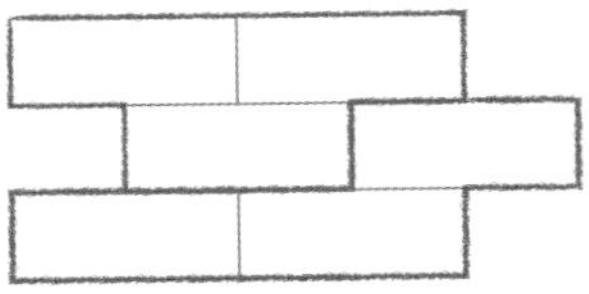

사용한 조각: ㉮, ㉰

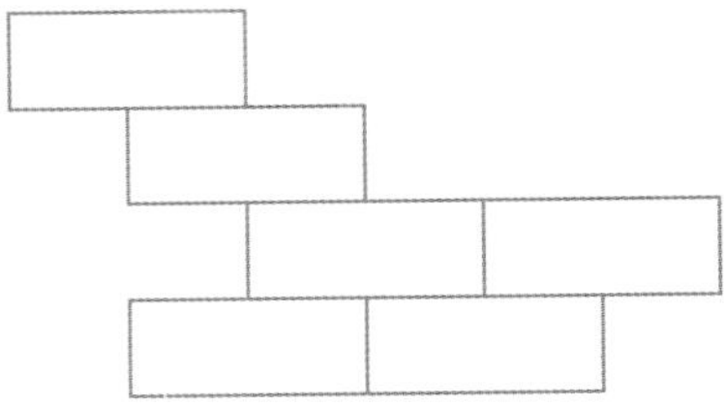

사용한 조각: ________

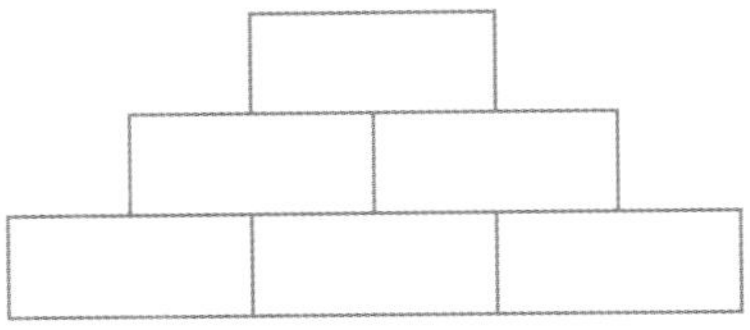

사용한 조각: ________

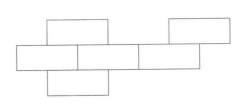

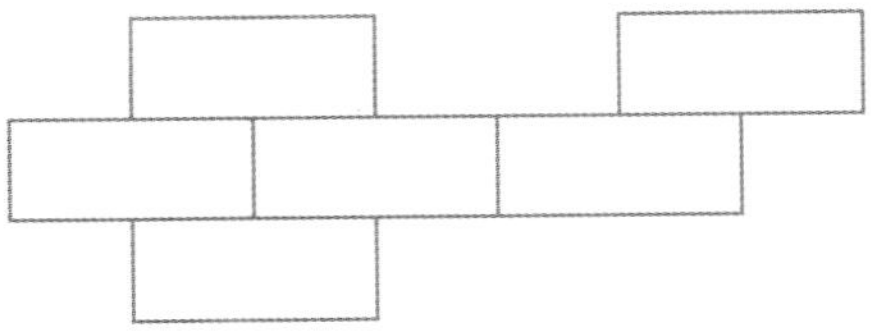

사용한 조각: ________

**02** 주어진 투명 카드 중 2장을 겹쳐 새로운 모양을 만들려고 합니다. 빈 곳에 알맞은 투명 카드의 기호를 써 보시오.

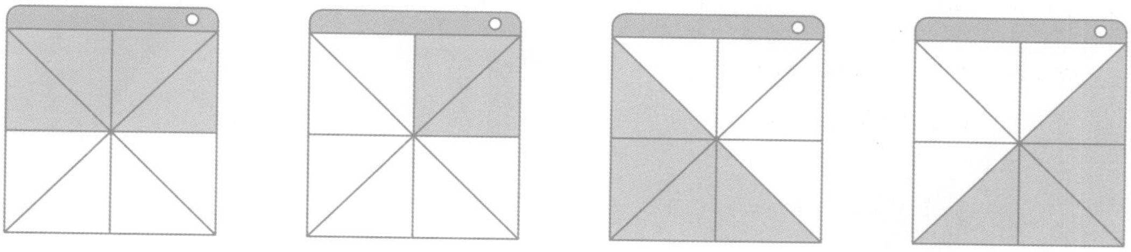

㉮ ㉯ ㉰ ㉱

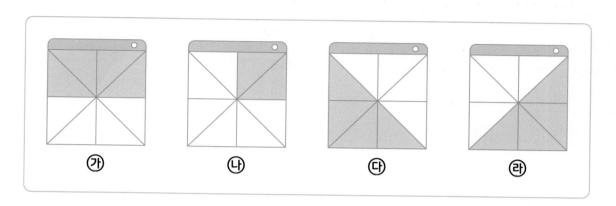

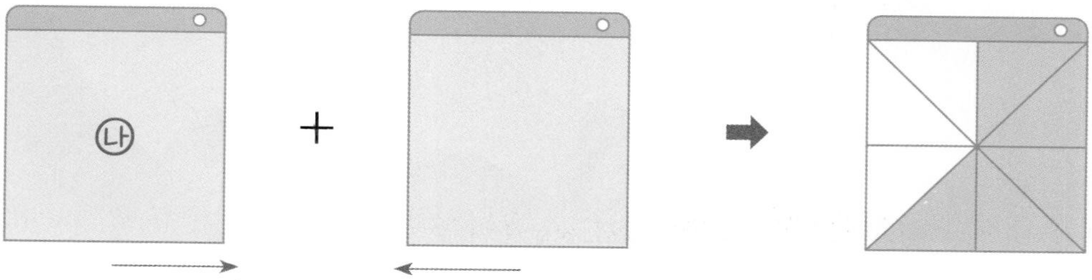


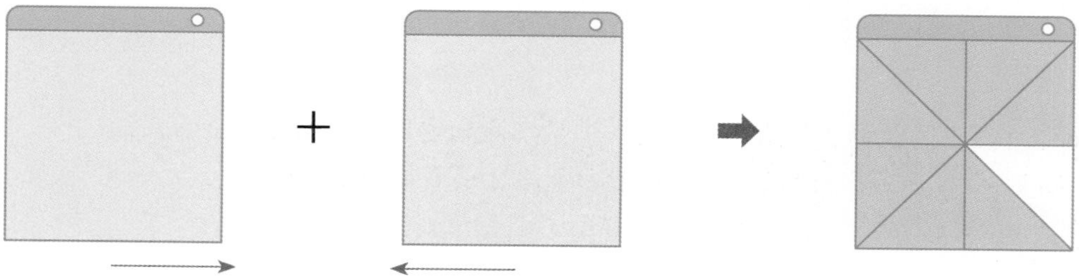


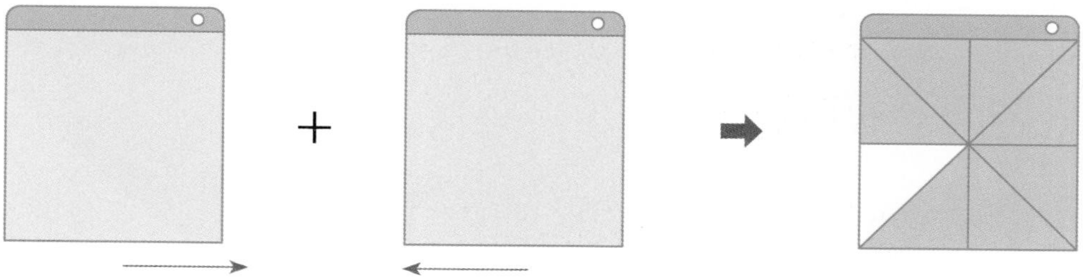

# Ⅲ

# 문제해결력

## 학습 Planner

계획한 대로 공부한 날은 😀 에, 공부하지 못한 날은 ☹ 에 ◯표 하세요.

| 공부할 내용 | 공부할 날짜 | 확 인 |
|---|---|---|
| 1 주고 받기 | 월 일 | 😀 \| ☹ |
| 2 그림 그려 해결하기 | 월 일 | 😀 \| ☹ |
| 3 문제 만들기 | 월 일 | 😀 \| ☹ |
| 4 2가지 기준으로 표 만들어 해결하기 | 월 일 | 😀 \| ☹ |
| Creative 팩토 | 월 일 | 😀 \| ☹ |
| Challenge 영재교육원 | 월 일 | 😀 \| ☹ |

# ① 주고 받기

## 원리탐구 ① 똑같이 나누기

두 주머니에 구슬 7개와 3개가 각각 담겨 있습니다. 구슬 2개를 옮기면 두 주머니의 구슬의 수가 5개로 같아집니다.

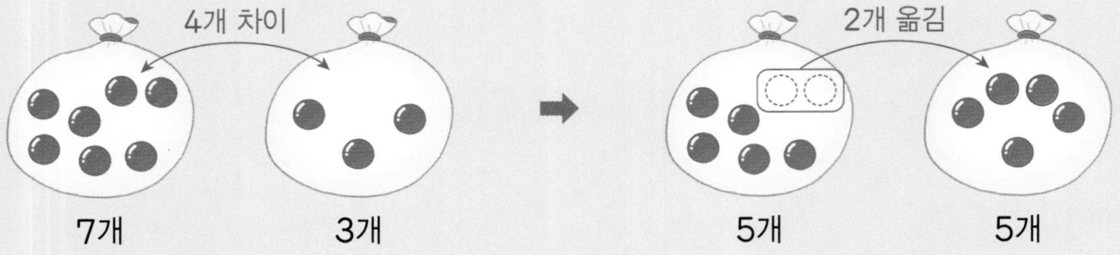


**확인 ①.** 두 접시의 과일의 수가 같도록 음식을 옮겨 보시오.

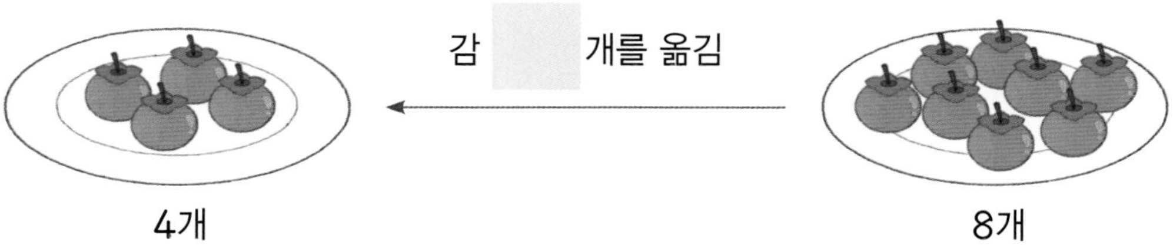

정답과 풀이 30쪽

## 원리탐구 ② 서로 다르게 나누기

오렌지 5개를 민호가 소희보다 1개 더 많이 가지도록 다음과 같이 나누어 봅니다.

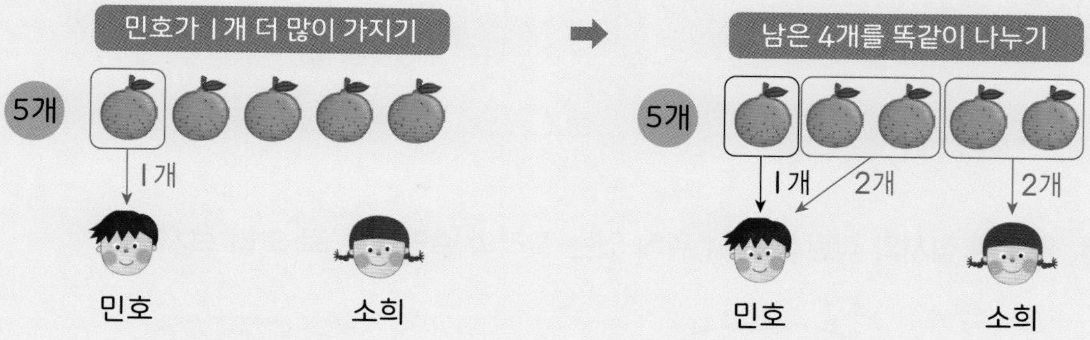


➡ 민호는 3개, 소희는 2개를 가지게 됩니다.

**확인 1.** 주어진 | 조건 |을 보고 연주와 시온이가 초콜릿을 각각 몇 개씩 가지고 있는지 구해 보시오.

| 조건 |

초콜릿 6개를 연주가 시온이보다 2개 더 많이 가지도록 나누었습니다.

➡ 연주: ☐개, 시온: ☐개

| 조건 |

초콜릿 7개를 시온이가 연주보다 1개 더 많이 가지도록 나누었습니다.

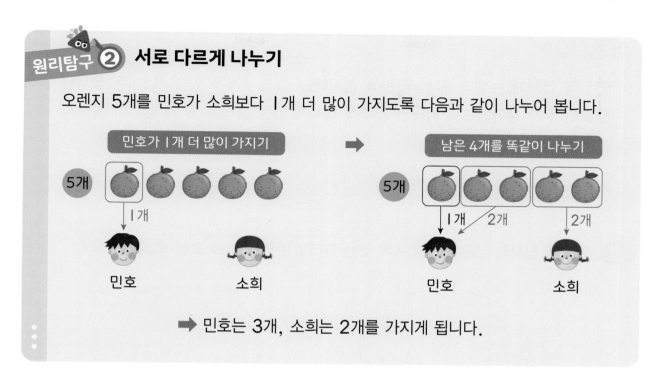

➡ 연주: ☐개, 시온: ☐개

# 원리탐구 ❶ 똑같이 나누기

**대표문제**

**연두색 접시에는 젤리 7개, 파란색 접시에는 젤리 1개가 있습니다. 두 접시의 젤리의 수가 같아지도록 하려면 연두색 접시에 있는 젤리를 몇 개 옮겨야 하는지 구해 보시오.**

**STEP 01** 연두색 접시와 파란색 접시 위에 있는 젤리의 수만큼 ○로 그려 보시오.

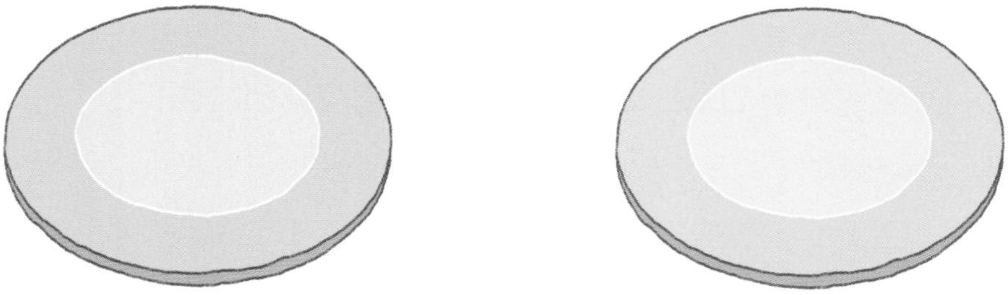

**STEP 02** STEP 01의 연두색 접시에 있는 젤리를 1개씩 파란색 접시로 옮겨서 두 접시의 젤리의 수가 같아지도록 하시오.

**STEP 03** 두 접시의 젤리의 수가 같아지도록 하려면 연두색 접시에 있는 젤리를 몇 개 옮겨야 합니까?

정답과 풀이 31쪽

**01** 두 사람이 가진 구슬의 개수가 같아지려면 민수가 연우에게 구슬을 몇 개 주어야 하는지 구해 보시오.

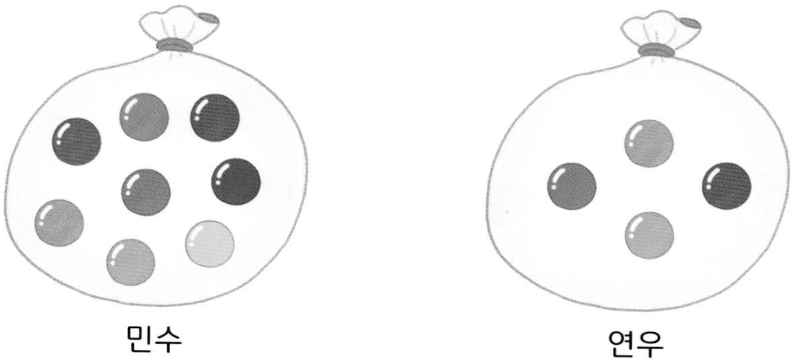


**02** 은주가 성우에게 도넛 2개를 주면 두 사람의 도넛의 수가 4개로 같아집니다. 은주가 처음에 가지고 있던 도넛은 몇 개인지 구해 보시오.

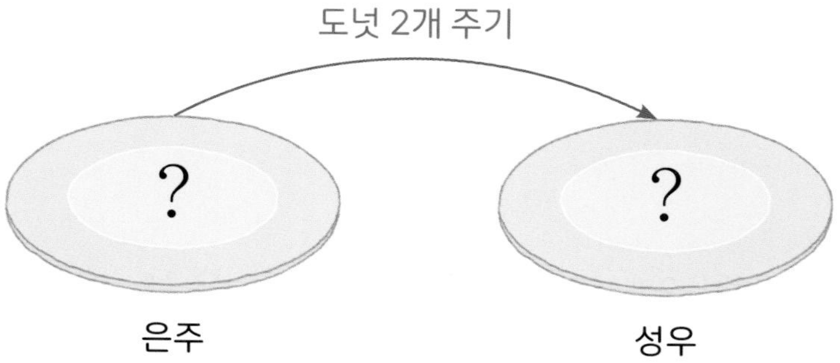

# 원리탐구 ❷ 서로 다르게 나누기

**대표문제**

**구슬 9개가 있습니다. 예은이가 준우보다 3개 더 많이 가지도록 나누었을 때, 예은이가 가지게 되는 구슬은 몇 개인지 구해 보시오.**

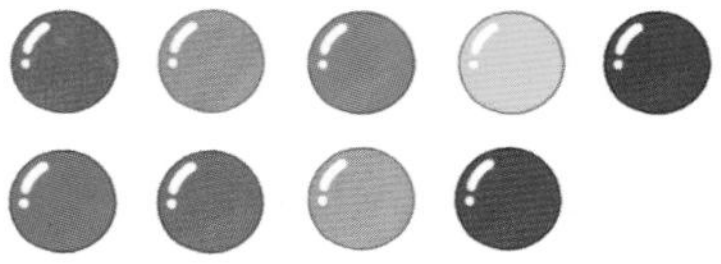

STEP 01 구슬 9개 중에서 예은이에게 3개를 먼저 나누어 주고 난 후, 남은 구슬은 몇 개입니까?

STEP 02 STEP 01 에서 남은 구슬을 예은이와 준우가 똑같이 나누어 가지도록 2묶음으로 묶으면 한 묶음에 구슬은 몇 개입니까?

STEP 03 예은이가 준우보다 3개 더 많이 가지도록 나누었을 때, 예은이가 가지게 되는 구슬은 몇 개입니까?

**01** 쿠키 9개가 있습니다. 성수가 지안이보다 쿠키 1개를 더 많이 가지려고 할 때, 성수와 지안이는 쿠키를 각각 몇 개씩 가져갈 수 있는지 구해 보시오.

**02** 수아와 예준이는 딸기를 4개씩 가지고 있습니다. 수아가 예준이보다 딸기 4개를 더 많이 가지려고 할 때, 예준이는 수아에게 딸기를 몇 개 주어야 하는지 구해 보시오.

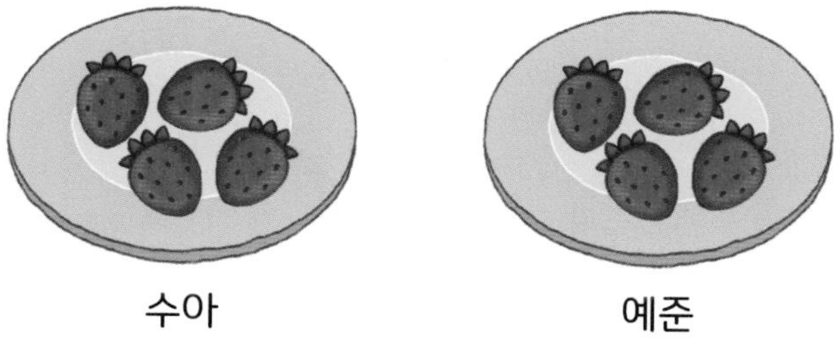

# 2 그림 그려 해결하기

## 원리탐구 1 그림 그리기

| 조건 |

와 모양의 클로버를 합하면 4개이고, 잎은 모두 14장입니다.

→ : 2 개, : 2 개

**확인 1.** 창문을 1개 더 그려 을 1채씩 늘려 가며 그림을 그려 보시오. 이때 | 조건 |에 맞는 집은 각각 몇 채인지 구해 보시오.

| 조건 |

와 모양의 집을 합하면 3채이고, 창문은 5개입니다.

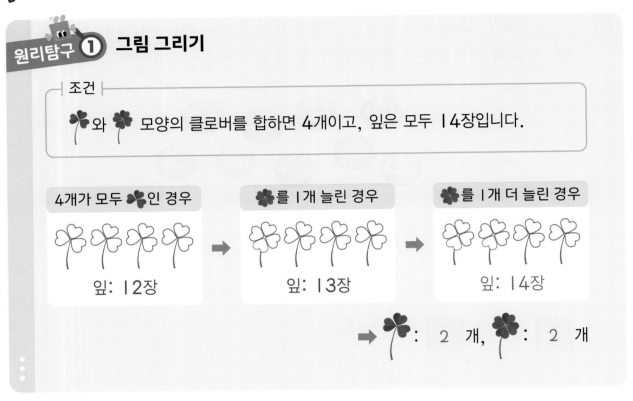

→ : 채, : 채

정답과 풀이 33쪽

## 원리탐구 ② 줄 서기

상황을 그림으로 나타내어 문제를 해결할 수 있습니다.

- 소라 앞에는 4명의 친구들이 서 있습니다.
- 소라 뒤에는 2명의 친구들이 서 있습니다.

소라 앞에 4명 그리기 ➡ 소라 뒤에 2명 그리기

➡ 줄을 서 있는 친구들은 모두 7명입니다.

**확인 1.** | 조건 |에 맞게 그림을 그리고, 구슬은 모두 몇 개인지 구해 보시오.

| 조건 |

빨간 구슬의 오른쪽에는 구슬 1개, 왼쪽에는 구슬 2개가 있습니다.

➡ 구슬의 개수: ☐개

| 조건 |

빨간 구슬의 오른쪽에는 구슬 2개, 왼쪽에는 구슬 3개가 있습니다.

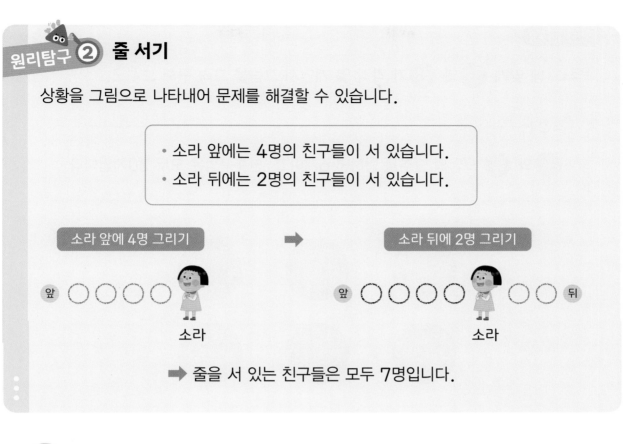

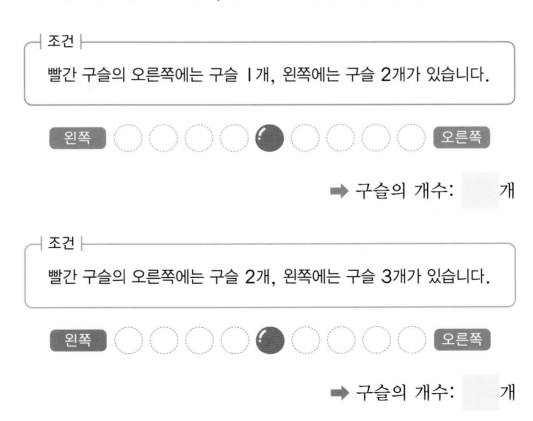

➡ 구슬의 개수: ☐개

# 원리탐구 ① 그림 그리기

**대표문제**

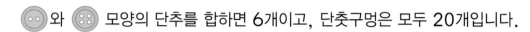

| 조건 |에 맞게 와 가 각각 몇 개인지 그림을 그려 구해 보시오.

| 조건 |

와 모양의 단추를 합하면 6개이고, 단춧구멍은 모두 20개입니다.

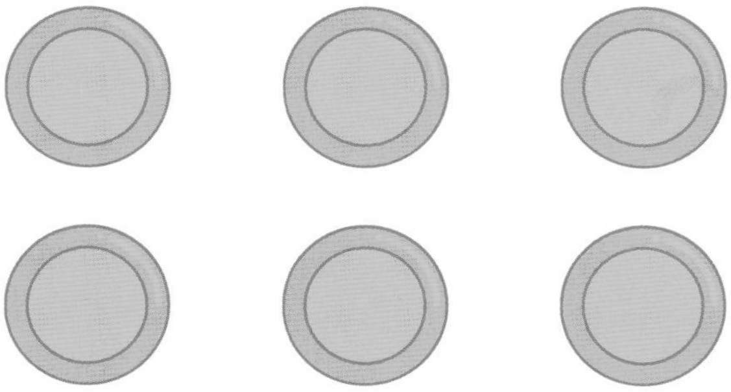

STEP 01 모두 라고 생각하여 단춧구멍을 2개씩 모두 그려 보시오.

STEP 02 단춧구멍이 20개가 될 때까지 를 한 개씩 늘려 가며 그림을 그려 보시오.

STEP 03 와 는 각각 몇 개입니까?

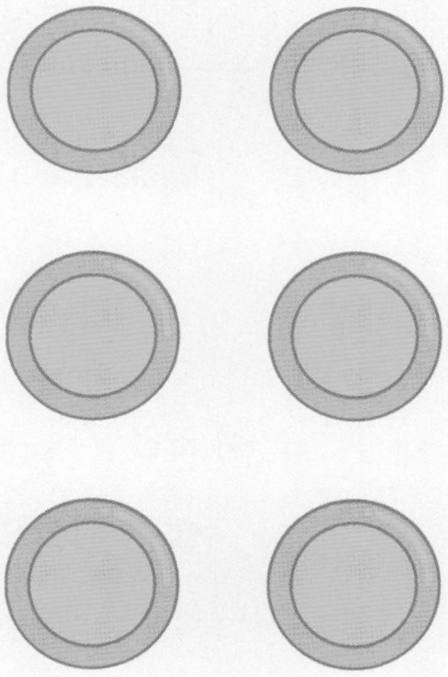

**01** 초가 2개 꽂힌 케이크와 3개 꽂힌 케이크를 합하면 6개이고, 초는 모두 15개입니다. 초가 2개 꽂힌 케이크와 3개 꽂힌 케이크는 각각 몇 개인지 구해 보시오.

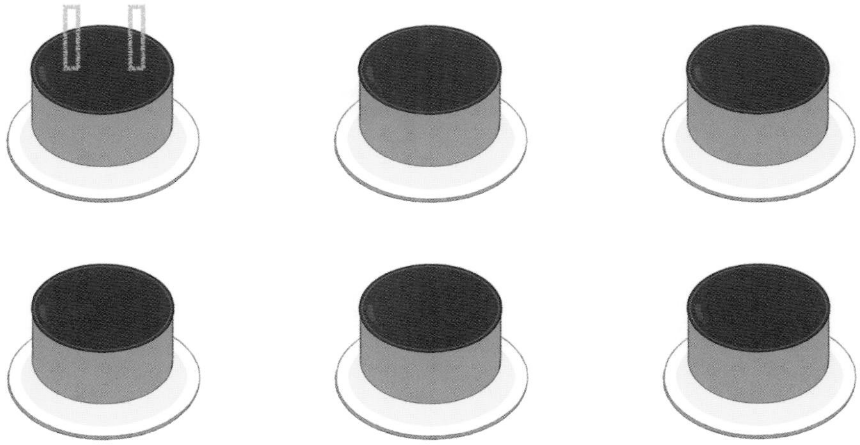

**02** 5명의 아이들 중에서 한쪽 다리를 들고 있는 사람이 있습니다. 땅에 닿아 있는 다리가 모두 8개일 때, 한쪽 다리를 들고 서 있는 사람은 몇 명인지 구해 보시오.

# 줄 서기

**대표문제**

학생들이 줄을 서 있습니다. 현수는 앞에서 넷째, 뒤에서 셋째에 서 있습니다. 줄을 서 있는 학생들은 모두 몇 명인지 구해 보시오.

STEP 01 현수가 앞에서 넷째일 때 현수 앞에는 몇 명이 있는지 ○ 표시를 하여 그려 보시오.

STEP 02 현수가 뒤에서 셋째일 때 현수 뒤에는 몇 명이 있는지 STEP 01 에 ○ 표시를 하여 그려 보시오.

STEP 03 줄을 서 있는 학생들은 모두 몇 명입니까?

정답과 풀이 35쪽

**01** 수학 동화책은 책장의 왼쪽에서 다섯째, 오른쪽에서 둘째에 꽂혀 있습니다. 책장에는 책이 모두 몇 권 있는지 구해 보시오.

**02** 밑줄 친 부분을 바르게 고쳐 보시오.

버스 정류장에 9명이 줄을 서 있습니다.

나는 앞에서 넷째, 뒤에서 다섯째에 서 있습니다.

# 3 문제 만들기

## 원리탐구 1 문장을 보고 문제 만들기

두 개의 문장을 알맞게 연결하여 덧셈 또는 뺄셈 문제를 완성할 수 있습니다.

상황

그릇에 쿠키 4개와 마카롱 9개가 있습니다.

상자 안에 녹차 쿠키는 5개, 초코 쿠키는 2개 있습니다.

문제

녹차 쿠키와 초코 쿠키는 모두 몇 개입니까?

필요한 것: 녹차 쿠키 수, 초코 쿠키 수

마카롱은 쿠키보다 몇 개 더 많습니까?

필요한 것: 마카롱 수, 쿠키 수

→ 문제

상자 안에 녹차 쿠키는 5개, 초코 쿠키는 2개 있습니다. 녹차 쿠키와 초코 쿠키는 모두 몇 개입니까?

→ 문제

그릇에 쿠키 4개와 마카롱 9개가 있습니다. 마카롱은 쿠키보다 몇 개 더 많습니까?

확인 1. 알맞게 선을 그어 문제를 완성해 보시오.

| 상황 | 문제 |
|---|---|
| 바구니에 딸기 사탕 4개와 포도 사탕 5개가 있습니다. • | • 먹고 남은 사탕은 몇 개입니까?<br>필요한 것: 사탕 수, 먹은 사탕 수 |
| 사탕 9개 중에서 4개를 먹었습니다. • | • 바구니에 들어 있는 딸기 사탕과 포도 사탕은 모두 몇 개입니까?<br>필요한 것: 딸기 사탕의 수, 포도 사탕의 수 |

| 상황 | 문제 |
|---|---|
| 놀이터에 남자 어린이 3명, 여자 어린이 2명이 있습니다. • | • 놀이터에 있는 어린이는 모두 몇 명입니까? |
| 놀이터에 어린이 8명이 있었는데 5명이 집으로 돌아갔습니다. • | • 놀이터에 남아 있는 어린이는 몇 명입니까? |

> 정답과 풀이 36쪽

## 원리탐구 ② 그림을 보고 문제 만들기

그림을 보고 덧셈 또는 뺄셈을 이용하여 풀 수 있는 문제를 만듭니다.

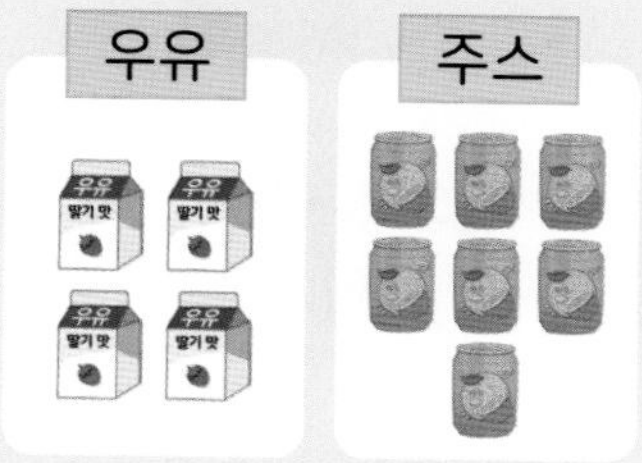


① 그림을 보고 알 수 있는 사실을 정리합니다.

예 우유 4개, 주스 7개가 있습니다.

② ①을 이용하여 덧셈식 또는 뺄셈식을 만듭니다.

예 $4+7=11$, $7-4=3$

③ ②에서 만든 식을 문제로 만들어 봅니다.

예 $4+7=11$ ➡ 우유와 주스는 모두 몇 개입니까?

$7-4=3$ ➡ 주스는 우유보다 몇 개 더 많습니까?

**확인 1.** 그림을 보고 □ 안에 알맞은 수를 써넣어 문제를 완성해 보시오.

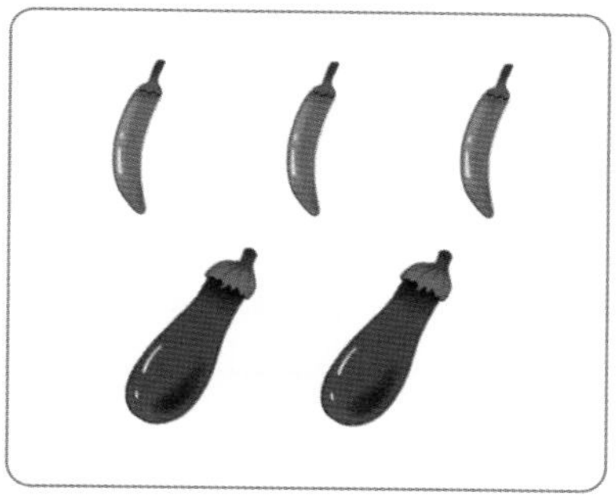

문제 고추는 □ 개, 가지는 □ 개 있습니다.

채소는 모두 몇 개입니까?

식 $3+2=5$ 답 □ 개

문제 사탕이 □ 개 있었는데 □ 개를

먹었습니다. 남은 사탕은 몇 개입니까?

식 □ 답 4개

# 원리탐구 ① 문장을 보고 문제 만들기

## 대표문제

문제 에 필요한 상황 2개를 찾아 선으로 이어 보시오.

| 상황 1 | 상황 2 | 문제 |
|---|---|---|
| 혜주는 귤을 6개 먹었습니다. • | • 민호는 귤을 9개 먹었습니다. • | • 윤지가 가지고 있는 귤과 토마토는 모두 몇 개입니까? |
| 지우는 귤을 10개 샀습니다. • | • 윤지는 토마토를 5개 샀습니다. • | • 민호는 혜주보다 귤을 몇 개 더 먹었습니까? |
| 윤지는 귤을 12개 샀습니다. • | • 언니가 귤을 3개 먹었습니다. • | • 지우에게 남은 귤은 몇 개입니까? |

STEP 01 위에서 첫째 번 문제에 필요한 상황 2개를 찾아 선으로 이어 보시오.

문제: 윤지가 가지고 있는 귤과 토마토는 모두 몇 개입니까?

➡

필요한 상황:
- 윤지가 가지고 있는 귤의 수
- 윤지가 가지고 있는 토마토의 수

STEP 02 위에서 둘째 번 문제에 필요한 상황 2개를 찾아 선으로 이어 보시오.

문제: 민호는 혜주보다 귤을 몇 개 더 먹었습니까?

➡

필요한 상황:
- 민호가 먹은 귤의 수
- 혜주가 먹은 귤의 수

STEP 03 위의 방법으로 위에서 셋째 번 문제에 필요한 상황 2개를 찾아 선으로 이어 보시오.

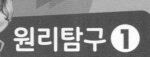

정답과 풀이 37쪽

## 01 알맞게 선을 그어 문제를 완성해 보시오.

| 상황 1 | 상황 2 | 문제 |
|---|---|---|
| 개구리와 올챙이가 모두 15마리 있습니다. • | • 그중에서 개구리가 9마리입니다. • | • 연못에 있는 개구리는 모두 몇 마리입니까? |
| 연못에 개구리가 5마리 있습니다. • | • 잠시 후 개구리 6마리가 연못으로 더 들어왔습니다. • | • 올챙이는 몇 마리입니까? |

## 02 |상황|을 보고 만들 수 있는 문제를 모두 찾아 ○표 하시오.

| 상황 |

연필을 정호는 8자루, 은서는 11자루 샀습니다.

- 은서는 주연이보다 연필을 몇 자루 더 많이 가지고 있습니까? (　　　)
- 두 사람이 산 연필은 모두 몇 자루입니까? (　　　)
- 은서는 정호보다 연필을 몇 자루 더 많이 샀습니까? (　　　)

# 원리탐구 ② 그림을 보고 문제 만들기

**대표문제**

그림을 보고 덧셈 또는 뺄셈을 이용하여 답이 '3마리'인 문제를 만들어 보시오.

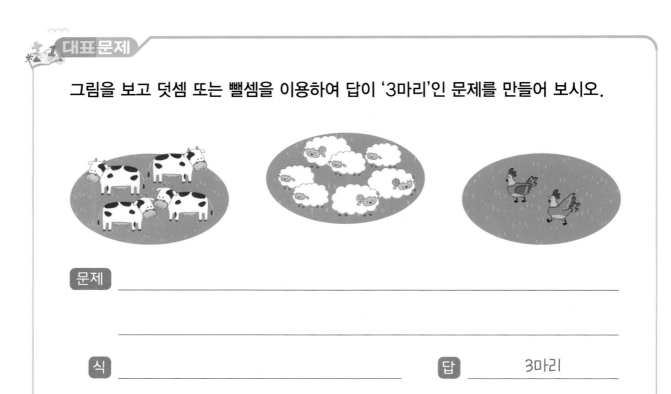

문제 ______________________

식 ______________ 답 3마리

STEP 01 젖소, 양, 닭은 각각 몇 마리씩 있습니까?

STEP 02 STEP 01 의 수를 이용하여 답이 3이 되는 식을 만들어 보시오.

식 ______________

STEP 03 STEP 02 에서 만든 식을 이용하여 문제를 만들어 보시오.

## 01 그림을 보고 수학 문제지를 완성해 보시오.

| 수학 | 그림을 보고 문제 만들기 | 이름 | |
|---|---|---|---|
| | 학교 학년 반 | | |

문제를 만들고, 식을 세워 답을 구해 보시오.

**1.**

문제 바구니에 참외 3개, 딸기 5개가 있습니다.

바구니에 들어 있는 채소는 모두 몇 개입니까?

식 $3+5=8$ 답 ___개

**2.**

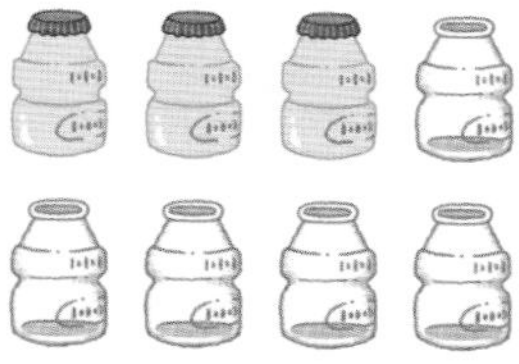

문제 요구르트가 8개 있었는데 5개를 마셨습니다.

식 ______ 답 3개

**3.**

문제 주머니에 빨간 구슬 6개, 초록 구슬 4개가 있습니다.

식 ______ 답 10개

# ④ 2가지 기준으로 표 만들어 해결하기

## 원리탐구 ① 2가지 기준으로 표 만들기

2가지 기준으로 분류하여 하나의 표로 나타낼 수 있습니다.

| | 모자를 쓴 인형 | 리본을 단 인형 |
| --- | --- | --- |
| 곰 인형 | 모자, 곰  | 리본, 곰  |
| 토끼 인형 | 모자, 토끼  | 리본, 토끼  |

확인 ① 2가지 기준으로 분류하려고 합니다. 빈칸에 알맞은 기준을 모두 찾아 써 보시오.

| | 꽃핀을 한 고양이 | 리본핀을 한 고양이 |
| --- | --- | --- |
| 방울을 단 고양이 | 꽃핀, 방울 | |
| 목도리를 한 고양이 | | |

| | 모자를 쓴 아이 | 안경을 쓴 아이 |
| --- | --- | --- |
| 줄무늬 옷을 입은 아이 | | |
| 점무늬 옷을 입은 아이 | | |

정답과 풀이 39쪽

## 원리탐구 ② 표 보고 문제 해결하기

아이스크림 가게에서 오늘 팔린 아이스크림을 조사하여 표로 나타내었습니다.
각각의 개수를 세어 표로 정리하면 한눈에 내용을 알 수 있습니다.

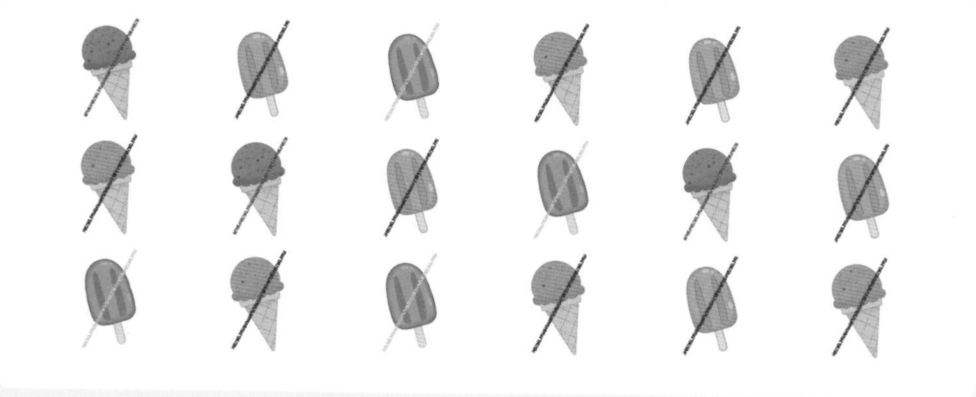

| 모양 \ 맛 | 녹차 | 딸기 |
|---|---|---|
| (콘) | 3 개 | 6 개 |
| (막대) | 4 개 | 5 개 |

확인 **1.** 위의 표를 보고 바르게 설명한 것을 찾아 ○표 하시오.

- 녹차 맛 콘 아이스크림은 4개입니다.
- 딸기 맛 막대 아이스크림은 2개입니다.
- 녹차 맛 막대 아이스크림은 4개입니다.
- 딸기 맛 콘 아이스크림은 5개입니다.

# 원리탐구 ❶ 2가지 기준으로 표 만들기

**대표문제**

기준에 따라 분류하여 빈칸에 알맞은 번호를 써넣으시오.

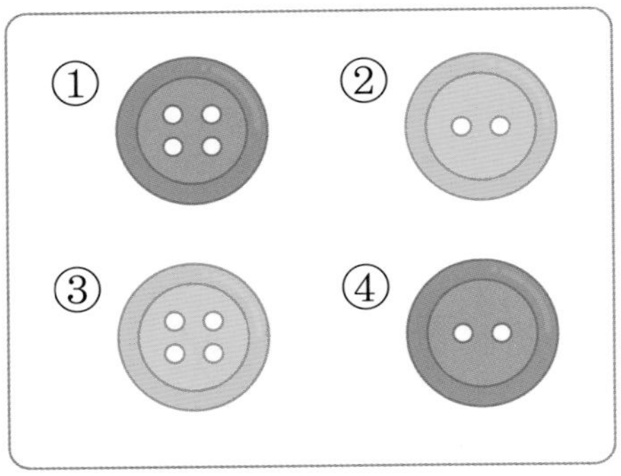

| | 단춧구멍이 2개 | 단춧구멍이 4개 |
|---|---|---|
| 연두색인 단추 | | |
| 노란색인 단추 | | |

**STEP 01** 각 칸에 알맞은 기준을 찾아 써 보시오.

| | 단춧구멍이 2개 | 단춧구멍이 4개 |
|---|---|---|
| 연두색인 단추 | 2개, 연두색 | |
| 노란색인 단추 | | |

**STEP 02** 기준에 따라 분류하여 빈칸에 알맞은 번호를 써넣으시오.

| | 단춧구멍이 2개 | 단춧구멍이 4개 |
|---|---|---|
| 연두색인 단추 | | |
| 노란색인 단추 | | |

## 01 기준에 따라 분류하여 빈칸에 알맞은 번호를 써넣으시오.

| | 크기가 큰 인형 | 크기가 작은 인형 |
|---|---|---|
| 노란색 인형 | | |
| 보라색 인형 | | |
| 빨간색 인형 | | |

| | △ 모양 외계인 | □ 모양 외계인 |
|---|---|---|
| 눈이 1개인 외계인 | | |
| 눈이 2개인 외계인 | | |
| 눈이 3개인 외계인 | | |

# 원리탐구 ② 표 보고 문제 해결하기

**대표문제**

주어진 기준에 따라 분류하여 표를 완성하고, ☐ 안에 알맞은 수를 구해 보시오.

| 모양 \ 맛 | 레몬 맛 | 포도 맛 |
|---|---|---|
| 막대사탕 | ☐개 | ☐개 |
| 알사탕 | ☐개 | ☐개 |

- 레몬 맛 막대사탕 ➡ ☐개
- 레몬 맛 알사탕 ➡ ☐개
- 포도 맛 막대사탕 ➡ ☐개
- 포도 맛 알사탕 ➡ ☐개
- 막대사탕 ➡ ☐개
- 포도 맛 사탕 ➡ ☐개

**STEP 01** 사탕을 보고 ☐ 안에 알맞은 말을 써넣으시오.

레몬 맛
알 사탕

☐ 맛
☐ 사탕

☐ 맛
☐ 사탕

☐ 맛
☐ 사탕

**STEP 02** 표를 완성하고, ☐ 안에 알맞은 수를 구해 보시오.

**01** 주어진 기준에 따라 분류하고 각각의 수를 구해 보시오.

| | 뿔이 있는 외계인 | 콧수염이 있는 외계인 | 모자를 쓴 외계인 |
|---|---|---|---|
| 다리가 있는 외계인 | 명 | 명 | 명 |
| 날개가 있는 외계인 | 명 | 명 | 명 |

- 뿔이 있고 날개가 있는 외계인은 명입니다.
- 콧수염이 있고 다리가 있는 외계인은 명입니다.
- 모자가 있고 날개가 있는 외계인은 명입니다.
- 콧수염이 있는 외계인은 모두 명입니다.
- 날개가 있는 외계인은 모두 명입니다.

**01** 줄을 서 있는 친구들은 모두 몇 명인지 구해 보시오.

- 예은이와 우진이는 나란히 서 있습니다.
- 우진이의 앞에는 3명의 친구가 있습니다.
- 예은이의 뒤에는 2명의 친구가 있습니다.

**02** 3명이 가지고 있는 구슬의 개수가 같아지도록 구슬을 어떻게 옮겨야 하는지 표시해 보시오.

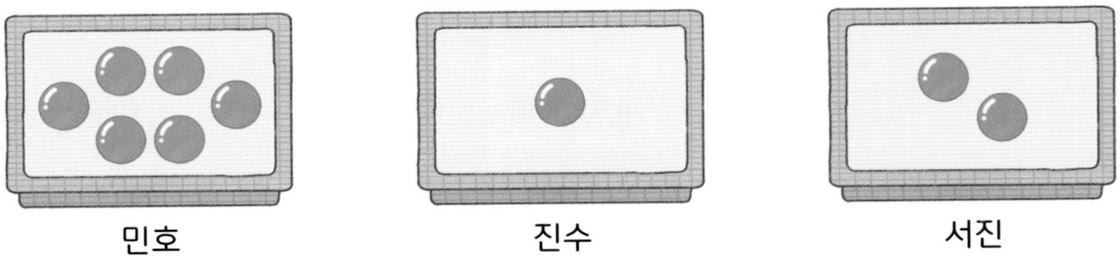

정답과 풀이 42쪽

**03** 주어진 기준에 따라 분류하여 표를 완성하고 바르게 설명한 친구를 찾아 이름을 써 보시오.

| | 눈이 1개인 로봇 | 눈이 2개인 로봇 | 눈이 3개인 로봇 |
|---|---|---|---|
| 다리가 있는 로봇 | 개 | 개 | 개 |
| 바퀴가 있는 로봇 | 개 | 개 | 개 |

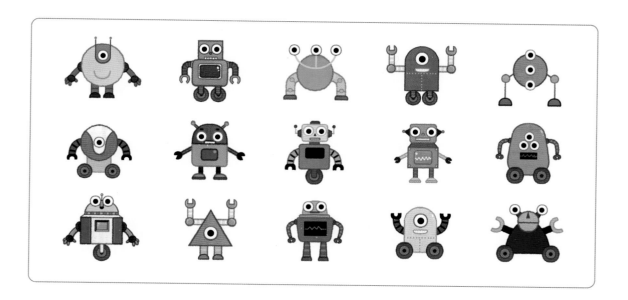

다리가 있고 눈이 2개인 로봇은 2개야.
바퀴가 있고 눈이 3개인 로봇은 4개야.
바퀴가 있는 로봇이 다리가 있는 로봇보다 더 많아.
지우
민호
소라

**01** 그림을 보고 합이 가장 큰 덧셈식과 차가 가장 작은 뺄셈식을 이용하여 풀 수 있는 문제를 만들고 답을 구해 보시오.

합이 가장 큰 덧셈식

문제 ______________________________

______________________________

식 ______________ 답 ______________

차가 가장 작은 뺄셈식

문제 ______________________________

______________________________

식 ______________ 답 ______________

정답과 풀이 43쪽

**02** 다음 주어진 눈과 입의 모양을 이용하여 9가지 서로 다른 얼굴을 그려 보시오.

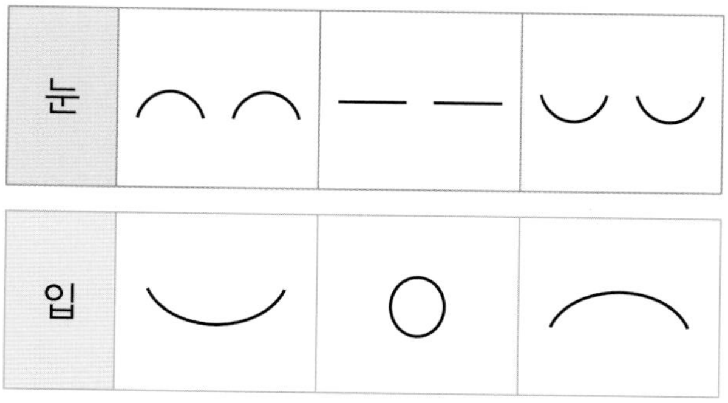


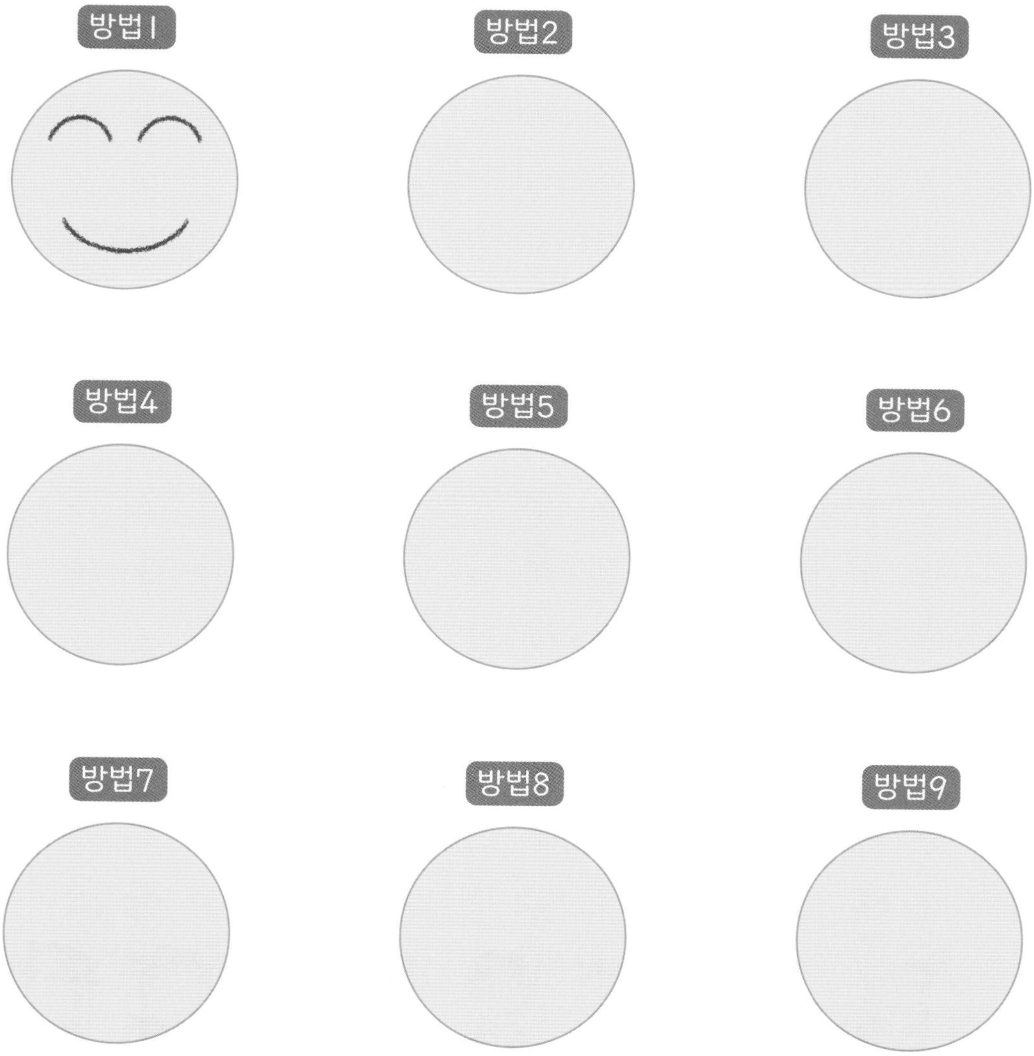

## MEMO

영재학급, 영재교육원,
경시대회 준비를 위한

# 창의사고력 초등수학

# 팩토

Lv. 1

기본 B

## 형성 평가

## 총괄 평가

Lv. 1 기본 B

# 형성평가

## 규칙 영역

| | |
|---|---|
| 시험일시 | 년 월 일 |
| 이 름 | |

| 권장 시험 시간 | 30분 |
|---|---|

- ✔ 총 문항 수(10문항)를 확인해 주세요.
- ✔ 권장 시험 시간(30분) 안에 문제를 풀어 주세요.
- ✔ 문제를 정확히 읽고 답을 바르게 쓰세요.
- ✔ 잘 풀리지 않는 문제가 있으면 쉬운 문제부터 해결한 후 다시 도전해 보세요.

채점 결과를 매스티안 홈페이지(https://www.mathtian.com)에 방문하여 양식에 맞게 입력해 보세요.
「형성평가 결과지」를 직접 받아보실 수 있습니다.

**01** 규칙에 따라 □ 안에 알맞은 글자를 써넣으시오.

| | | | | | | | | |
|---|---|---|---|---|---|---|---|---|
| 토 | 마 | 토 | 토 | 마 | 토 | 토 | 마 | □ |

**02** 규칙에 따라 □ 안에 알맞은 모양을 찾아 ○표 하시오.

| | | | | | | | | | | | |
|---|---|---|---|---|---|---|---|---|---|---|---|
| ○ | △ | ◇ | ○ | △ | ◇ | ○ | △ | ◇ | ○ | △ | □ |

( ◇ ○ , ◇ ○ )

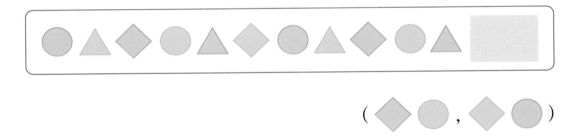

**03** 규칙을 찾아 빈 곳에 알맞은 수를 써넣으시오.

| | | | | | |
|---|---|---|---|---|---|
| 2 | 6 | 10 | 14 | 18 | |

**04** 왼쪽의 그림과 단어 사이의 관계를 살펴보고, 빈 곳에 알맞은 단어를 써넣으시오.

| | | | | |
|---|---|---|---|---|
|  | 빨간색 | : |  | |

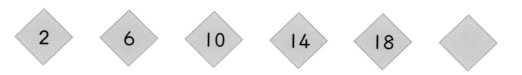

**05** 규칙을 찾아 마지막 모양에 알맞게 색칠해 보시오.

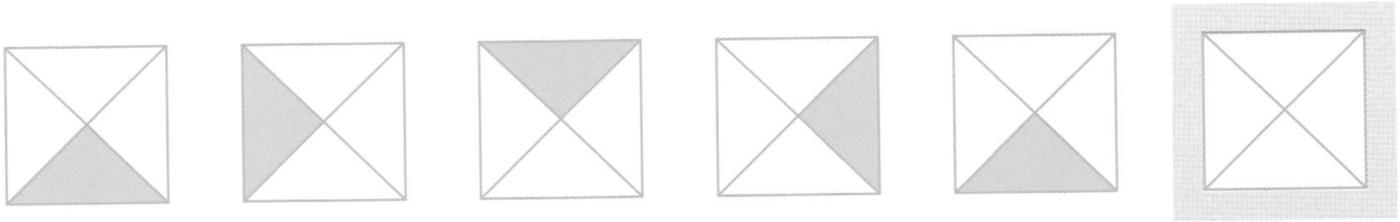

**06** 규칙에 따라 바둑돌을 늘어놓을 때, 빈 곳에 알맞은 모양을 그려 보시오.

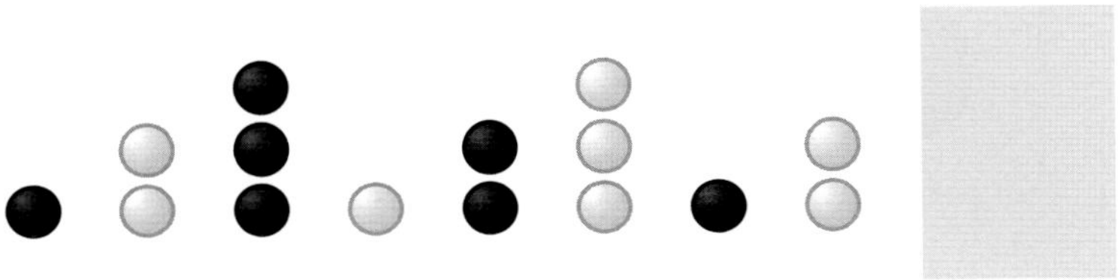

**07** 규칙을 찾아 빈 곳에 알맞은 수를 써넣으시오.

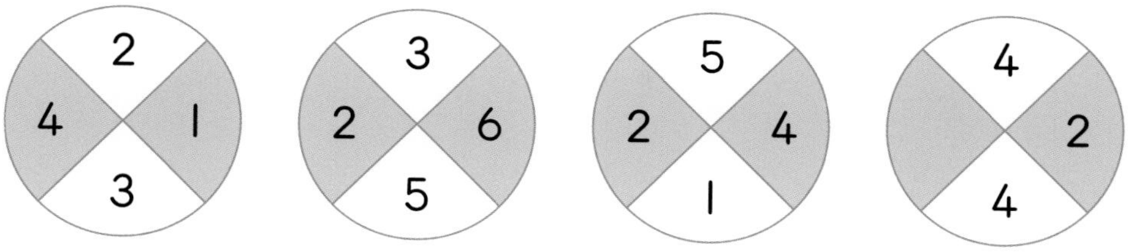


**08** 왼쪽의 두 도형의 변화를 관찰하여 빈칸에 알맞은 모양을 그려 보시오.

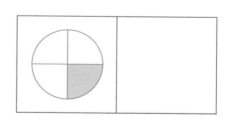

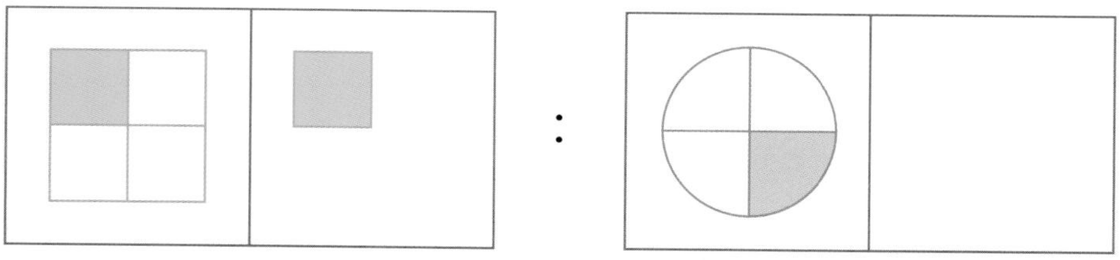

**09** 규칙에 따라 ▒ 안에 알맞은 모양을 그려 보시오.

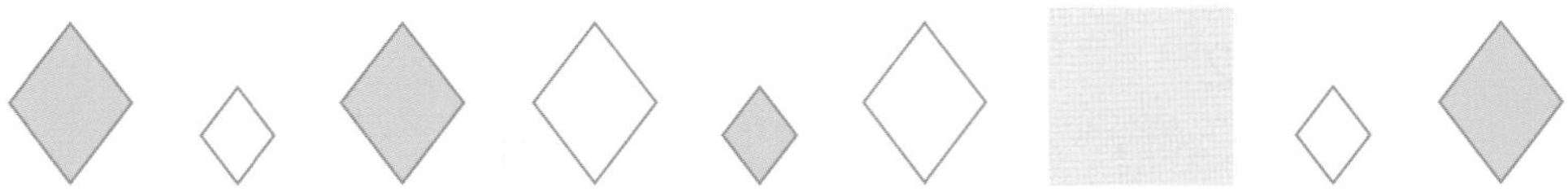

**10** 규칙을 찾아 마지막 모양에 알맞게 색칠해 보시오.

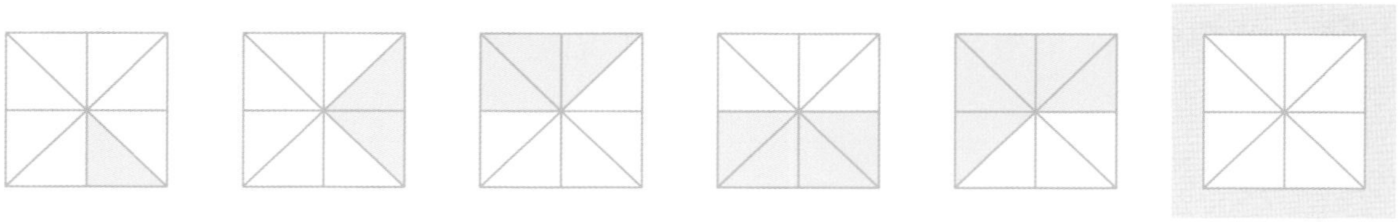

정답과 풀이 44쪽 ❯

Lv.1 기본 B

# 형성평가

## 기하 영역

| 시험일시 | 년 월 일 |
|---|---|
| 이 름 | |

권장 시험 시간 30분

- ✔ 총 문항 수(10문항)를 확인해 주세요.
- ✔ 권장 시험 시간(30분) 안에 문제를 풀어 주세요.
- ✔ 문제를 정확히 읽고 답을 바르게 쓰세요.
- ✔ 잘 풀리지 않는 문제가 있으면 쉬운 문제부터 해결한 후 다시 도전해 보세요.

채점 결과를 매스티안 홈페이지(https://www.mathtian.com)에 방문하여 양식에 맞게 입력해 보세요.
「형성평가 결과지」를 직접 받아보실 수 있습니다.

01 같은 모양의 조각을 4개 사용하여 오른쪽 모양을 완성해 보시오.

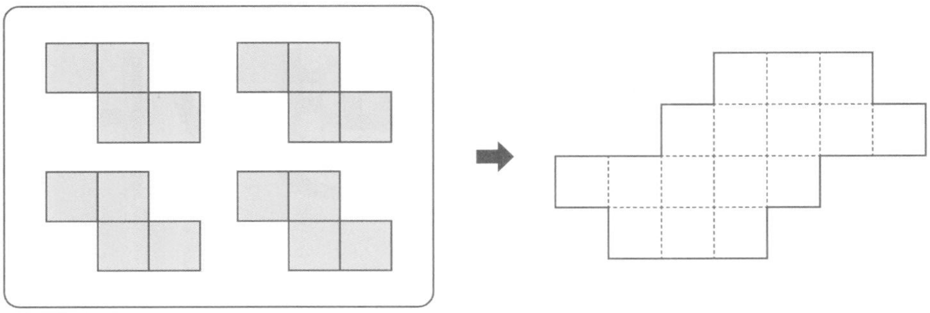

02 딸기가 남지 않도록 가로 또는 세로 방향으로 3개씩 모두 묶어 보시오.

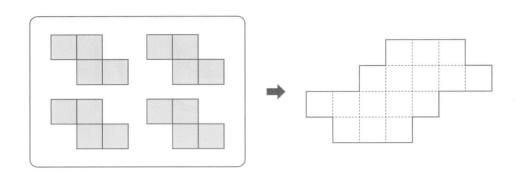

**03** 투명 카드 2장을 겹쳤을 때 나타나는 모양을 찾아 번호를 써 보시오.

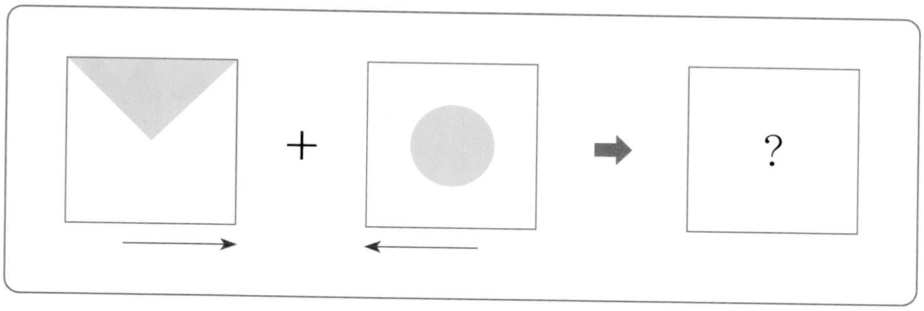


① 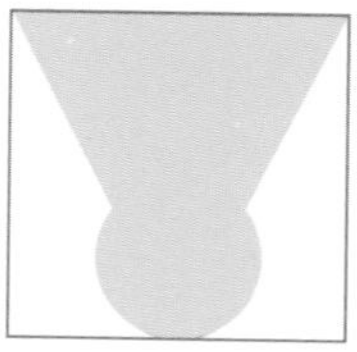 ②  ③  ④ 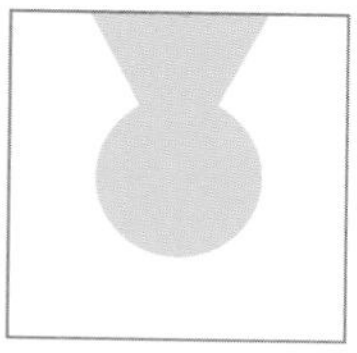

**04** 그림의 오른쪽에 거울을 세워 놓고 보았을 때 어떤 모양이 나타나는지 그려 보시오.

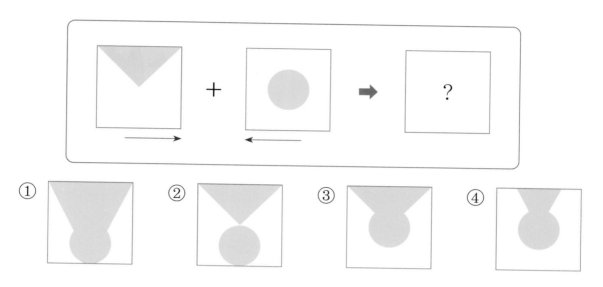

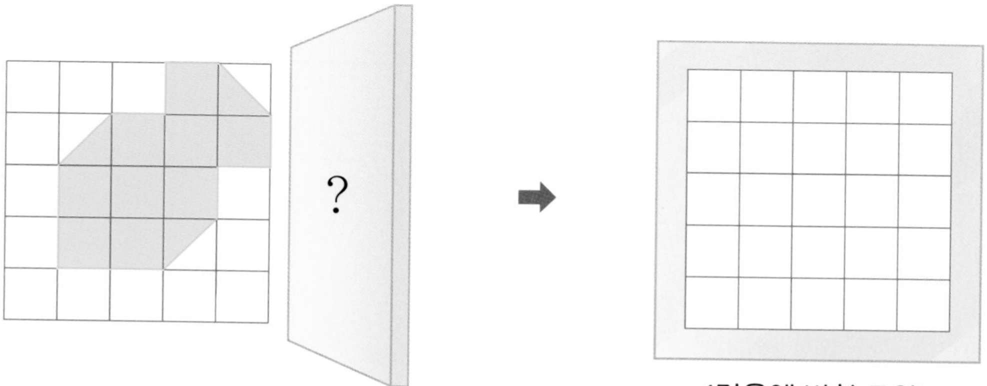


<거울에 비친 모양>

**05** 주어진 조각을 모두 사용하여 고슴도치 모양을 완성해 보시오.

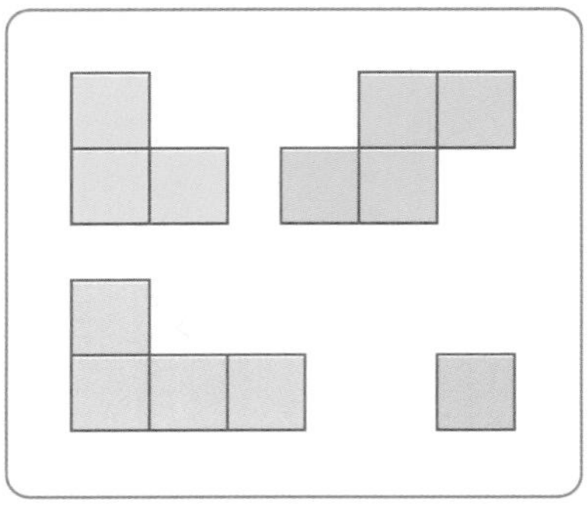

**06** 강아지와 고양이가 똑같은 모양으로 땅을 나누어 가지도록 선을 그어 보시오.

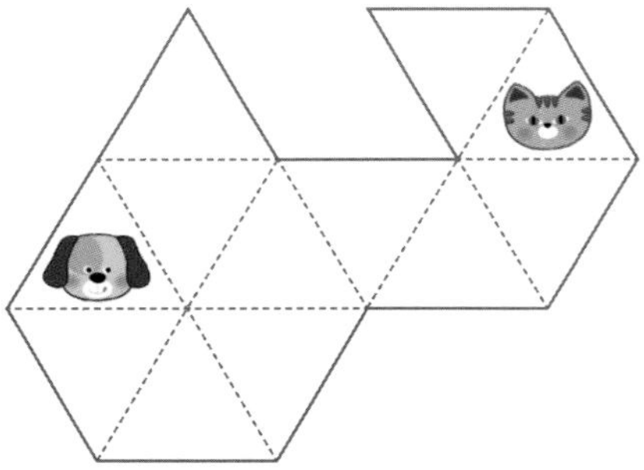

**07** 투명 카드 2장을 겹쳐서 오른쪽 그림을 만들려고 합니다. 필요한 투명 카드를 찾아 기호를 써 보시오.

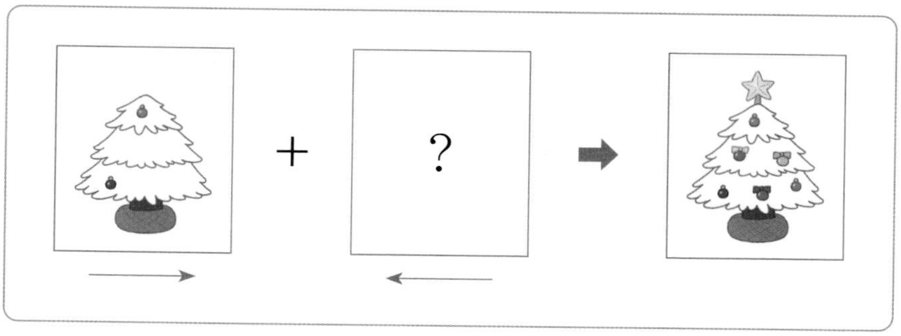

㉮ ㉯ ㉰ ㉱

**08** 그림 카드의 오른쪽에 거울을 세워 놓고 보았을 때 거울에 비친 모양을 찾아 기호를 써 보시오.

㉮ ㉯ ㉰ ㉱

**09** 똑같은 모양 2개가 되도록 4가지 방법으로 나누어 보시오.

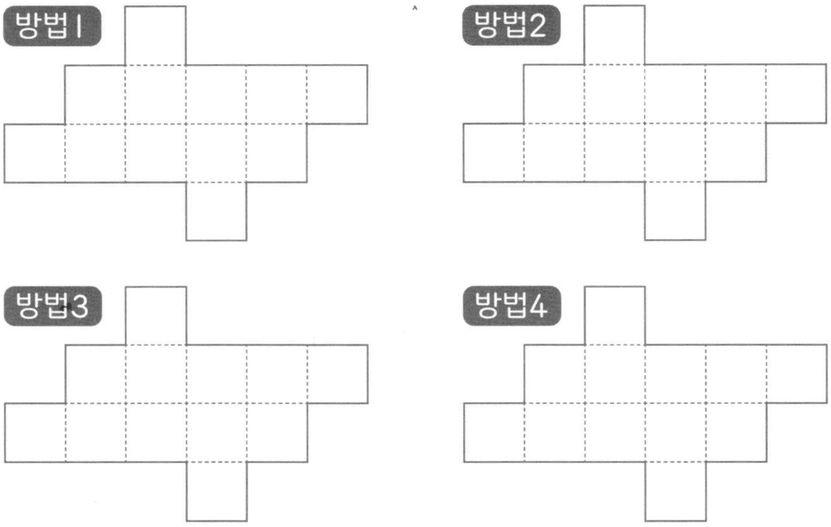


**10** 그림의 오른쪽에 거울을 세워 놓고 보았을 때 어떤 모양이 나타나는지 그려 보시오.

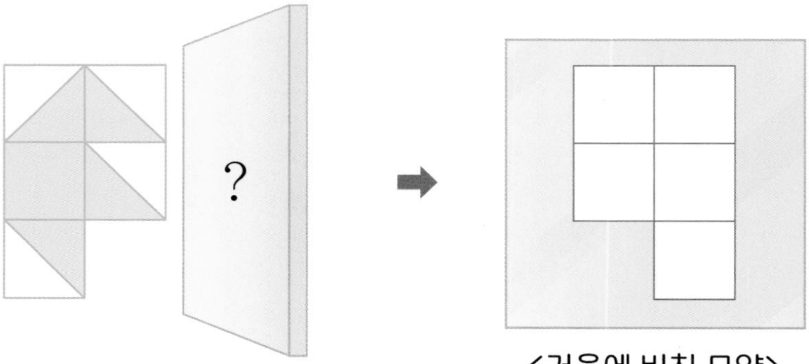

<거울에 비친 모양>

정답과 풀이 47쪽

Lv. 1 기본 B

# 형성평가

## 문제해결력 영역

| 시험일시 | 년 월 일 |
|---|---|
| 이 름 | |

권장 시험 시간 30분

✔ 총 문항 수(10문항)를 확인해 주세요.
✔ 권장 시험 시간(30분) 안에 문제를 풀어 주세요.
✔ 문제를 정확히 읽고 답을 바르게 쓰세요.
✔ 잘 풀리지 않는 문제가 있으면 쉬운 문제부터 해결한 후 다시 도전해 보세요.

채점 결과를 매스티안 홈페이지(https://www.mathtian.com)에 방문하여 양식에 맞게 입력해 보세요.
「형성평가 결과지」를 직접 받아보실 수 있습니다.

**01** 사탕을 윤아는 11개, 재우는 3개를 가지고 있습니다. 두 사람이 가지고 있는 사탕의 수가 같아지도록 하려면 윤아가 재우에게 사탕을 몇 개 주어야 하는지 구해 보시오.

윤아　　　　재우

**02** 여러 명의 아이들이 한 줄로 서 있습니다. 민서는 왼쪽에서 셋째, 오른쪽에서 다섯째에 서 있습니다. 한 줄로 서 있는 아이들은 모두 몇 명인지 구해 보시오.

민서

## 03 알맞게 선을 그어 문제를 완성해 보시오.

| 상황 1 | 상황 2 | 문제 |
|---|---|---|
| 바구니에 귤이 9개 들어 있습니다. • | • 바구니에 귤이 5개 들어 있습니다. • | • 바구니에 들어 있는 사과와 귤은 모두 몇 개입니까? |
| 바구니에 사과가 3개 들어 있습니다. • | • 이준이가 귤을 5개 먹었습니다. • | • 바구니에 남아 있는 귤은 몇 개입니까? |

## 04 기준에 따라 분류하여 빈칸에 알맞은 번호를 써넣으시오.

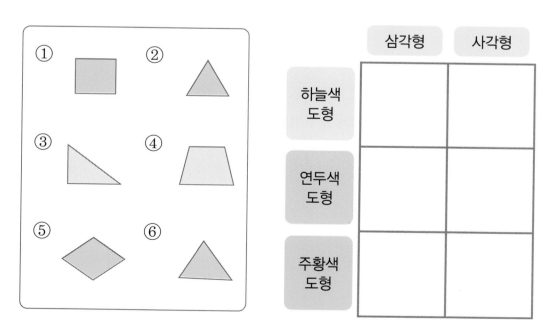

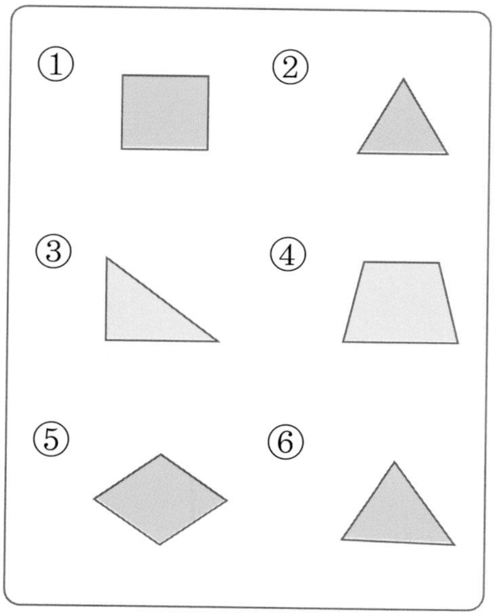


| | 삼각형 | 사각형 |
|---|---|---|
| 하늘색 도형 | | |
| 연두색 도형 | | |
| 주황색 도형 | | |

**05** 연필 17자루가 있습니다. 세진이가 정우보다 3자루 더 많이 가지려고 할 때, 세진이와 정우는 연필을 각각 몇 자루씩 가져갈 수 있는지 구해 보시오.

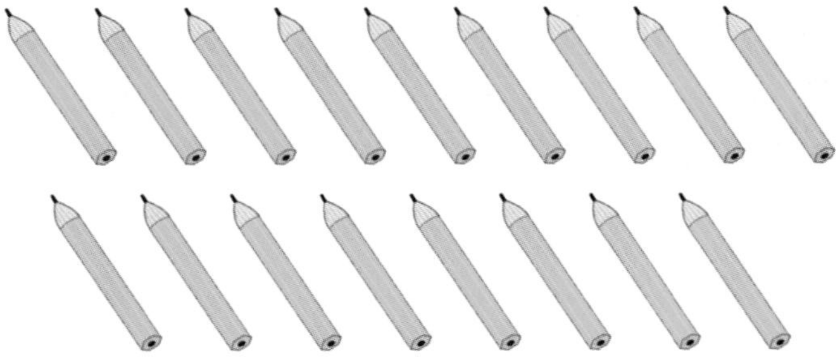

**06** | 조건 |에 맞게 와 가 각각 몇 개씩인지 그림을 그려 구해 보시오.

| 조건 |

와  모양의 클로버를 합하면 5개이고, 잎은 모두 17장입니다.

**07** 그림을 보고 덧셈 또는 뺄셈을 이용하여 답이 '5개'인 문제를 만들어 보시오.

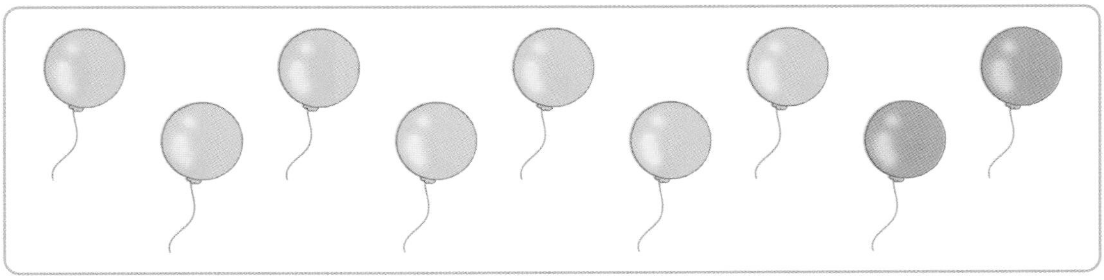

문제 ____________________

____________________

____________________

식 ____________________ 답 5개

**08** 3명이 가지고 있는 사탕의 개수가 같아지도록 사탕을 어떻게 옮겨야 하는지 표시해 보시오.

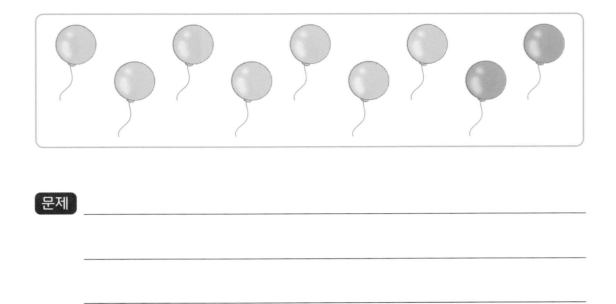

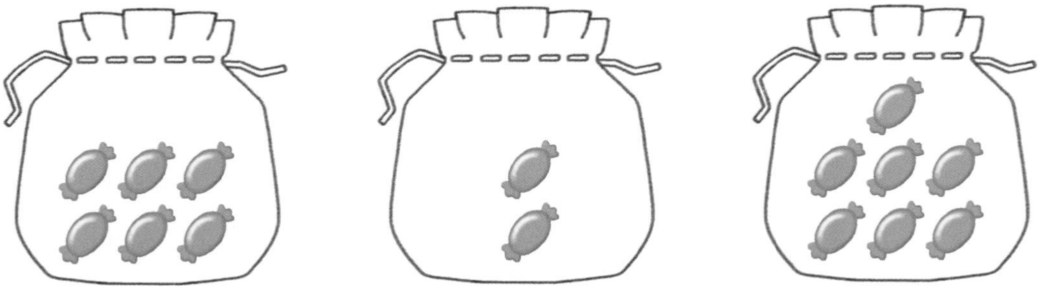

[09~10] 여러 가지 모양의 단추가 있습니다. 물음에 답해 보시오.

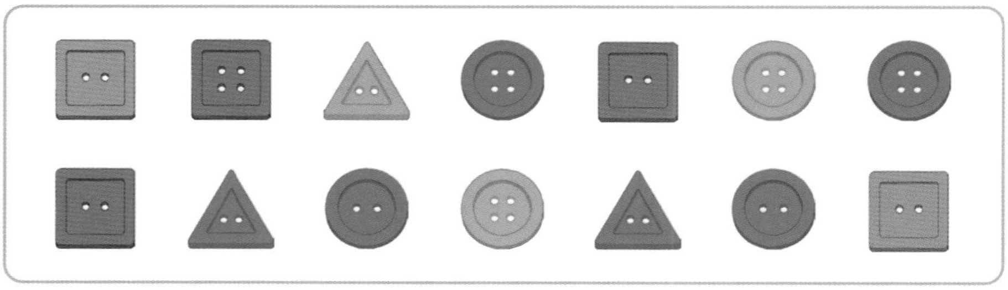

**09** 주어진 기준에 따라 분류하고, ▒ 안에 알맞은 수를 써넣으시오.

| | 사각형 모양의 단추 | 삼각형 모양의 단추 | 원 모양의 단추 |
|---|---|---|---|
| 분홍색 단추 | ▒ 개 | ▒ 개 | ▒ 개 |
| 초록색 단추 | ▒ 개 | ▒ 개 | ▒ 개 |

**10** 09의 완성한 표를 보고 <u>잘못</u> 설명한 사람을 찾아 이름을 써 보시오.

정연: 삼각형 모양이면서 분홍색인 단추는 1개입니다.
윤아: 단춧구멍이 2개인 단추의 개수를 알 수 있습니다.
진호: 원 모양의 단추는 삼각형 모양의 단추보다 많습니다.

정답과 풀이 50쪽

# 총괄평가

Lv. 1 기본 B

| 권장 시험 시간 | 30분 |
| --- | --- |

| | |
| --- | --- |
| 시험일시 | 년 월 일 |
| 이 름 | |

✓ 총 문항 수(10문항)를 확인해 주세요.
✓ 권장 시험 시간(30분) 안에 문제를 풀어 주세요.
✓ 문제를 정확히 읽고 답을 바르게 쓰세요.
✓ 잘 풀리지 않는 문제가 있으면 쉬운 문제부터 해결한 후 다시 도전해 보세요.

채점 결과를 매스티안 홈페이지(https://www.mathtian.com)에 방문하여 양식에 맞게 입력해 보세요.
「총괄평가 결과지」를 직접 받아보실 수 있습니다.

**01** 규칙에 따라 ▒ 안에 알맞은 글자나 모양을 써넣으시오.

(1)

| | | | | | | | | |
|---|---|---|---|---|---|---|---|---|
| 별 | 똥 | 별 | 별 | 똥 | 별 | 별 | 똥 | |

(2)

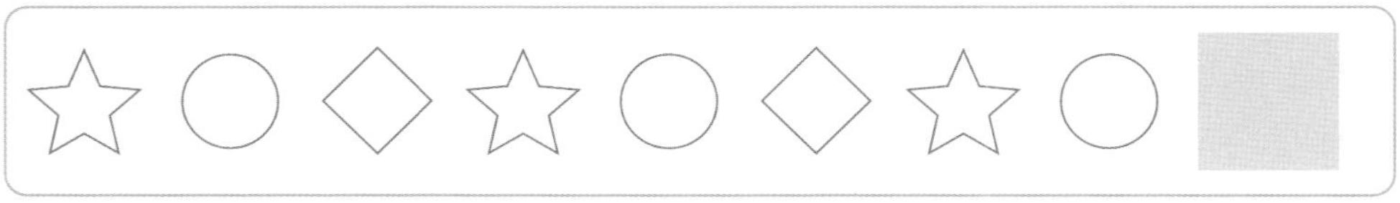

**02** 규칙을 찾아 ◯ 안에 알맞은 수를 써넣으시오.

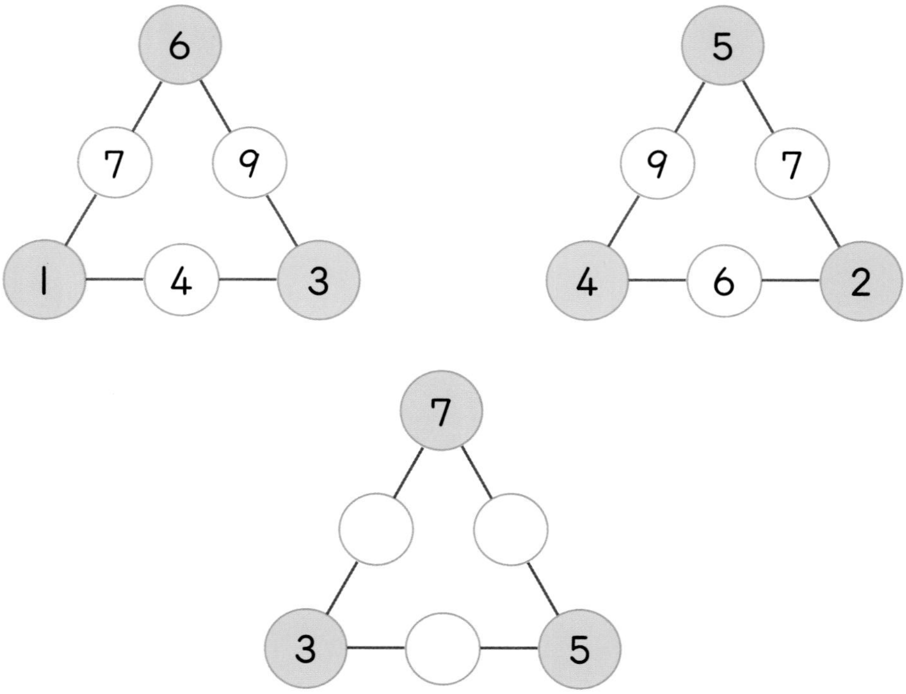

**03** 규칙을 찾아 마지막 모양에 알맞게 색칠해 보시오.

(1)

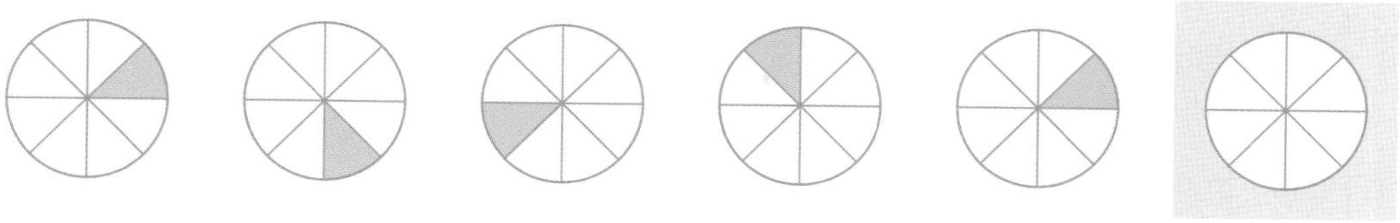

(2)

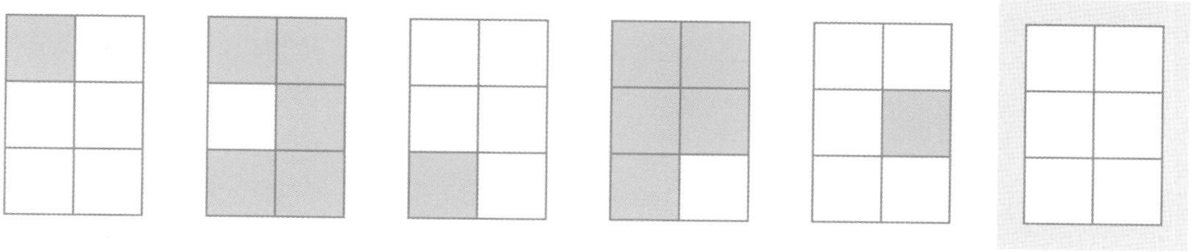

**04** 왼쪽의 두 도형의 변화를 관찰하여 빈칸에 알맞은 모양을 그려 보시오.

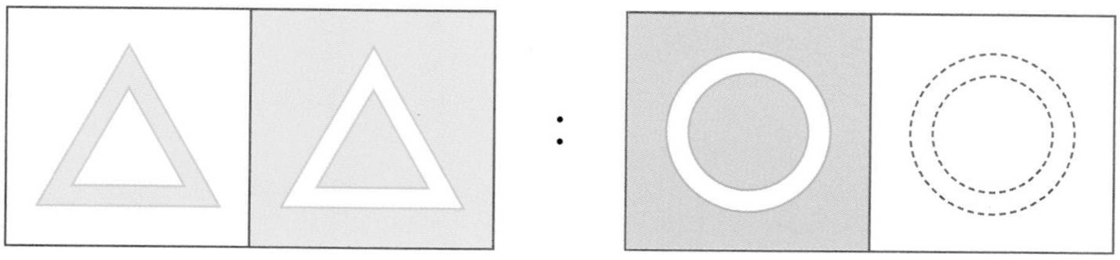

**05** 주어진 조각을 모두 사용하여 오른쪽 모양을 완성해 보시오.

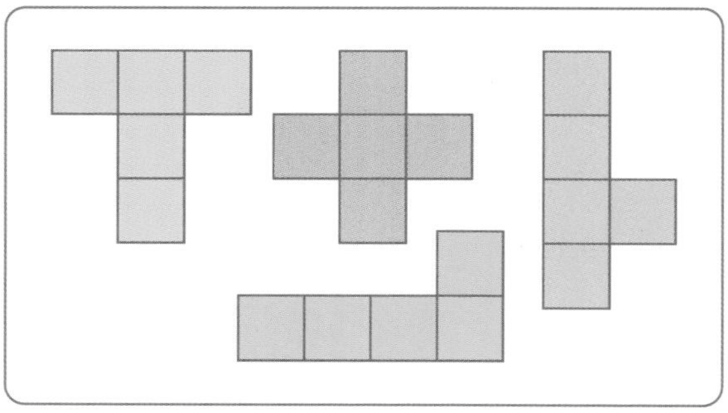

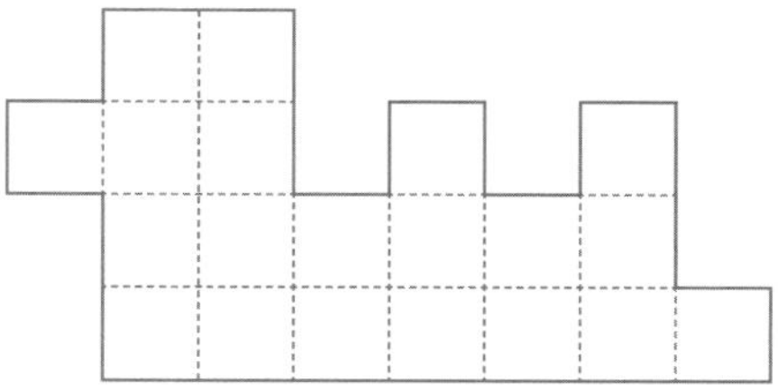

**06** 원숭이와 사슴이 똑같은 모양으로 땅을 나누어 가지도록 선을 그어 보시오.

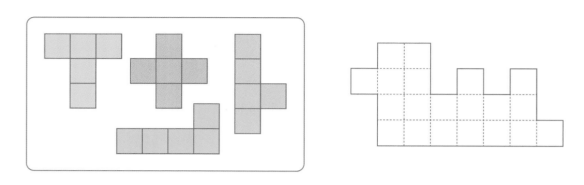

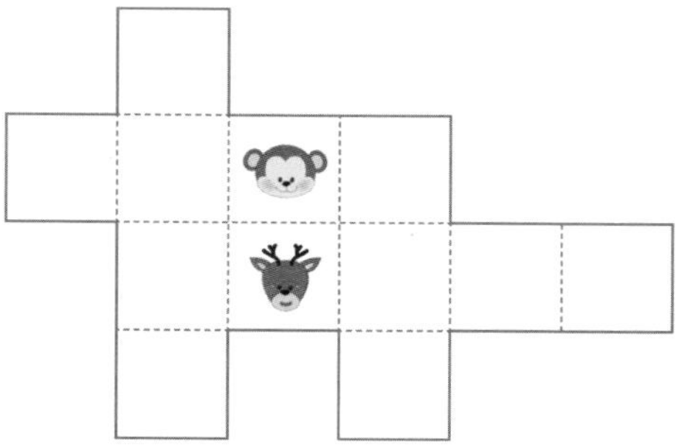

## 07 그림의 오른쪽에 거울을 세워 놓고 보았을 때 거울에 비친 모양을 그려 보시오.

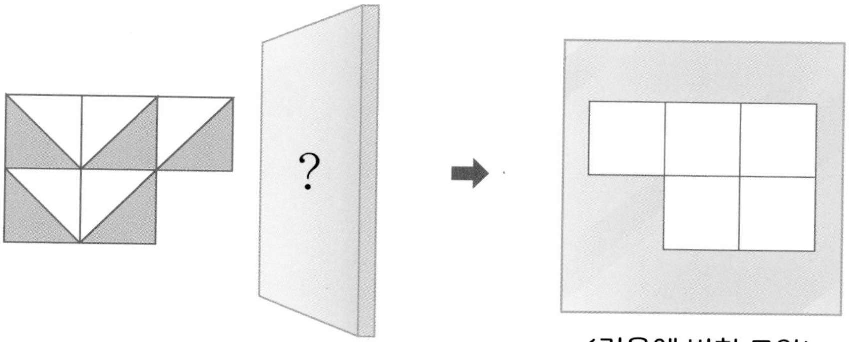


<거울에 비친 모양>

## 08 밑줄 친 부분을 바르게 고쳐 보시오.

버스 정류장에 7명이 줄을 서 있습니다.
나는 앞에서 셋째, 뒤에서 넷째에 서 있습니다.

**09** 구슬 7개가 있습니다. 민지가 현우보다 3개 더 많이 가지도록 나누었을 때, 민지가 가지게 되는 구슬은 몇 개인지 구해 보시오.

**10** | 상황 |을 보고 만들 수 있는 문제를 모두 찾아 ○표 하시오.

| 상황 |

사탕을 재원이는 6개, 한준이는 9개 샀습니다.

- 한준이는 윤서보다 사탕을 몇 개 더 많이 가지고 있습니까? (     )
- 두 사람이 산 사탕은 모두 몇 개입니까? (     )
- 한준이는 재원이보다 사탕을 몇 개 더 많이 샀습니까? (     )

정답과 풀이 53쪽

창의사고력
초등수학

# 팩토

**팩토**는 자유롭게 자신감있게 창의적으로
생각하는 주·니·어·수·학·자입니다.

Free Active Creative Thinking O. Junior mathtian

영재학급, 영재교육원,
경시대회 준비를 위한

# 창의사고력 초등수학
# 팩토

Lv. 1
기본 B

**명확한 답**
**친절한 풀이**

영재학급, 영재교육원,
경시대회 준비를 위한

# 창의사고력 초등수학

# 팩토

명확한 답
친절한 풀이

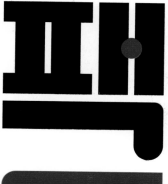

Lv. 1
기본 B

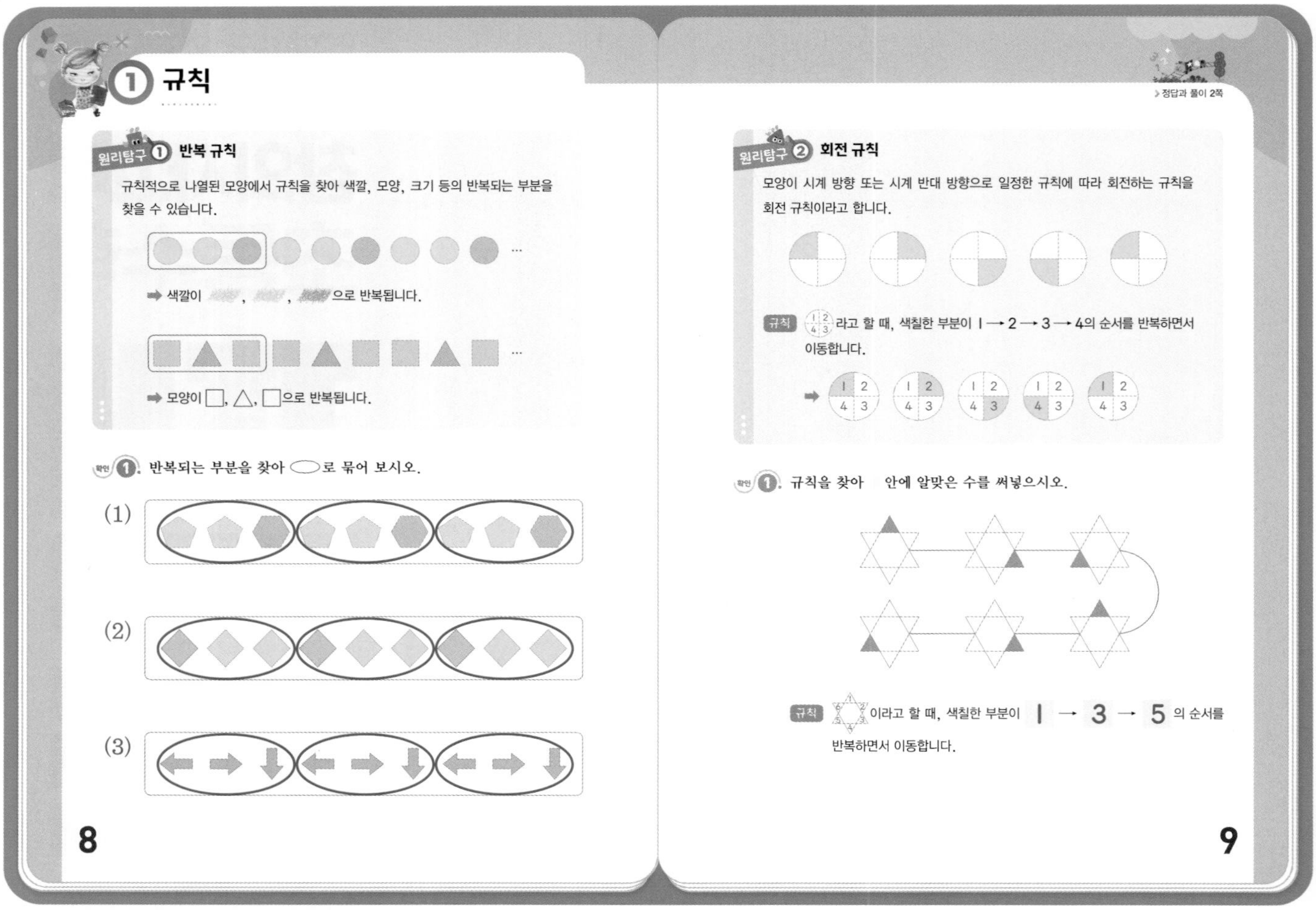
① 규칙

원리탐구 ① 반복 규칙

규칙적으로 나열된 모양에서 규칙을 찾아 색깔, 모양, 크기 등의 반복되는 부분을 찾을 수 있습니다.

➡ 색깔이 , , 으로 반복됩니다.

➡ 모양이 □, △, □으로 반복됩니다.

확인 1. 반복되는 부분을 찾아 ⬭로 묶어 보시오.

(1)

(2)

(3)

8

정답과 풀이 2쪽

원리탐구 ② 회전 규칙

모양이 시계 방향 또는 시계 반대 방향으로 일정한 규칙에 따라 회전하는 규칙을 회전 규칙이라고 합니다.

규칙 라고 할 때, 색칠한 부분이 1 → 2 → 3 → 4의 순서를 반복하면서 이동합니다.

확인 1. 규칙을 찾아 안에 알맞은 수를 써넣으시오.

규칙 이라고 할 때, 색칠한 부분이 1 → 3 → 5 의 순서를 반복하면서 이동합니다.

9

**1.** 배열에서 규칙을 찾아 모양, 색깔, 방향이 반복되는 부분을 찾아봅니다.

(1) 모양이 '⬠, ⬠, ⬢'으로 반복됩니다.

(2) 색깔이 '보라색, 연두색, 연두색'으로 반복됩니다.

(3) 모양이 '⬅, ➡, ⬇'으로 반복됩니다.

TIP 모양의 특징을 앞 글자만 소리 내어 읽어 보면 반복되는 부분을 쉽게 찾을 수 있습니다.
(1) 오 오 육 오 오 육…
(2) 보 연 연 보 연 연…
(3) 왼 오 아 왼 오 아…

**1.**

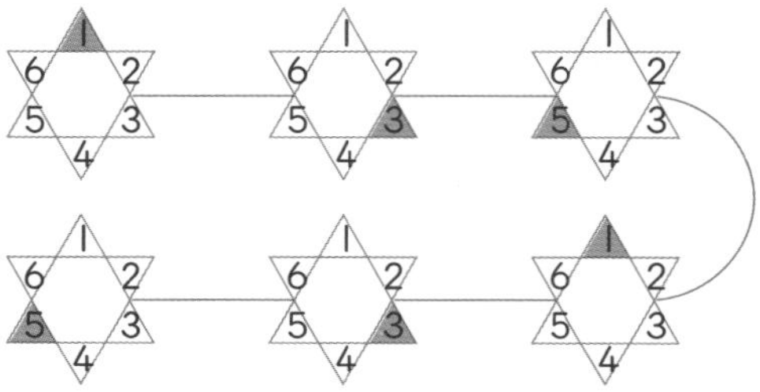

색칠한 부분이 1 → 3 → 5의 순서를 반복하면서 이동하는 것을 알 수 있습니다.

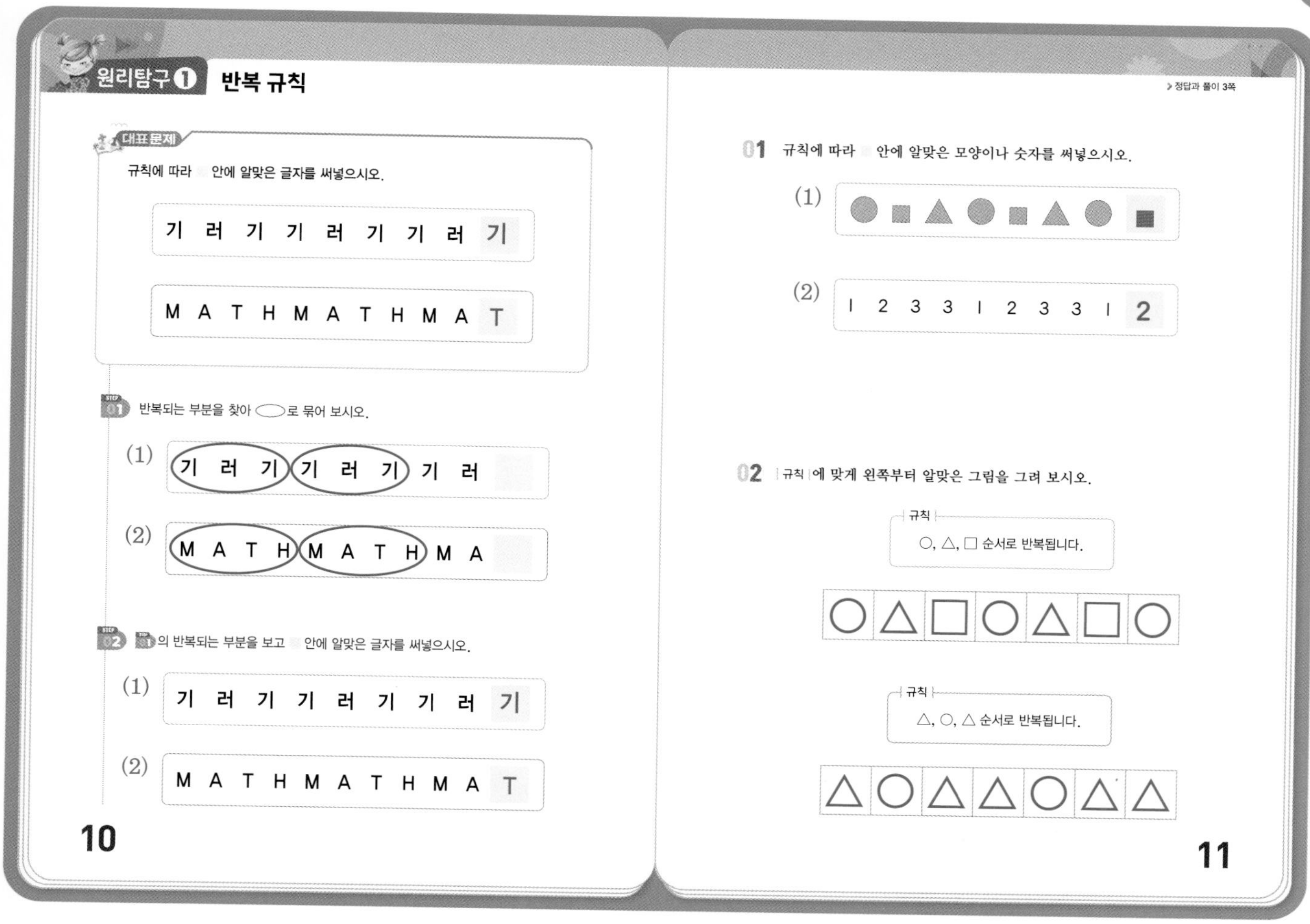

원리탐구 ① 반복 규칙

대표문제

규칙에 따라 □ 안에 알맞은 글자를 써넣으시오.

기 러 기 기 러 기 기 러 기

M A T H M A T H M A T

STEP 01 반복되는 부분을 찾아 ◯로 묶어 보시오.

(1) 기 러 기 기 러 기 기 러 □

(2) M A T H M A T H M A □

STEP 02 STEP 01의 반복되는 부분을 보고 □ 안에 알맞은 글자를 써넣으시오.

(1) 기 러 기 기 러 기 기 러 기

(2) M A T H M A T H M A T

10

정답과 풀이 3쪽

01 규칙에 따라 □ 안에 알맞은 모양이나 숫자를 써넣으시오.

(1) ● ■ ▲ ● ■ ▲ ● ■

(2) 1 2 3 3 1 2 3 3 1 2

02 규칙에 맞게 왼쪽부터 알맞은 그림을 그려 보시오.

규칙: ○, △, □ 순서로 반복됩니다.

○ △ □ ○ △ □ ○

규칙: △, ○, △ 순서로 반복됩니다.

△ ○ △ △ ○ △ △

11

## 대표문제

STEP 01 (1) '기 러 기'가 반복됩니다.

(기 러 기)(기 러 기) 기 러 □

(2) 'M A T H'가 반복됩니다.

(M A T H)(M A T H) M A □

STEP 02 (1) 기 러 기 기 러 기 기 러 다음에 올 글자는 '기'입니다.

(2) M A T H M A T H M A 다음에 올 글자는 'T'입니다.

**01** (1) (● ■ ▲)(● ■ ▲) ● □

● ■ ▲ 모양이 반복되므로 ● 모양 다음에 올 모양은 ■입니다.

(2) (1 2 3 3)(1 2 3 3) 1 □

숫자 '1 2 3 3'이 반복되므로 '1' 다음에 올 숫자는 '2'입니다.

**02** 반복되는 모양을 이해하고 왼쪽부터 규칙에 맞게 그려 봅니다.

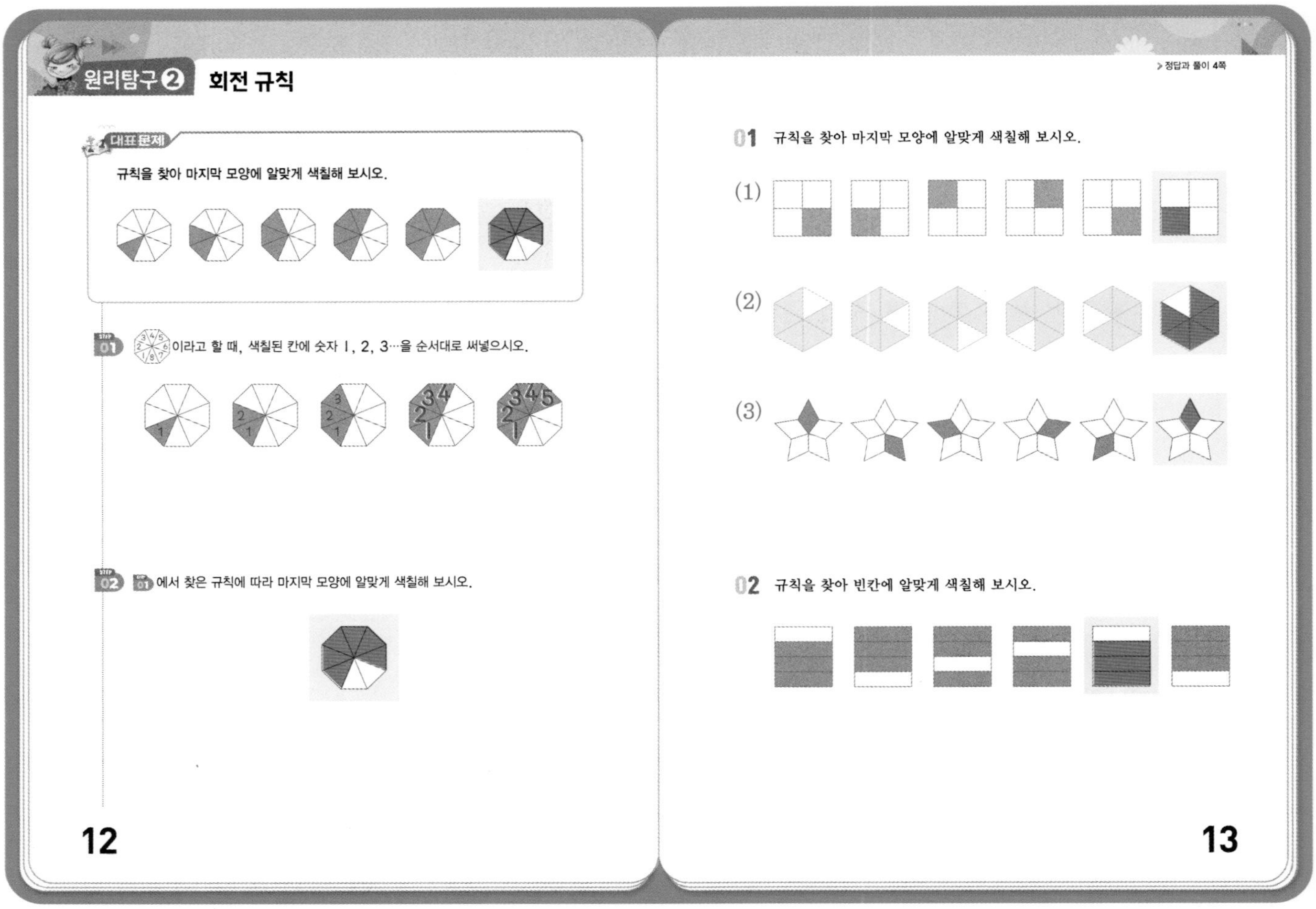
원리탐구 ❷ 회전 규칙

대표문제

규칙을 찾아 마지막 모양에 알맞게 색칠해 보시오.

STEP 01 (그림)이라고 할 때, 색칠된 칸에 숫자 1, 2, 3…을 순서대로 써넣으시오.

STEP 02 STEP 01 에서 찾은 규칙에 따라 마지막 모양에 알맞게 색칠해 보시오.

12

> 정답과 풀이 4쪽

01 규칙을 찾아 마지막 모양에 알맞게 색칠해 보시오.

(1)

(2)

(3)

02 규칙을 찾아 빈칸에 알맞게 색칠해 보시오.

13

## 대표문제

STEP 01 색칠된 칸에 숫자 1, 2, 3…을 알맞게 써넣어 봅니다.

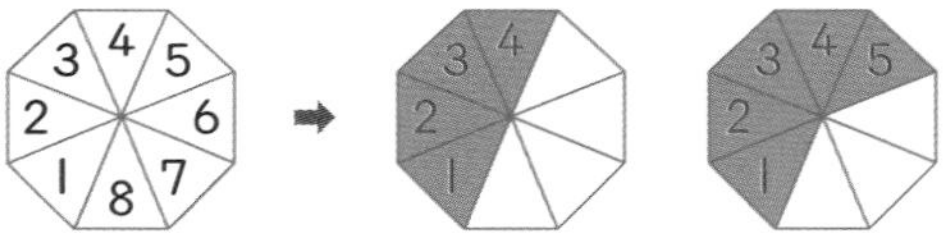

STEP 02 1부터 시작하여 순서대로 한 칸씩 늘어나며 색칠되는 규칙입니다.
따라서 마지막 모양에는 1부터 6까지 쓰여 있는 칸을 색칠하면 됩니다.

**01** (1)

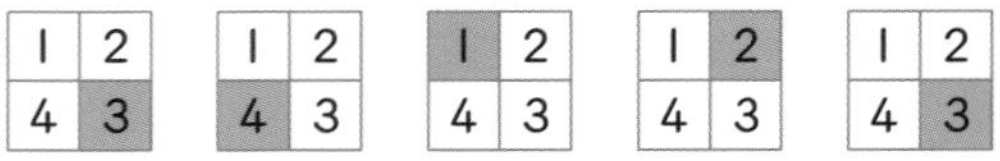

색칠한 부분이 3 → 4 → 1 → 2의 순서를 반복하면서 이동하는 규칙입니다.

(2)

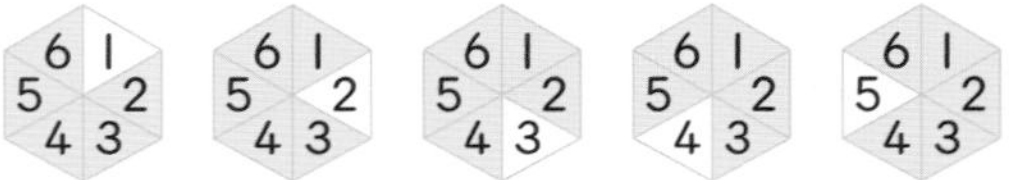

색칠하지 않은 부분이 1 → 2 → 3 → 4 → 5 → 6으로 이동하는 규칙입니다.

(3)

색칠한 부분이 1 → 3 → 5 → 2 → 4의 순서를 반복하면서 이동하는 규칙입니다.

**02**

| |
|---|
| 1 |
| 2 |
| 3 |
| 4 |

색칠하지 않은 부분이 1 → 4 → 3 → 2의 순서를 반복하면서 이동하는 규칙입니다.

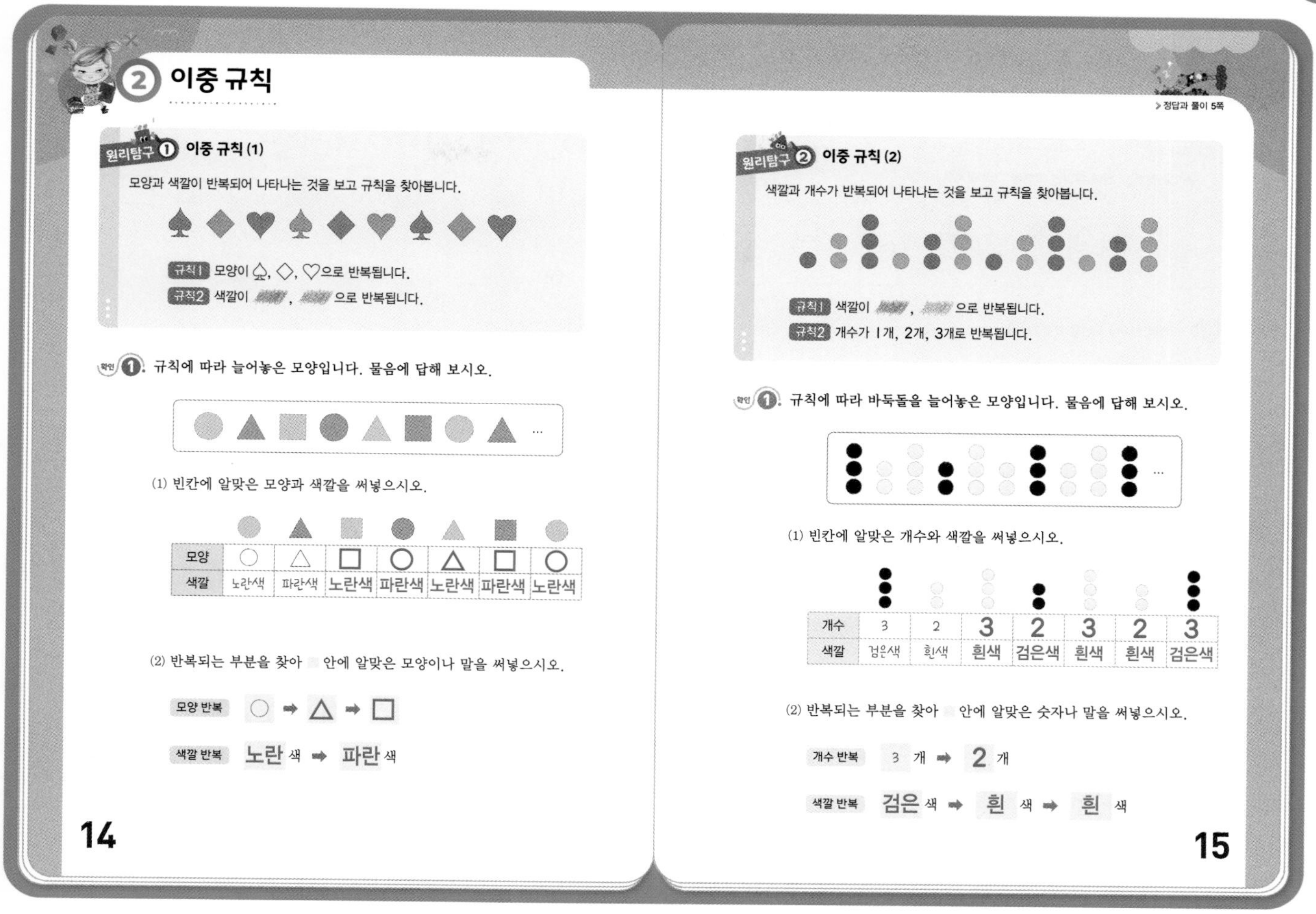

## 2 이중 규칙

원리탐구 1 이중 규칙 (1)

모양과 색깔이 반복되어 나타나는 것을 보고 규칙을 찾아봅니다.

규칙1 모양이 ♤, ◇, ♡으로 반복됩니다.
규칙2 색깔이 ___, ___ 으로 반복됩니다.

확인 1. 규칙에 따라 늘어놓은 모양입니다. 물음에 답해 보시오.

(1) 빈칸에 알맞은 모양과 색깔을 써넣으시오.

| 모양 | ○ | △ | □ | ○ | △ | □ | ○ |
|---|---|---|---|---|---|---|---|
| 색깔 | 노란색 | 파란색 | 노란색 | 파란색 | 노란색 | 파란색 | 노란색 |

(2) 반복되는 부분을 찾아 ☐ 안에 알맞은 모양이나 말을 써넣으시오.

모양 반복 ○ ➡ △ ➡ □

색깔 반복 노란 색 ➡ 파란 색

14

> 정답과 풀이 5쪽

원리탐구 2 이중 규칙 (2)

색깔과 개수가 반복되어 나타나는 것을 보고 규칙을 찾아봅니다.

규칙1 색깔이 ___, ___ 으로 반복됩니다.
규칙2 개수가 1개, 2개, 3개로 반복됩니다.

확인 1. 규칙에 따라 바둑돌을 늘어놓은 모양입니다. 물음에 답해 보시오.

(1) 빈칸에 알맞은 개수와 색깔을 써넣으시오.

| 개수 | 3 | 2 | 3 | 2 | 3 | 2 | 3 |
|---|---|---|---|---|---|---|---|
| 색깔 | 검은색 | 흰색 | 흰색 | 검은색 | 흰색 | 흰색 | 검은색 |

(2) 반복되는 부분을 찾아 ☐ 안에 알맞은 숫자나 말을 써넣으시오.

개수 반복 3 개 ➡ 2 개

색깔 반복 검은 색 ➡ 흰 색 ➡ 흰 색

15

1. (1) 그림에서 모양과 색깔이 반복되는 부분을 찾아봅니다.

(2) • 모양이 '○, △, □'으로 반복됩니다.
• 색깔이 '노란색, 파란색'으로 반복됩니다.

TIP 반복되는 부분을 찾을 때, 모양과 색깔을 앞 글자만 소리 내어 읽어 보면 쉽게 찾을 수 있습니다.
• 모양: 동 세 네 동 세 네…
• 색깔: 노 파 노 파 노 파…

1. (1) 그림에서 개수와 색깔이 반복되는 부분을 찾아 빈칸에 알맞게 써넣습니다.

(2) • 개수가 '3개, 2개'로 반복됩니다.
• 색깔이 '검은색, 흰색, 흰색'으로 반복됩니다.

TIP 아이들은 두 가지 속성이 동시에 변하는 패턴의 규칙을 찾는 것을 어려워합니다. 모양, 색깔, 개수, 크기 등의 속성을 각각 찾아볼 수 있도록 지도합니다.

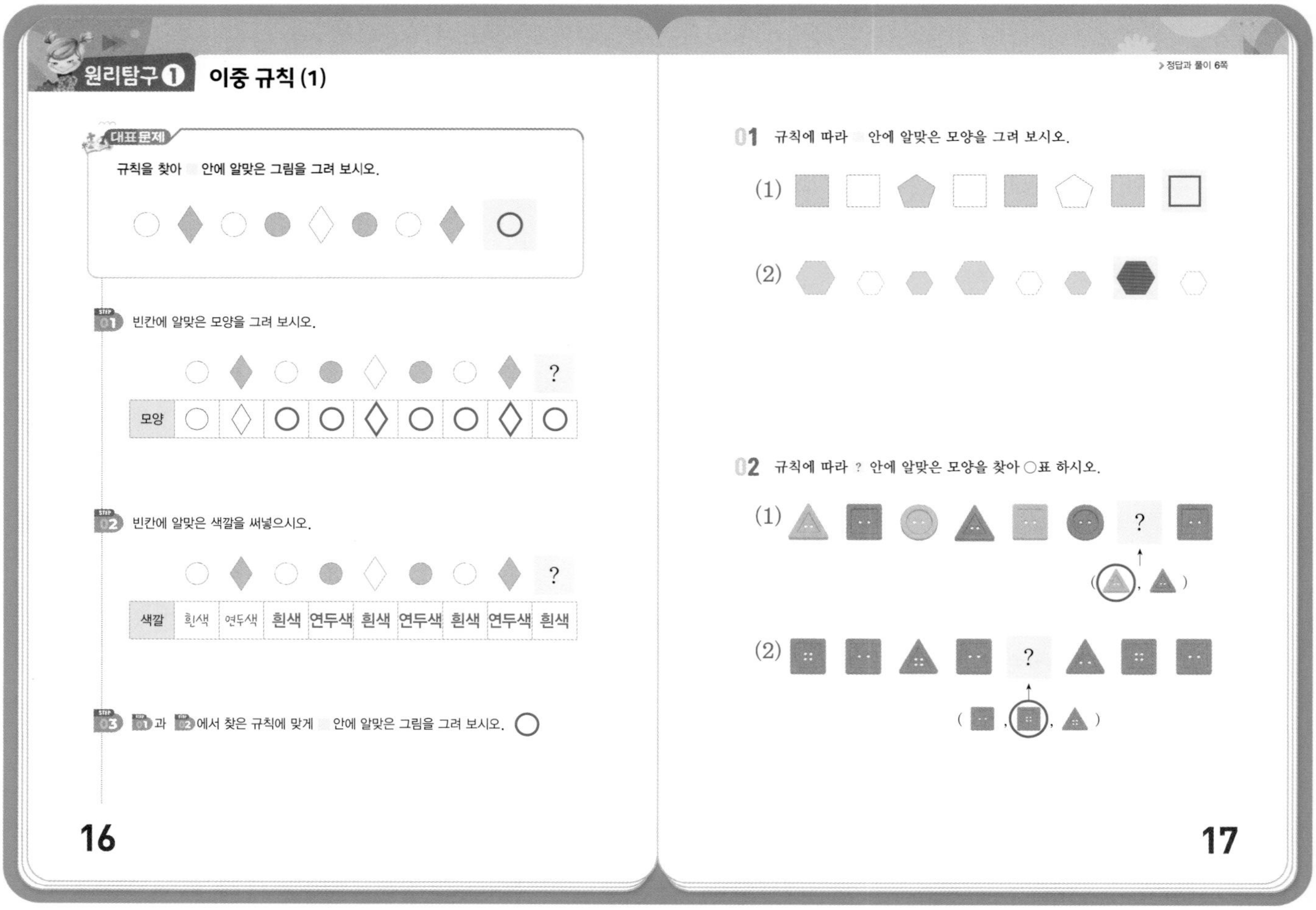
원리탐구 1 이중 규칙 (1)

대표문제 규칙을 찾아 안에 알맞은 그림을 그려 보시오.

STEP 01 빈칸에 알맞은 모양을 그려 보시오.

| 모양 | ○ | ◇ | ○ | ○ | ◇ | ○ | ○ | ◇ | ○ |
|---|---|---|---|---|---|---|---|---|---|

STEP 02 빈칸에 알맞은 색깔을 써넣으시오.

| 색깔 | 흰색 | 연두색 | 흰색 | 연두색 | 흰색 | 연두색 | 흰색 | 연두색 | 흰색 |
|---|---|---|---|---|---|---|---|---|---|

STEP 03 STEP 01 과 STEP 02 에서 찾은 규칙에 맞게 안에 알맞은 그림을 그려 보시오. ○

16

정답과 풀이 6쪽

01 규칙에 따라 안에 알맞은 모양을 그려 보시오.

(1)

(2)

02 규칙에 따라 ? 안에 알맞은 모양을 찾아 ○표 하시오.

(1)

(2)

17

## 대표문제

STEP 01 늘어놓은 그림의 모양을 살펴보고 빈칸에 알맞게 써넣으면 '○, ◇, ○'이 반복되는 규칙임을 알 수 있습니다.

STEP 02 늘어놓은 그림의 색깔을 살펴보고 빈칸에 알맞게 써넣으면 '흰색, 연두색'이 반복되는 규칙임을 알 수 있습니다.

STEP 03 STEP 01 과 STEP 02 에서 찾은 규칙을 보면 안의 그림의 모양은 ○이고, 색깔은 흰색입니다.

**01** (1) 모양은 '□, □, ⬠'이 반복되고, 색깔은 '보라색, 흰색'이 반복되는 규칙입니다.

(2) 크기는 '크다, 작다, 작다'가 반복되고, 색깔은 '분홍색, 흰색, 분홍색'이 반복되는 규칙입니다.

**02** (1) 모양은 '△, □, ○'가 반복되고, 색깔은 '노란색, 초록색'이 반복되는 규칙입니다.

(2) 모양은 '□, □, △'가 반복되고, 구멍 개수는 '4개, 2개'가 반복되는 규칙입니다.

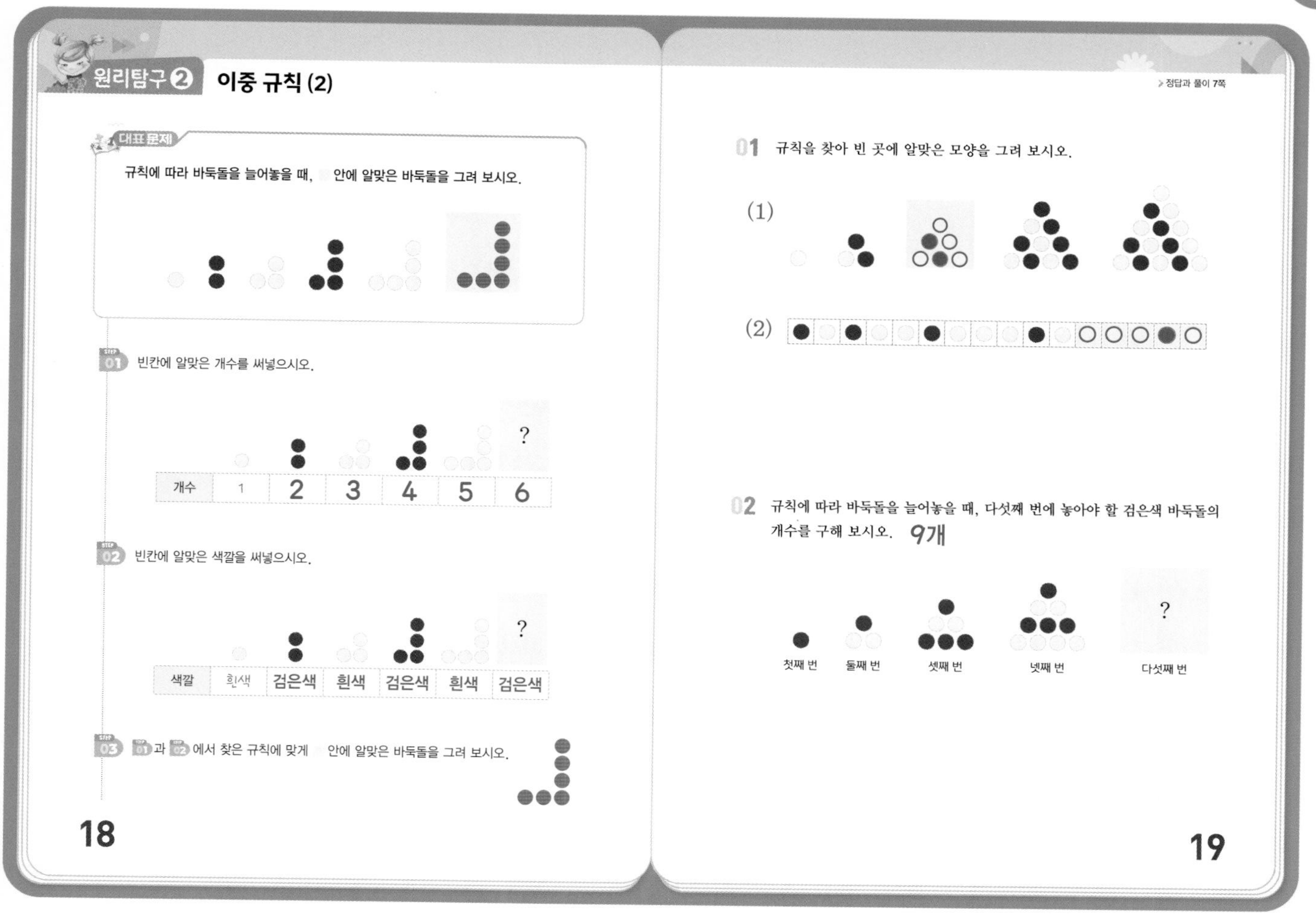
원리탐구 ❷ 이중 규칙 (2)
대표문제
규칙에 따라 바둑돌을 늘어놓을 때, 안에 알맞은 바둑돌을 그려 보시오.
STEP 01 빈칸에 알맞은 개수를 써넣으시오.
개수 1 2 3 4 5 6
STEP 02 빈칸에 알맞은 색깔을 써넣으시오.
색깔 흰색 검은색 흰색 검은색 흰색 검은색
STEP 03 01 과 02 에서 찾은 규칙에 맞게 안에 알맞은 바둑돌을 그려 보시오.
18
정답과 풀이 7쪽
01 규칙을 찾아 빈 곳에 알맞은 모양을 그려 보시오.
(1)
(2)
02 규칙에 따라 바둑돌을 늘어놓을 때, 다섯째 번에 놓아야 할 검은색 바둑돌의 개수를 구해 보시오. 9개
?
첫째 번
둘째 번
셋째 번
넷째 번
다섯째 번
19

**대표문제**

**STEP 01** 늘어놓은 바둑돌을 살펴보고 빈칸에 알맞게 개수를 써넣으면 1개, 2개, 3개, 4개…로 개수가 1개씩 커지는 규칙입니다.
따라서 마지막에 알맞은 개수는 6개입니다.

**STEP 02** 늘어놓은 바둑돌을 살펴보고 빈칸에 알맞게 색깔을 써넣으면 '흰색, 검은색'이 반복되는 규칙입니다.
따라서 마지막에 알맞은 색깔은 검은색입니다.

**STEP 03** 01 과 02 에서 찾은 규칙을 보면 안의 바둑돌의 개수는 6개이고, 색깔은 검은색입니다. 또 위쪽, 왼쪽으로 번갈아 늘어나므로 위쪽으로 늘어난 모양을 그립니다.

**01** (1) • 색깔의 규칙

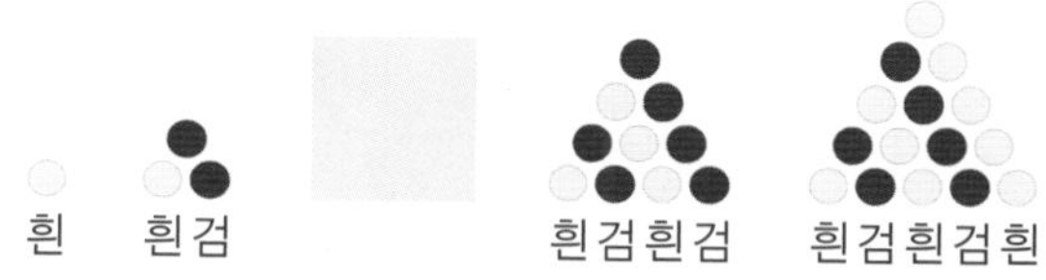
흰
흰검
흰검흰검
흰검흰검흰

• 개수의 규칙

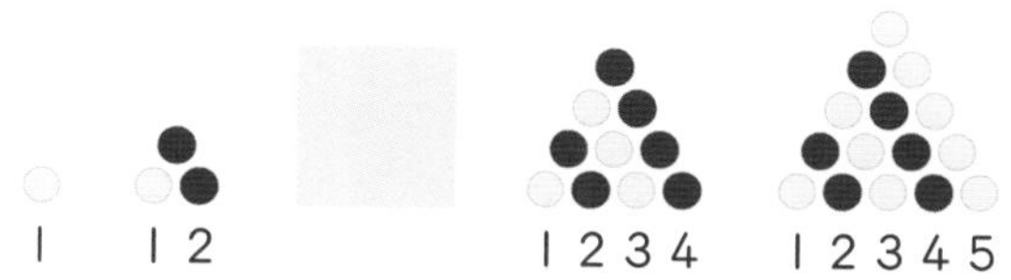
1
1 2
1 2 3 4
1 2 3 4 5

(2) 검1, 흰1, 검1, 흰2, 검1, 흰3, 검1, 흰4…로 흰색 바둑돌이 1개씩 늘어나고 검은색과 흰색 바둑돌이 번갈아 놓이는 규칙입니다.

**02** 바둑돌의 개수는 윗줄부터 1개, 2개, 3개…로 늘어나고, 바둑돌의 색깔은 윗줄부터 '검은색, 흰색'이 번갈아 놓이는 규칙입니다.
따라서 다섯째 번에 놓아야 할 검은색 바둑돌의 개수는
$1+3+5=9$(개)입니다.

다섯째 번

## 3 수 규칙

**원리탐구 ① 뛰어 세기**

1 → 5 → 9 → 13 → 17 → 19 (+4, +4, +4, +4, +4)

➡ 4씩 커지는 규칙입니다.

18 → 15 → 12 → 9 → 6 → 3 (−3, −3, −3, −3, −3)

➡ 3씩 작아지는 규칙입니다.

확인 1. 규칙을 찾아 ☐ 안에 알맞은 수를 써넣으시오.

(1) 2, 4, 6, 8, 10, 12

➡ **2** 씩 커지는 규칙입니다.

(2) 24, 20, 16, 12, 8, 4

➡ **4** 씩 작아지는 규칙입니다.

20

정답과 풀이 8쪽

**원리탐구 ② 도형 수 규칙**

도형 안의 수들을 관찰하여 수의 규칙을 찾아봅니다.

| 1, 2, 3 → 6 | 4, 6, 2 → 12 | 3, 2, 5 → 10 |
|---|---|---|
| $1+2+3=6$ | $4+6+2=12$ | $3+2+5=10$ |

➡ 가운데 색칠된 칸의 수는 나머지 세 수의 합입니다.

확인 1. 규칙을 찾아 빈 곳에 알맞은 수를 써넣으시오.

(1) 4 | 1 | 3　　2 | 5 | 7

1 | 4 | 5　　6 | **2** | 4

(2) 12 | 17 | 5　　6 | 20 | 14

3 | **11** | 8　　9 | 16 | **7**

21

---

1. (1) 2부터 시작하여 2씩 커지는 규칙입니다.

2 → 4 → 6 → 8 → 10 → 12 (+2, +2, +2, +2, +2)

(2) 24부터 시작하여 4씩 작아지는 규칙입니다.

24 → 20 → 16 → 12 → 8 → 4 (−4, −4, −4, −4, −4)

1. (1) 왼쪽 수와 오른쪽 수의 차가 가운데 수가 되는 규칙입니다.

6 | 2 | 4

└ $6-4=2$

(2) 왼쪽 수와 오른쪽 수의 합이 가운데 수가 되는 규칙입니다.

3 | 11 | 8

└ $3+8=11$

9 | 16 | 7

└ $9+\square=16$, $\square=7$

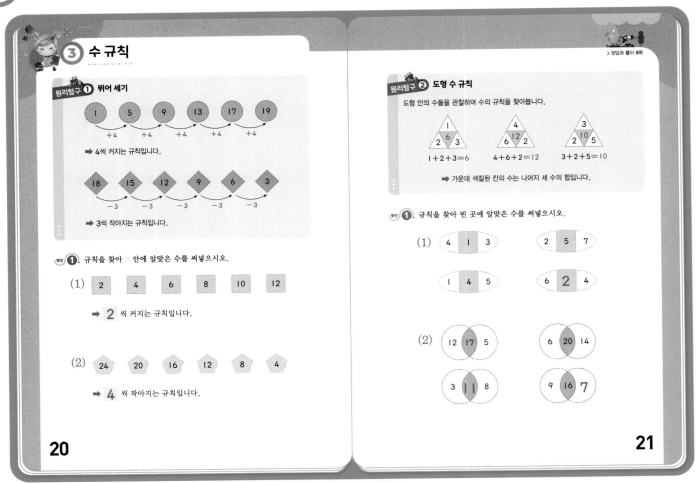

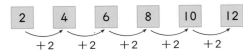

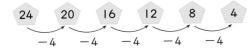

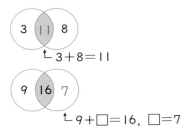

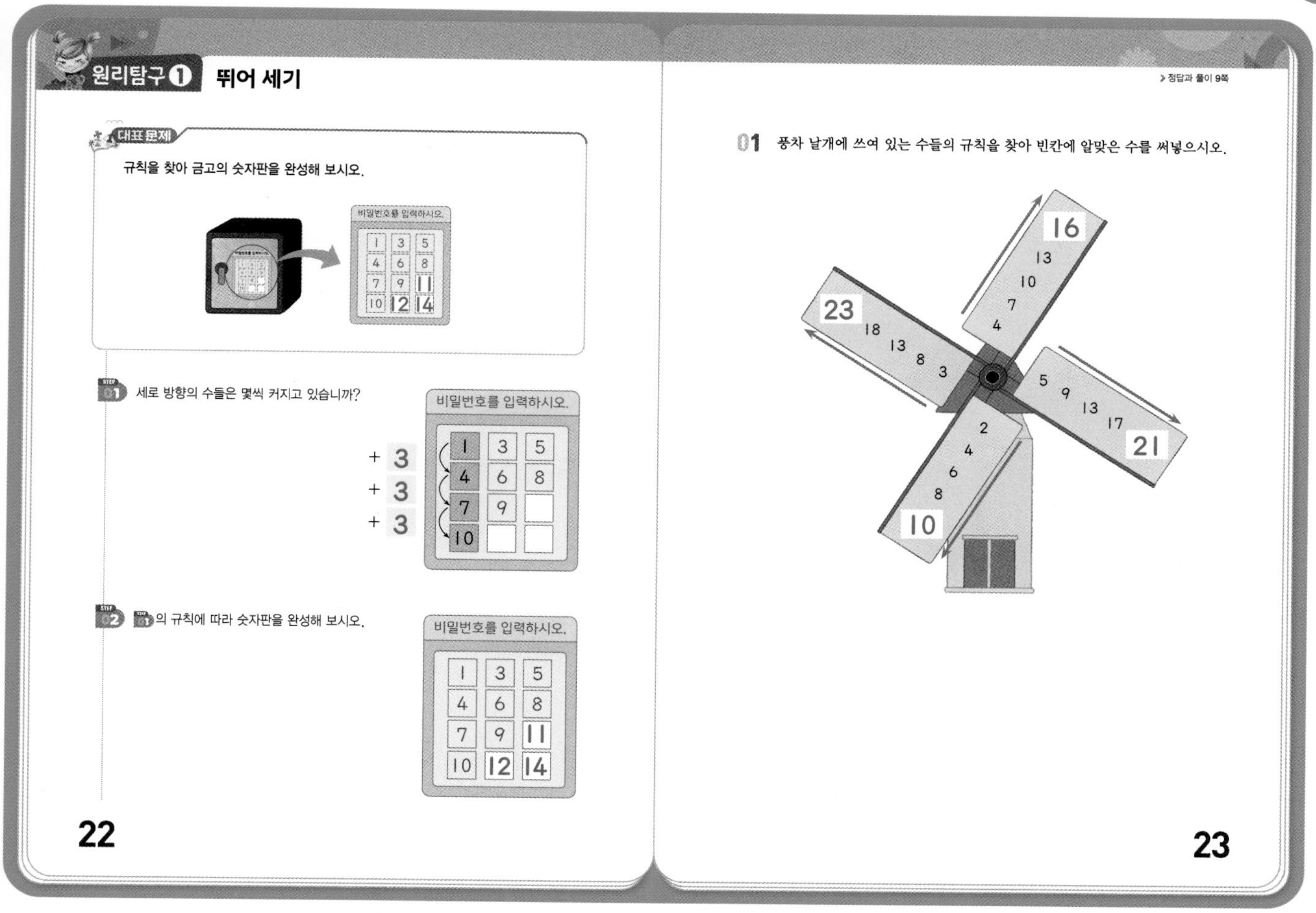
원리탐구 ❶ 뛰어 세기

대표문제

규칙을 찾아 금고의 숫자판을 완성해 보시오.

STEP 01 세로 방향의 수들은 몇씩 커지고 있습니까?

STEP 02 STEP 01의 규칙에 따라 숫자판을 완성해 보시오.

22

정답과 풀이 9쪽

01 풍차 날개에 쓰여 있는 수들의 규칙을 찾아 빈칸에 알맞은 수를 써넣으시오.

23

**대표문제**

STEP 01 1, 4, 7, 10은 1부터 시작하여 3씩 커지는 규칙입니다.

1 → 4 → 7 → 10 (+3, +3, +3)

STEP 02

- 3부터 시작하여 3씩 커지는 규칙이므로 9 다음에 올 수는 12입니다.

  3, 6, 9, 12 (9 → 12: +3)

- 5부터 시작하여 3씩 커지는 규칙이므로 8 다음에 올 수는 11, 11 다음에 올 수는 14입니다.

  5, 8, 11, 14 (8 → 11: +3, 11 → 14: +3)

01 날개에 쓰여 있는 수들의 규칙을 찾아봅니다.

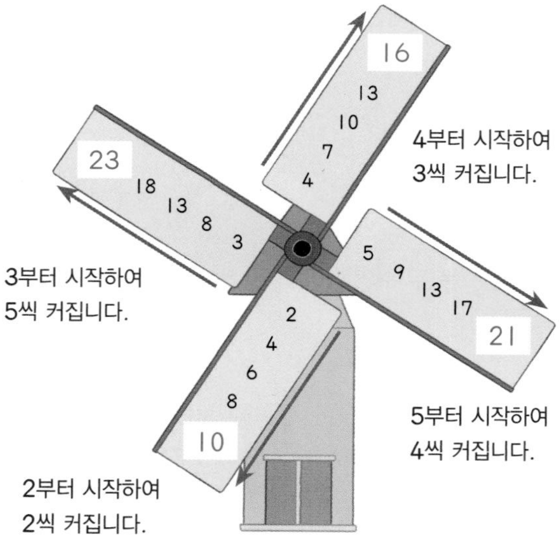
4부터 시작하여
3씩 커집니다.
3부터 시작하여
5씩 커집니다.
5부터 시작하여
4씩 커집니다.
2부터 시작하여
2씩 커집니다.

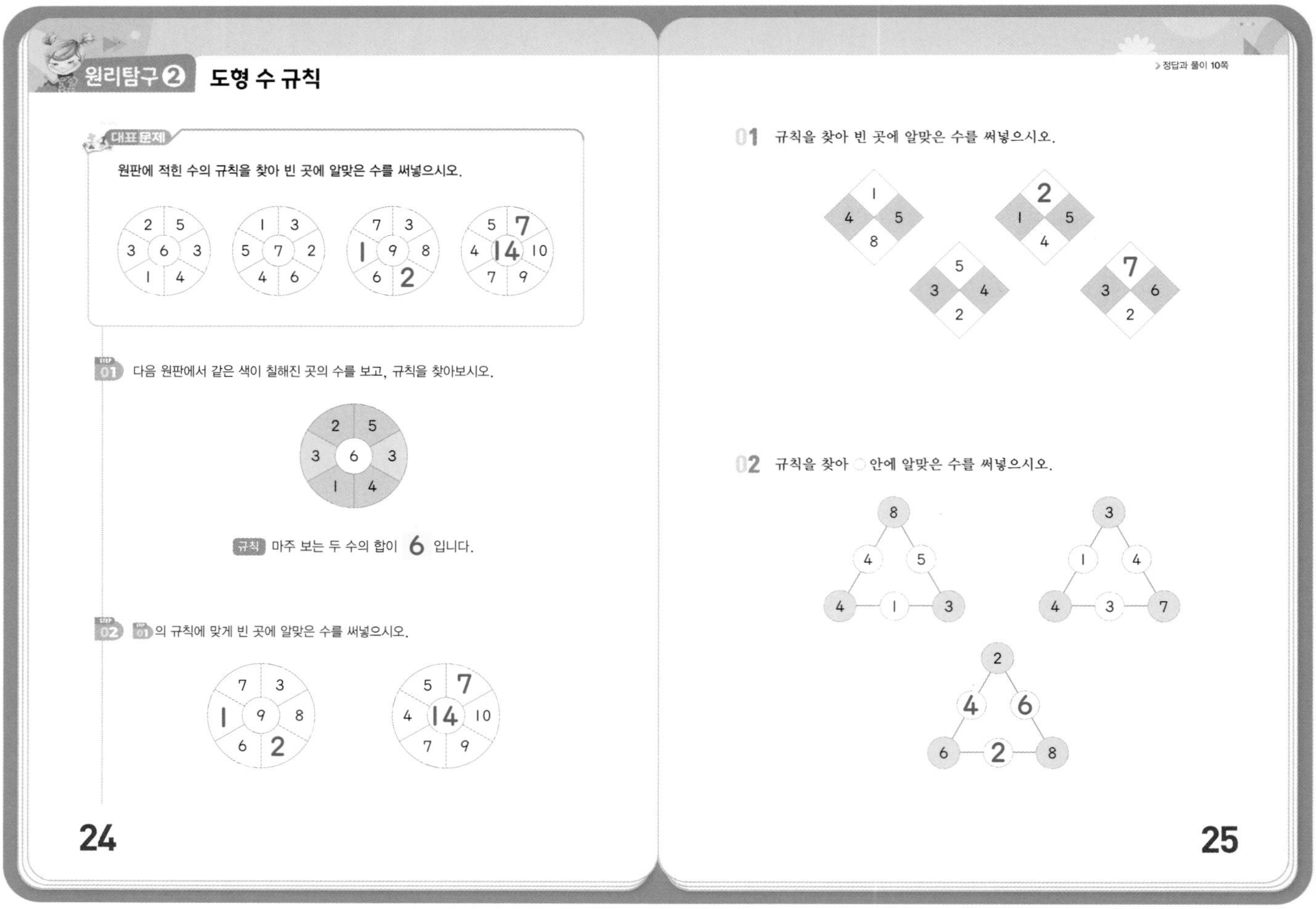
원리탐구 ❷ 도형 수 규칙

대표문제

원판에 적힌 수의 규칙을 찾아 빈 곳에 알맞은 수를 써넣으시오.

STEP 01 다음 원판에서 같은 색이 칠해진 곳의 수를 보고, 규칙을 찾아보시오.

규칙 마주 보는 두 수의 합이 6 입니다.

STEP 02 01의 규칙에 맞게 빈 곳에 알맞은 수를 써넣으시오.

24

01 규칙을 찾아 빈 곳에 알맞은 수를 써넣으시오.

02 규칙을 찾아 ○ 안에 알맞은 수를 써넣으시오.

25

## 대표문제

**STEP 01** 같은 색이 칠해진 곳의 두 수의 합은 6입니다.

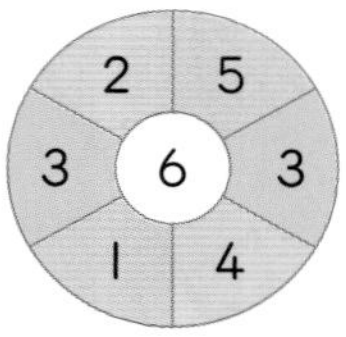

➡ 2＋4＝6
5＋1＝6
3＋3＝6

마주 보는 두 수의 합이 원판 한가운데 쓰인 수와 같은 규칙입니다.

**STEP 02**

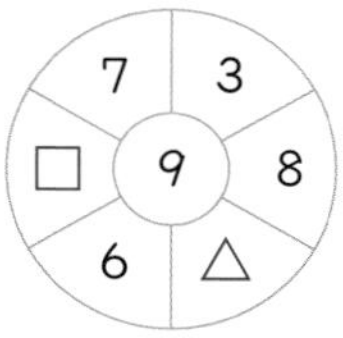

➡ 마주 보는 수의 합: 9
8＋□＝9, □＝1
7＋△＝9, △＝2

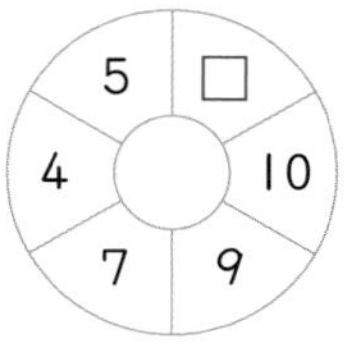

➡ 먼저 마주 보는 수의 합을 구하면
10＋4＝14
7＋□＝14, □＝7

**01** 색칠된 두 수의 합과 색칠되지 않은 두 수의 합은 같습니다.

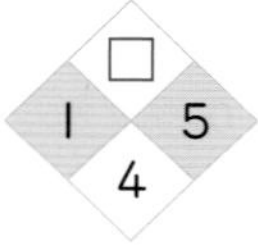

➡ 1＋5＝□＋4, □＝2

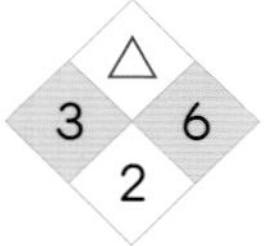

➡ 3＋6＝△＋2, △＝7

**02** 각 줄마다 양 끝 두 수의 차가 가운데 수가 되는 규칙입니다.

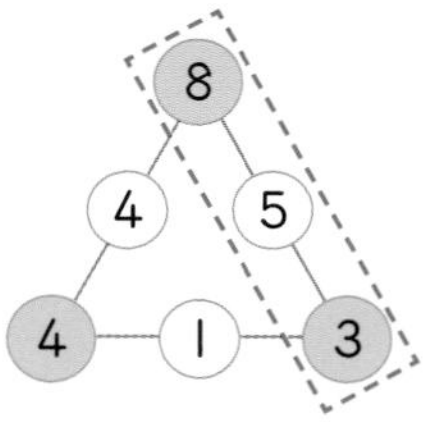

➡ 8－3＝5

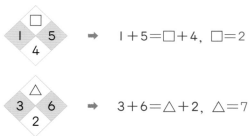

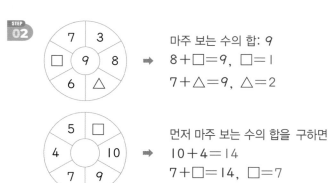

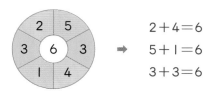

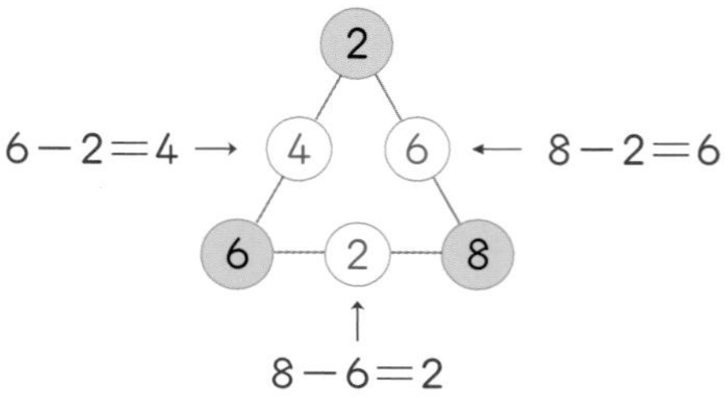

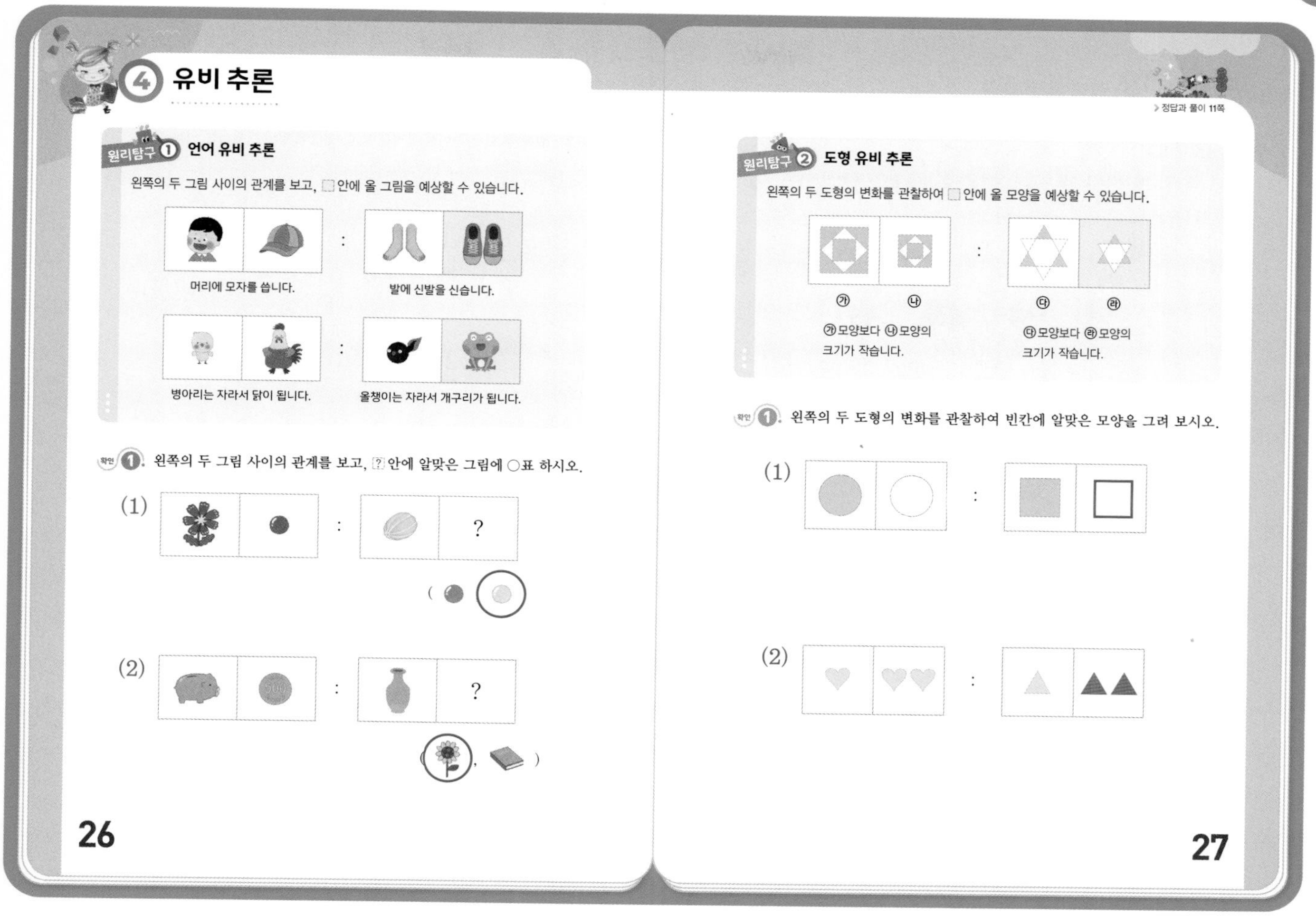
4 유비 추론

원리탐구 ① 언어 유비 추론

왼쪽의 두 그림 사이의 관계를 보고, □ 안에 올 그림을 예상할 수 있습니다.

머리에 모자를 씁니다. : 발에 신발을 신습니다.

병아리는 자라서 닭이 됩니다. : 올챙이는 자라서 개구리가 됩니다.

확인 1. 왼쪽의 두 그림 사이의 관계를 보고, ? 안에 알맞은 그림에 ○표 하시오.

(1) ?

(2) ?

26

정답과 풀이 11쪽

원리탐구 ② 도형 유비 추론

왼쪽의 두 도형의 변화를 관찰하여 □ 안에 올 모양을 예상할 수 있습니다.

㉮ ㉯ : ㉰ ㉱

㉮ 모양보다 ㉯ 모양의 크기가 작습니다.

㉰ 모양보다 ㉱ 모양의 크기가 작습니다.

확인 1. 왼쪽의 두 도형의 변화를 관찰하여 빈칸에 알맞은 모양을 그려 보시오.

(1)

(2)

27

1. (1)

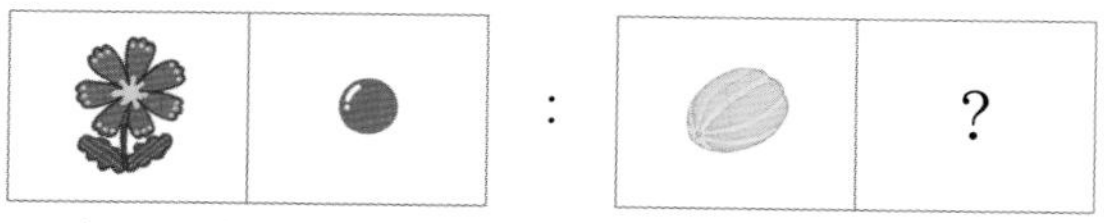


꽃과 구슬은 빨간색입니다.

참외는 노란색이므로 빈칸에 알맞은 것은 노란색 구슬입니다.

(2)

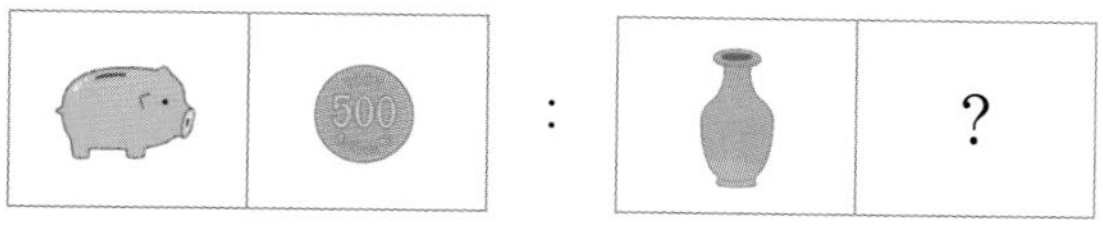


저금통에 동전을 넣습니다.

꽃병에 꽃을 꽂습니다.

1. (1)

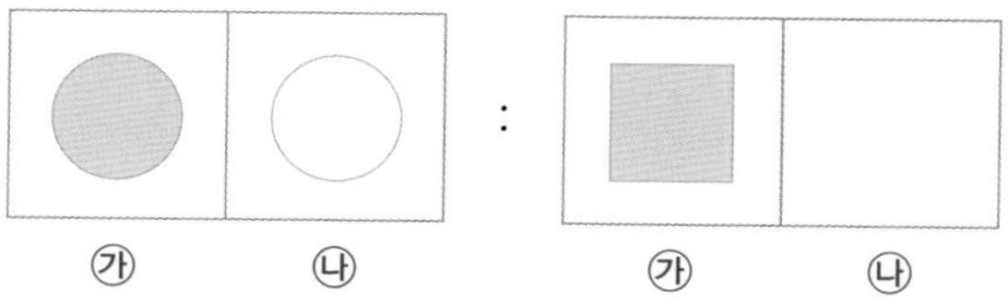


㉮ 모양은 색칠되어 있고 ㉯ 모양은 색칠되어 있지 않습니다.

(2)

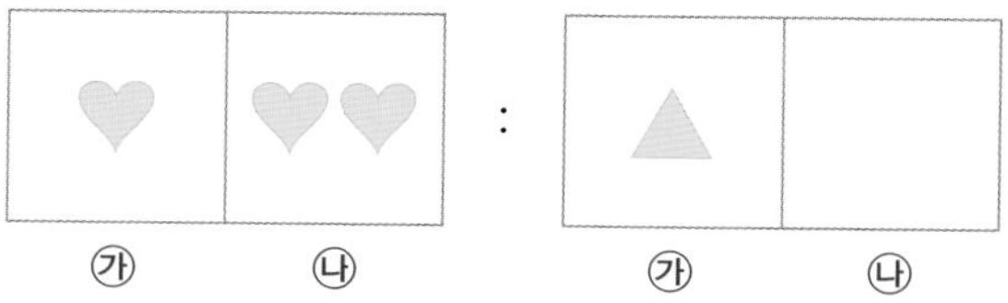


㉮에는 모양 1개를, ㉯에는 같은 모양 2개를 그립니다.

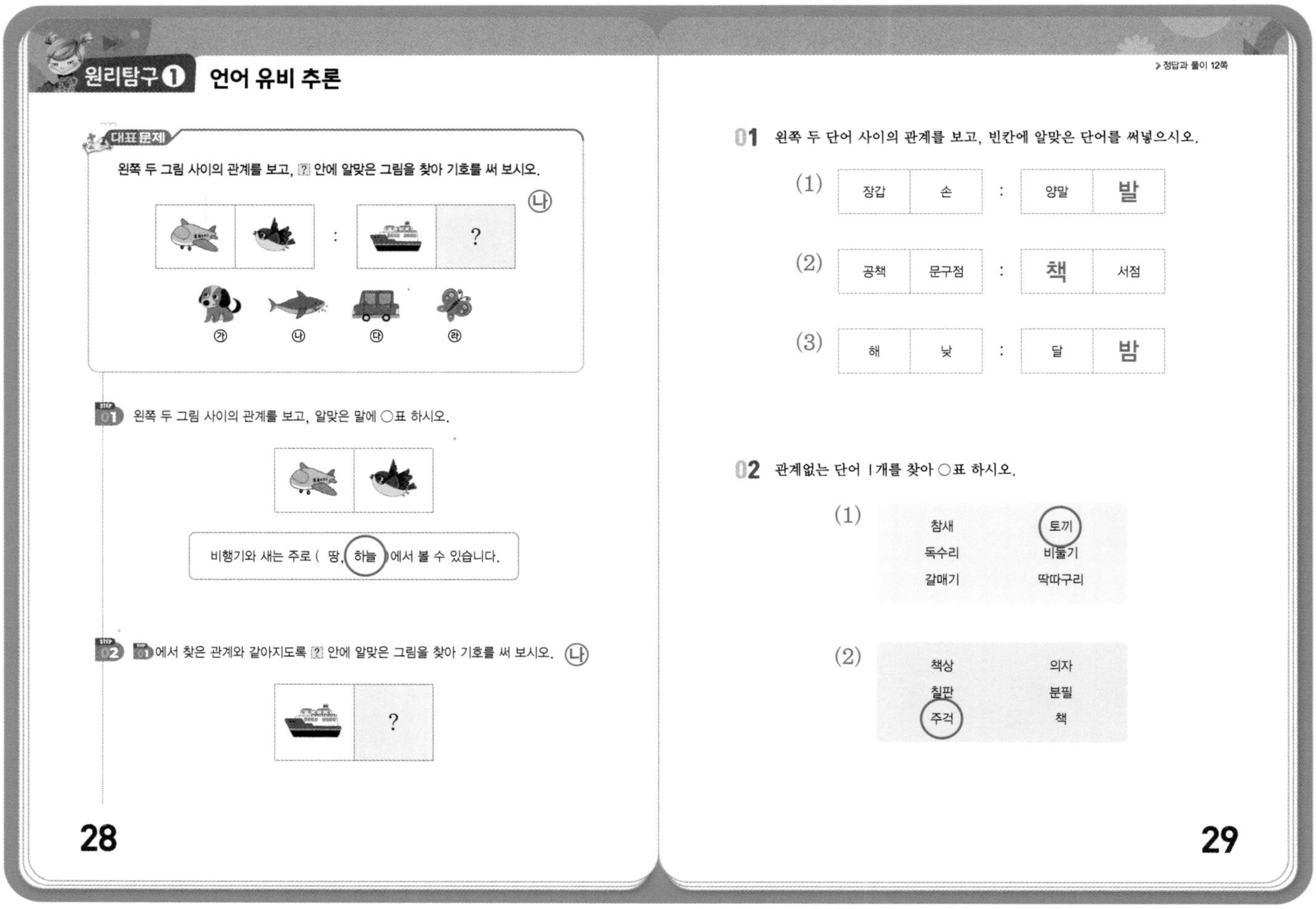
원리탐구 ❶ 언어 유비 추론

> 정답과 풀이 12쪽

대표문제

왼쪽 두 그림 사이의 관계를 보고, ? 안에 알맞은 그림을 찾아 기호를 써 보시오. ㉯

㉮ ㉯ ㉰ ㉱

STEP 01 왼쪽 두 그림 사이의 관계를 보고, 알맞은 말에 ○표 하시오.

비행기와 새는 주로 ( 땅, 하늘 )에서 볼 수 있습니다.

STEP 02 STEP 01에서 찾은 관계와 같아지도록 ? 안에 알맞은 그림을 찾아 기호를 써 보시오. ㉯

?

28

01 왼쪽 두 단어 사이의 관계를 보고, 빈칸에 알맞은 단어를 써넣으시오.

(1) 장갑 | 손 : 양말 | 발

(2) 공책 | 문구점 : 책 | 서점

(3) 해 | 낮 : 달 | 밤

02 관계없는 단어 1개를 찾아 ○표 하시오.

(1) 참새, 토끼, 독수리, 비둘기, 갈매기, 딱따구리

(2) 책상, 의자, 칠판, 분필, 주걱, 책

29

대표문제

STEP 01 STEP 02

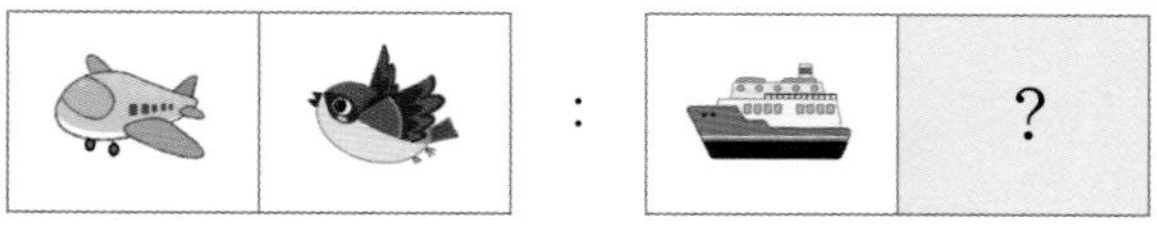

비행기와 새는 주로 하늘에서 볼 수 있습니다.

배와 상어는 주로 바다에서 볼 수 있습니다.

**01** (1)

| 장갑 | 손 | : | 양말 | 발 |
|---|---|---|---|---|

장갑은 손에 끼고, 양말은 발에 신습니다.

(2)

| 공책 | 문구점 | : | 책 | 서점 |
|---|---|---|---|---|

공책은 문구점에서 팔고, 책은 서점에서 팝니다.

(3)

| 해 | 낮 | : | 달 | 밤 |
|---|---|---|---|---|

해는 낮에 뜨고, 달은 밤에 뜹니다.

**02** (1) 참새, 독수리, 비둘기, 갈매기, 딱따구리는 하늘에서 볼 수 있고, 토끼는 땅에서만 볼 수 있습니다.

(2) 책상, 의자, 칠판, 분필, 책은 교실에서 볼 수 있고, 주걱은 주방에서 볼 수 있습니다.

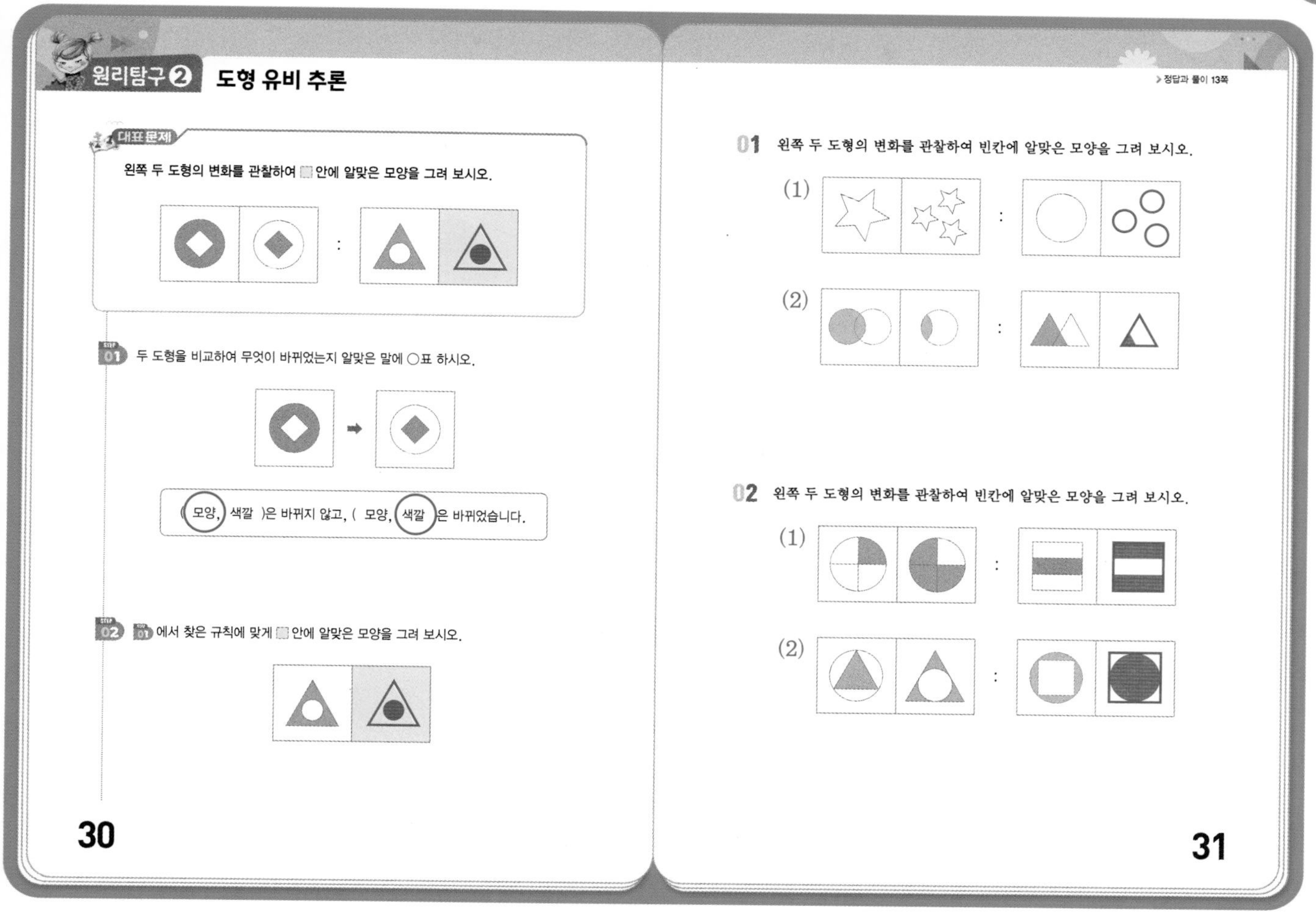

원리탐구 ❷ 도형 유비 추론

대표문제

왼쪽 두 도형의 변화를 관찰하여 ▢ 안에 알맞은 모양을 그려 보시오.

STEP 01 두 도형을 비교하여 무엇이 바뀌었는지 알맞은 말에 ○표 하시오.

( 모양, 색깔 )은 바뀌지 않고, ( 모양, 색깔 )은 바뀌었습니다.

STEP 02 STEP 01 에서 찾은 규칙에 맞게 ▢ 안에 알맞은 모양을 그려 보시오.

30

> 정답과 풀이 13쪽

01 왼쪽 두 도형의 변화를 관찰하여 빈칸에 알맞은 모양을 그려 보시오.

(1)

(2)

02 왼쪽 두 도형의 변화를 관찰하여 빈칸에 알맞은 모양을 그려 보시오.

(1)

(2)

31

**대표문제**

**STEP 01** 두 도형의 모양은 바뀌지 않고, 색칠된 부분이 서로 바뀌었습니다.

**STEP 02** 색칠된 부분은 색칠하지 않고, 색칠되지 않은 부분은 색칠하여 모양을 그립니다.

**01** (1) 모양의 크기는 작아지고, 개수는 1개에서 3개로 늘었습니다.

(2) 겹쳐진 모양에서 겹쳐진 부분과 오른쪽 모양만 남았습니다.

**02** (1) 색칠된 부분은 색칠되지 않고, 색칠되지 않은 부분은 색칠되었습니다.

(2) 안에 있는 모양과 밖에 있는 모양의 위치가 바뀌었습니다.

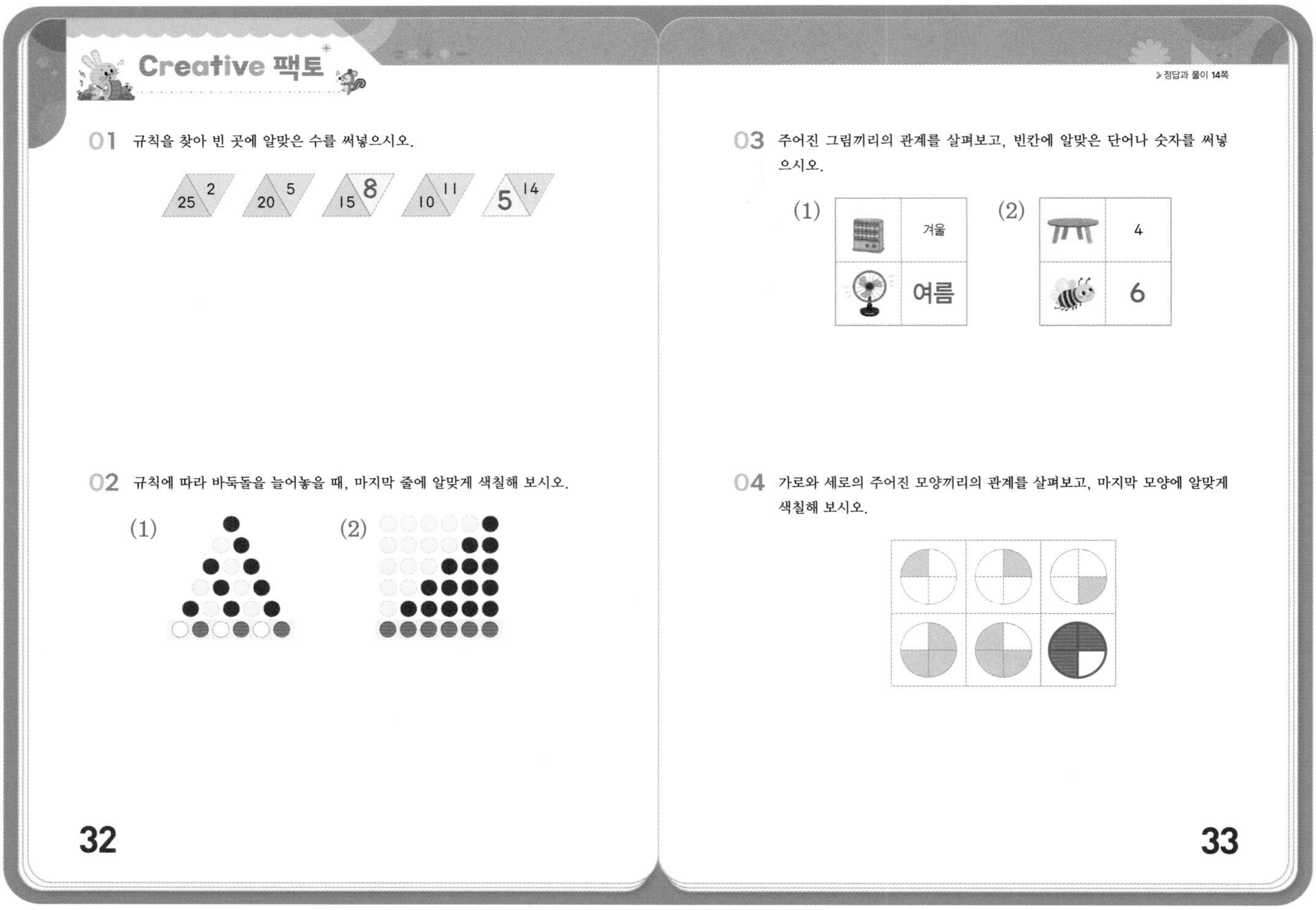
Creative 팩토

▸정답과 풀이 14쪽

01 규칙을 찾아 빈 곳에 알맞은 수를 써넣으시오.



02 규칙에 따라 바둑돌을 늘어놓을 때, 마지막 줄에 알맞게 색칠해 보시오.

(1) (2)

03 주어진 그림끼리의 관계를 살펴보고, 빈칸에 알맞은 단어나 숫자를 써넣으시오.

(1)



(2)



04 가로와 세로의 주어진 모양끼리의 관계를 살펴보고, 마지막 모양에 알맞게 색칠해 보시오.

32 33

**01** • 연두색 칸은 2부터 시작하여 3씩 커지는 규칙입니다.
• 보라색 칸은 25부터 시작하여 5씩 작아지는 규칙입니다.

**02** 바둑돌의 규칙을 살펴보면

(1)

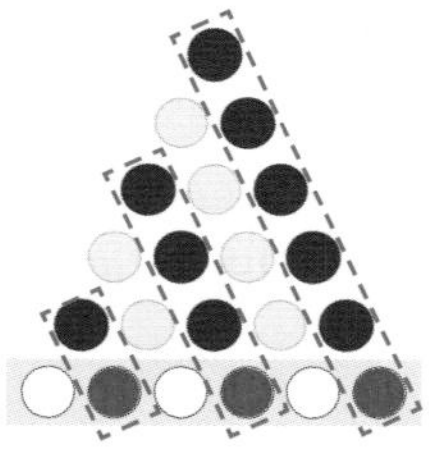

↘ 방향의 줄마다 흰색, 검은색 순서로 놓여집니다.

(2)

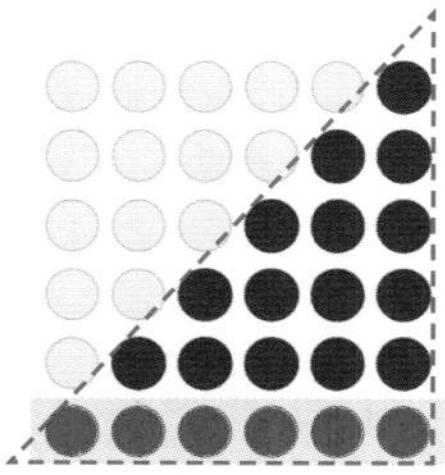

맨 윗줄부터 검은색 바둑돌이 1개, 2개, 3개, 4개, 5개…로 1개씩 늘어납니다.

**03** (1) 난로는 겨울에 사용하고, 선풍기는 여름에 사용합니다.
(2) 탁자 다리의 수는 4개이고, 벌의 다리의 수는 6개입니다.

**04** 

| | |
|---|---|
| 1 | 2 |
| 4 | 3 |

라고 할 때
• 가로줄은 색칠한 부분이 1, 2, 3으로 이동하는 규칙입니다.
• 세로줄은 윗줄과 아랫줄의 색칠한 부분과 색칠하지 않은 부분이 서로 바뀌는 규칙입니다.

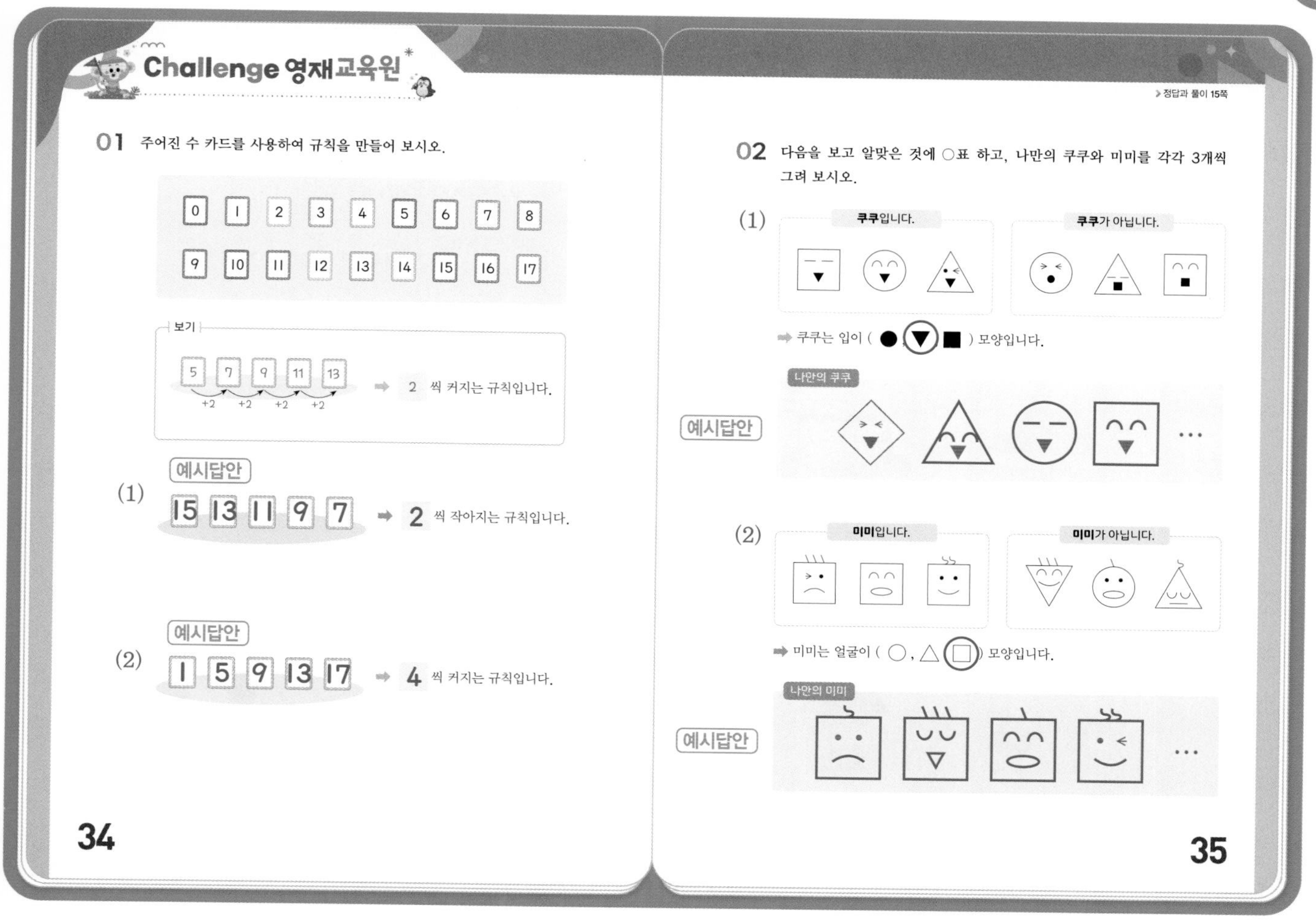
Challenge 영재교육원

정답과 풀이 15쪽

01 주어진 수 카드를 사용하여 규칙을 만들어 보시오.

0 1 2 3 4 5 6 7 8
9 10 11 12 13 14 15 16 17

보기
5 7 9 11 13 (+2 +2 +2 +2) ➡ 2 씩 커지는 규칙입니다.

(1) 예시답안 15 13 11 9 7 ➡ 2 씩 작아지는 규칙입니다.

(2) 예시답안 1 5 9 13 17 ➡ 4 씩 커지는 규칙입니다.

34

02 다음을 보고 알맞은 것에 ○표 하고, 나만의 쿠쿠와 미미를 각각 3개씩 그려 보시오.

(1) 쿠쿠입니다. / 쿠쿠가 아닙니다.

➡ 쿠쿠는 입이 ( ●, ▼, ■ ) 모양입니다.

나만의 쿠쿠
예시답안 …

(2) 미미입니다. / 미미가 아닙니다.

➡ 미미는 얼굴이 ( ○, △, □ ) 모양입니다.

나만의 미미
예시답안 …

35

**01** 이외에도 여러 가지 방법이 있습니다.

(1) 예시답안

17 14 11 8 5 ➡ 3씩 작아지는 규칙입니다.

(2) 예시답안

3 6 9 12 15 ➡ 3씩 커지는 규칙입니다.

TIP 주어진 수 카드를 사용하여 ■씩 작아지는 규칙과 ■씩 커지는 규칙을 자유롭게 만들 수 있도록 지도합니다. 이때, 0부터 17까지의 수 카드를 사용해야 한다는 것을 알게 합니다.

**02** (1) 예시답안

쿠쿠의 공통점은 '입' 모양입니다.

(2) 예시답안

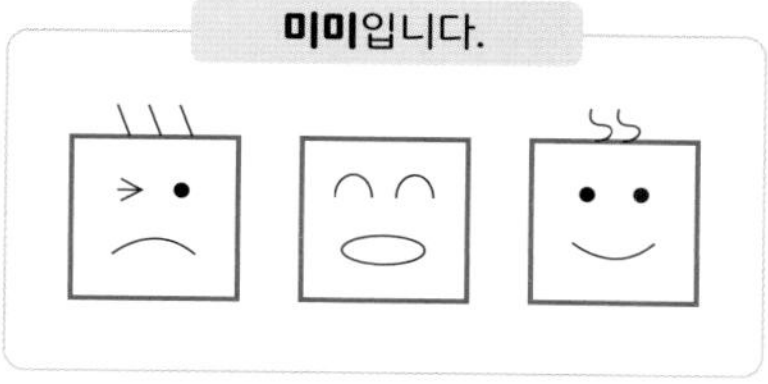


미미의 공통점은 '얼굴' 모양입니다.

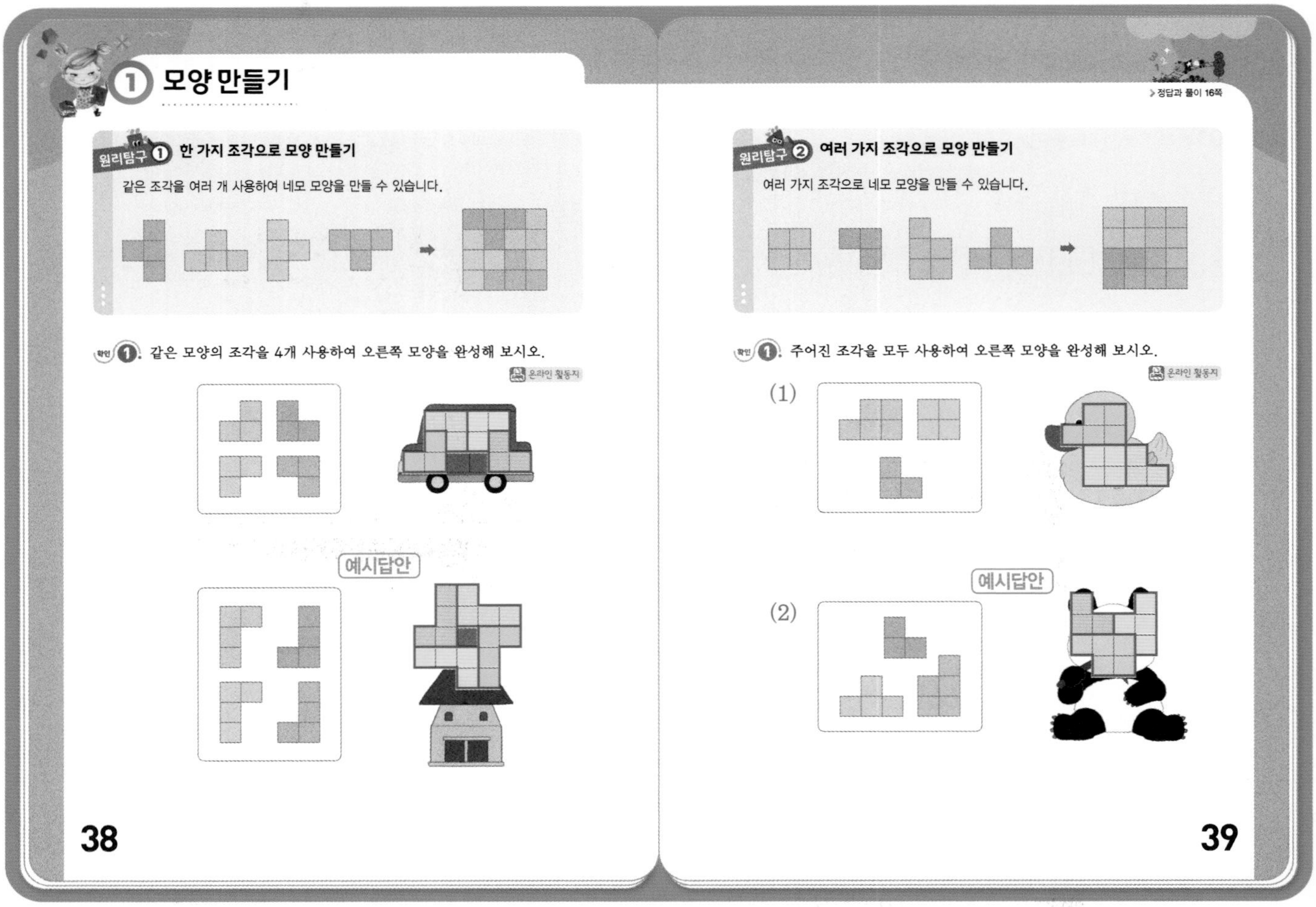

① 모양 만들기

원리탐구 ① 한 가지 조각으로 모양 만들기

같은 조각을 여러 개 사용하여 네모 모양을 만들 수 있습니다.

확인 ①. 같은 모양의 조각을 4개 사용하여 오른쪽 모양을 완성해 보시오.

온라인 활동지

예시답안

38

정답과 풀이 16쪽

원리탐구 ② 여러 가지 조각으로 모양 만들기

여러 가지 조각으로 네모 모양을 만들 수 있습니다.

확인 ①. 주어진 조각을 모두 사용하여 오른쪽 모양을 완성해 보시오.

온라인 활동지

(1)

예시답안

(2)

39

① 가장자리에 들어갈 수 있는 모양을 생각하며 차례대로 조각을 넣어 봅니다. 다음과 같이 조각을 넣을 수도 있습니다.

예시답안

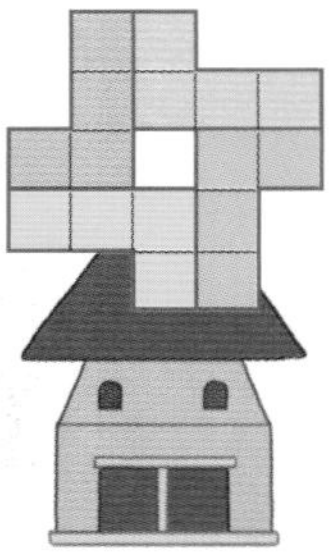

① (1) 초록색으로 색칠한 칸에 들어갈 수 있는 조각부터 생각해 봅니다.

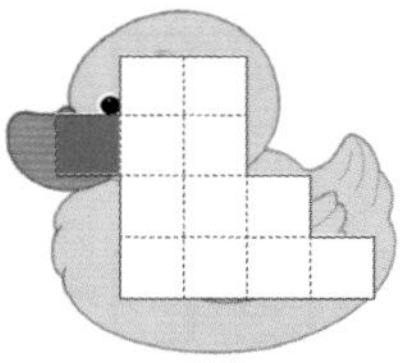

 조각을 넣을 경우 오른쪽에 넣을 수 있는 조각이 없으므로 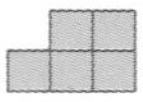 조각을 넣어야 합니다.

(2) 예시답안

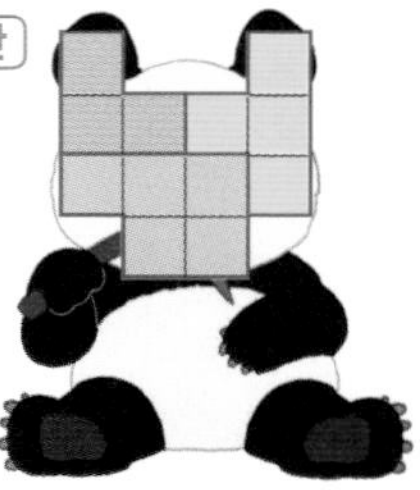

TIP 주어진 조각을 뒤집거나 돌려서 만든 모양이 같은 경우도 정답으로 봅니다.

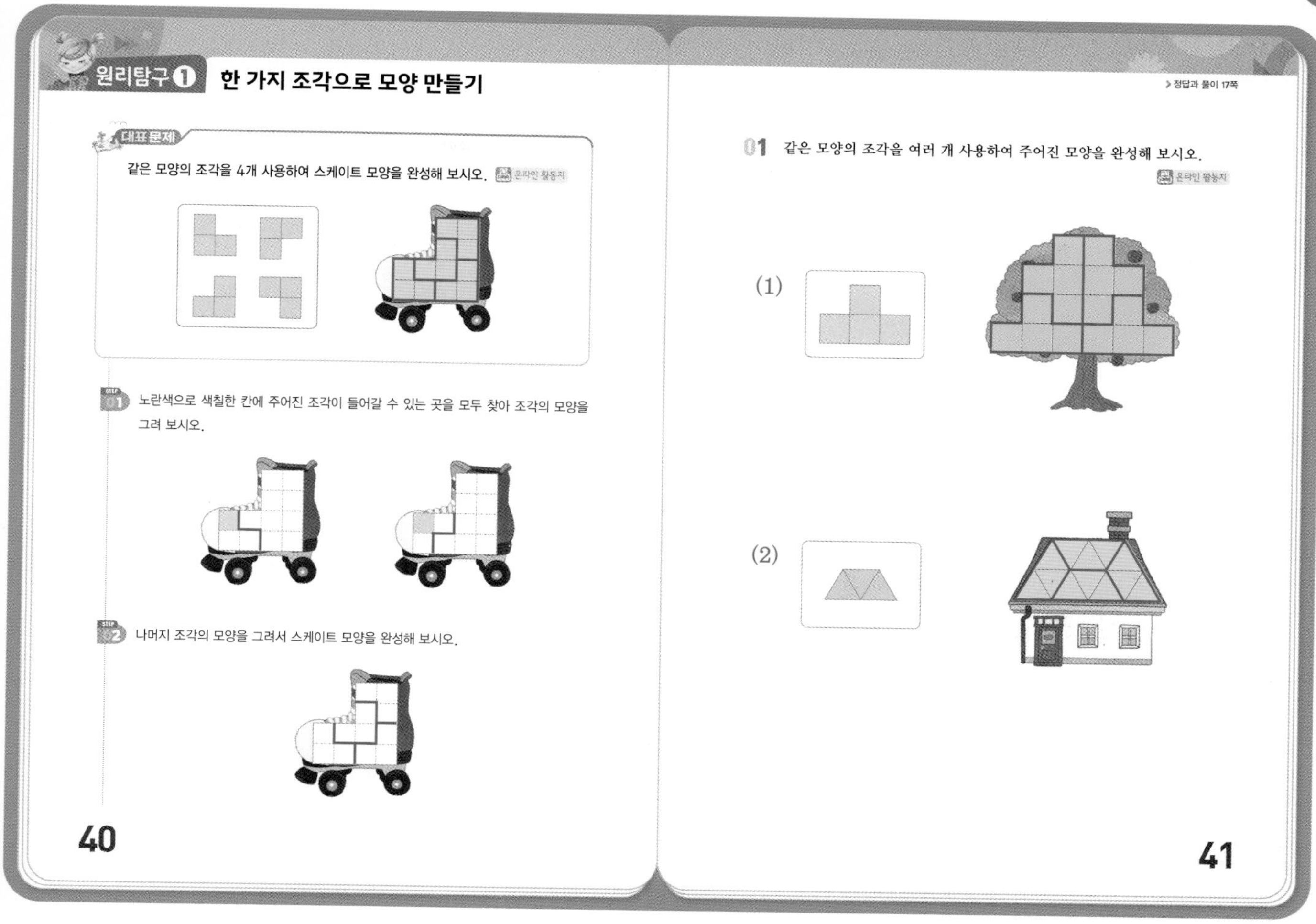

원리탐구 ① 한 가지 조각으로 모양 만들기

대표문제

같은 모양의 조각을 4개 사용하여 스케이트 모양을 완성해 보시오. 온라인 활동지

STEP 01 노란색으로 색칠한 칸에 주어진 조각이 들어갈 수 있는 곳을 모두 찾아 조각의 모양을 그려 보시오.

STEP 02 나머지 조각의 모양을 그려서 스케이트 모양을 완성해 보시오.

40

> 정답과 풀이 17쪽

01 같은 모양의 조각을 여러 개 사용하여 주어진 모양을 완성해 보시오. 온라인 활동지

(1)

(2)

41

## 대표문제

STEP 02 노란색으로 색칠한 칸에 조각을 놓을 수 있는 방법은 다음과 같이 2가지입니다.

(○) (×)

오른쪽과 같이 조각을 놓게 되면 조각이 들어갈 수 없는 공간이 생기게 됩니다.

## 01

(1) 노란색으로 색칠한 칸에 조각을 하나씩 넣어서 조각의 모양을 그리고 나머지 모양을 완성해 봅니다.

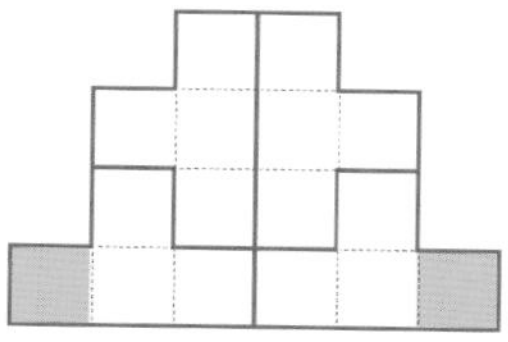

(2) 다음과 같은 2가지 경우를 생각해 봅니다.

(×) (○)

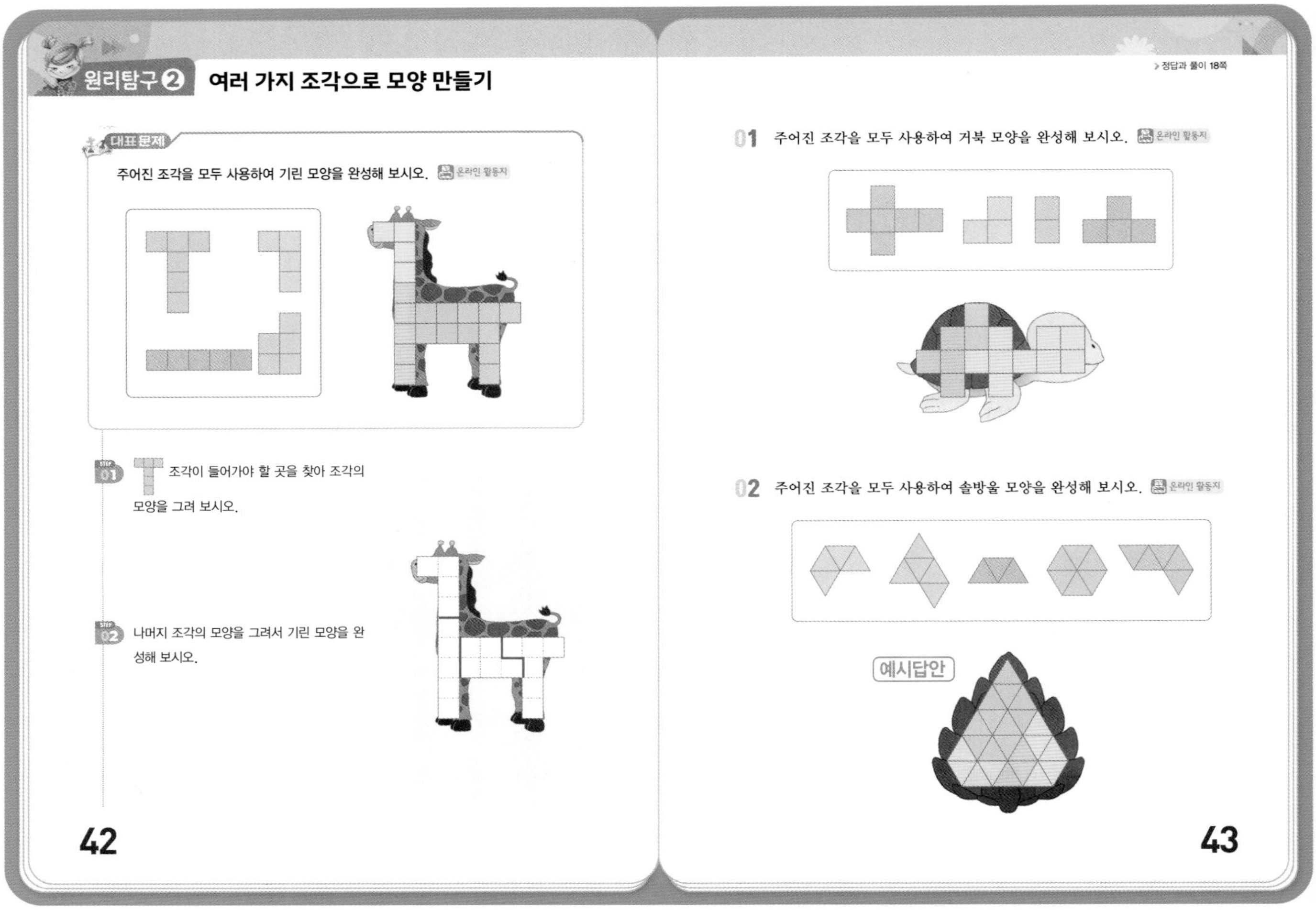
원리탐구 ❷ 여러 가지 조각으로 모양 만들기

대표문제

주어진 조각을 모두 사용하여 기린 모양을 완성해 보시오. 온라인 활동지

STEP 01 조각이 들어가야 할 곳을 찾아 조각의 모양을 그려 보시오.

STEP 02 나머지 조각의 모양을 그려서 기린 모양을 완성해 보시오.

42

정답과 풀이 18쪽

01 주어진 조각을 모두 사용하여 거북 모양을 완성해 보시오. 온라인 활동지

02 주어진 조각을 모두 사용하여 솔방울 모양을 완성해 보시오. 온라인 활동지

예시답안

43

## 대표문제

STEP 01 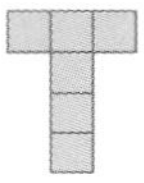 조각이 들어갈 수 있는 곳은 다음과 같이 4군데입니다.

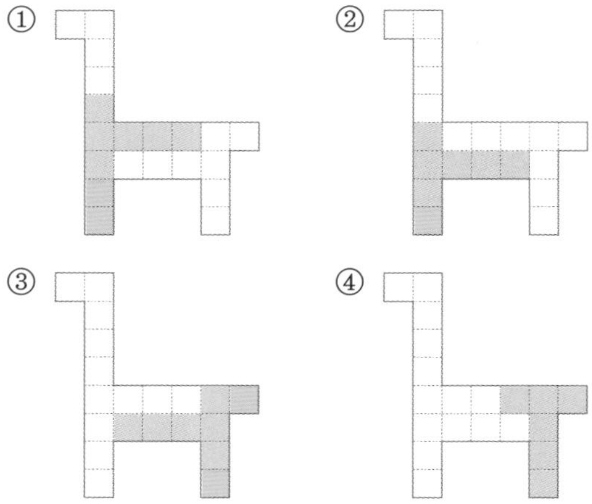

①, ②, ③에서 노란색이 칠해진 부분에 들어갈 수 있는 조각이 없으므로 ④와 같이 놓아야 합니다.

STEP 02 나머지 조각을 넣어 기린 모양을 완성해 봅니다.

01 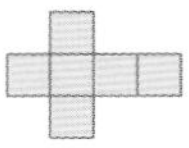 조각이 들어갈 수 있는 곳은 2군데입니다.

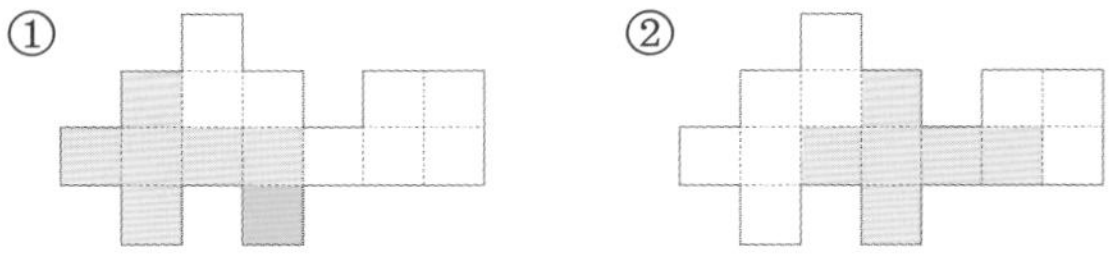

①에서 노란색 칸에 들어갈 수 있는 조각이 없으므로 ②에 나머지 조각의 모양을 그려 넣습니다.

02 모양에서 뾰족한 부분에 놓을 수 있는 조각부터 찾아 놓아 봅니다. 답은 여러 가지가 있습니다.

예시답안

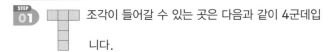

TIP 주어진 조각을 뒤집거나 돌려서 만든 모양이 같은 경우도 정답으로 봅니다.

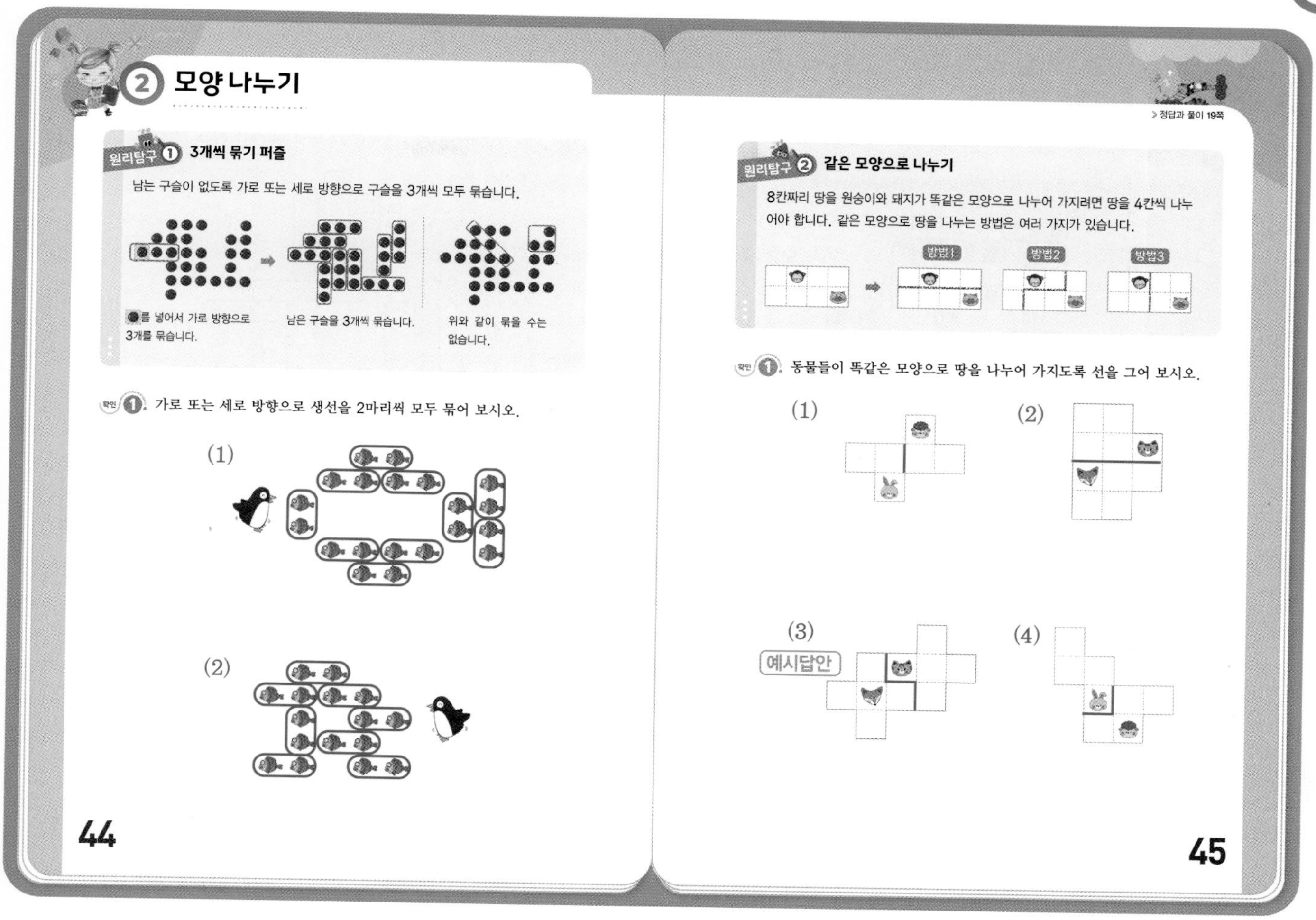

## ② 모양 나누기

정답과 풀이 19쪽

**원리탐구 ① 3개씩 묶기 퍼즐**

남는 구슬이 없도록 가로 또는 세로 방향으로 구슬을 3개씩 모두 묶습니다.

●를 넣어서 가로 방향으로 3개를 묶습니다. 남은 구슬을 3개씩 묶습니다. 위와 같이 묶을 수는 없습니다.

확인 1. 가로 또는 세로 방향으로 생선을 2마리씩 모두 묶어 보시오.

(1)

(2)

44

**원리탐구 ② 같은 모양으로 나누기**

8칸짜리 땅을 원숭이와 돼지가 똑같은 모양으로 나누어 가지려면 땅을 4칸씩 나누어야 합니다. 같은 모양으로 땅을 나누는 방법은 여러 가지가 있습니다.

방법1 방법2 방법3

확인 1. 동물들이 똑같은 모양으로 땅을 나누어 가지도록 선을 그어 보시오.

(1) (2)

(3) 예시답안 (4)

45

1. 먼저 🐟를 넣어서 가로 또는 세로 방향으로 2마리씩 묶은 다음 나머지 생선을 모두 2마리씩 묶습니다.

(1)

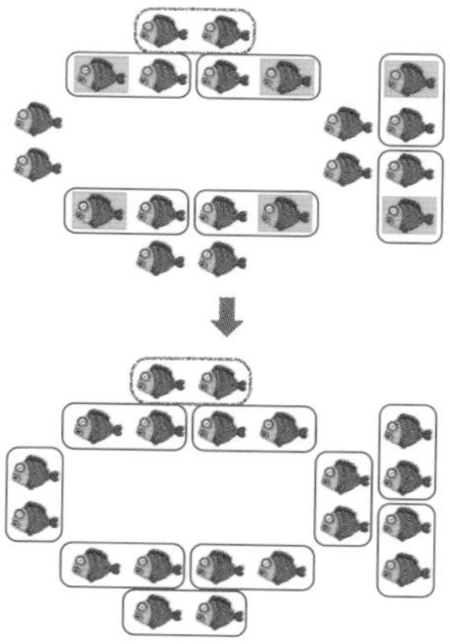

(2)

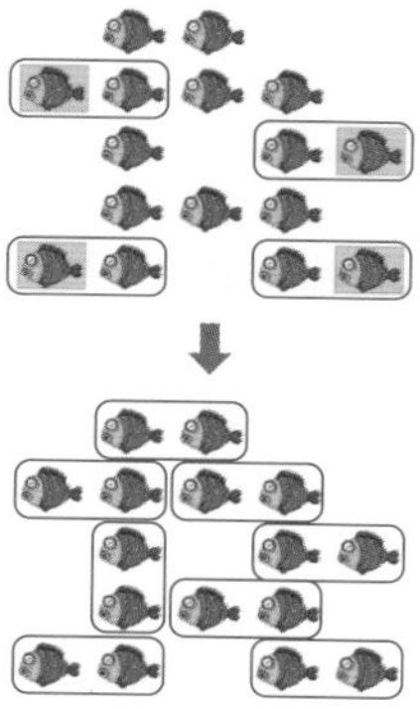

1. 땅이 몇 칸인지 세어 보고 동물들이 땅을 몇 칸씩 가질 수 있는지 알아봅니다.

(1) 땅이 6칸이므로 3칸씩 나눕니다.

(2) 땅이 10칸이므로 5칸씩 나눕니다.

(3) 땅이 10칸이므로 5칸씩 나눕니다.

예시답안

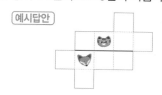

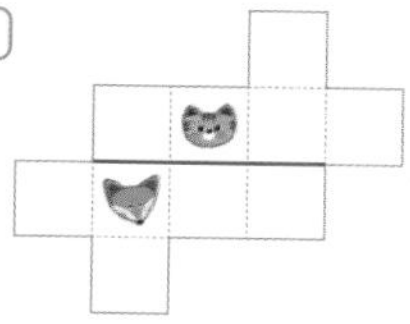

(4) 땅이 8칸이므로 4칸씩 나눕니다.

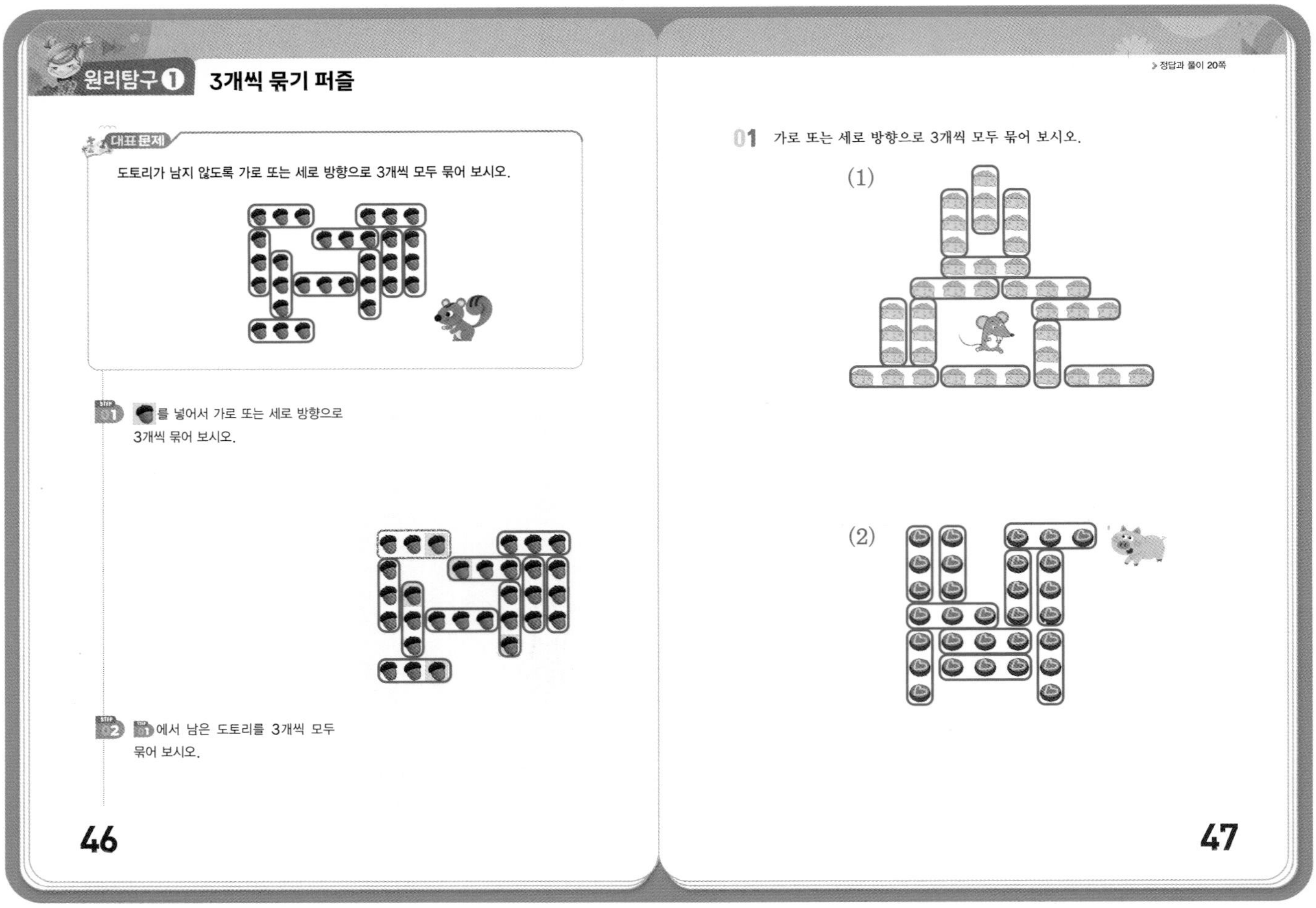
원리탐구 ❶ 3개씩 묶기 퍼즐

대표문제

도토리가 남지 않도록 가로 또는 세로 방향으로 3개씩 모두 묶어 보시오.

STEP 01 를 넣어서 가로 또는 세로 방향으로 3개씩 묶어 보시오.

STEP 02 STEP 01 에서 남은 도토리를 3개씩 모두 묶어 보시오.

46

▶ 정답과 풀이 20쪽

01 가로 또는 세로 방향으로 3개씩 모두 묶어 보시오.

(1)

(2)

47

**대표문제**

STEP 01 를 넣어서 묶을 수 있는 방법은 1가지씩입니다.

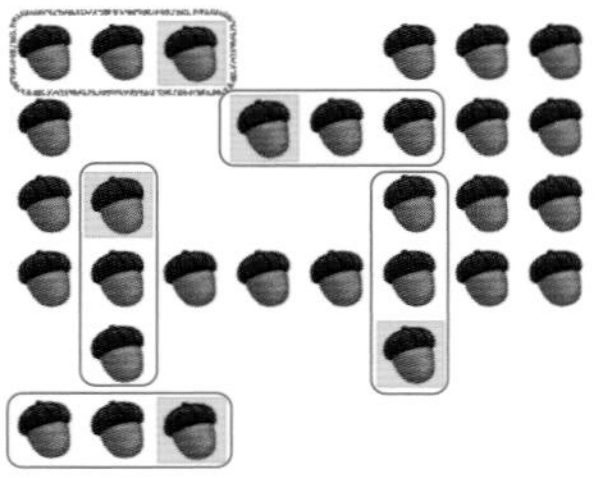

STEP 02 를 넣어서 3개씩 묶고 남은 부분을 모두 묶습니다.

**01** (1) 를 넣어서 묶는 방법은 1가지이므로 를 넣어서 묶을 수 있는 것부터 3개씩 묶습니다.

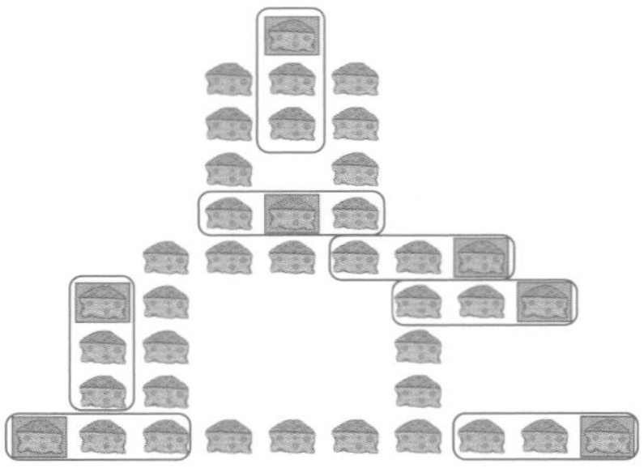

(2) 를 넣어서 묶는 방법은 1가지이므로 를 넣어서 묶을 수 있는 것부터 3개씩 묶습니다.

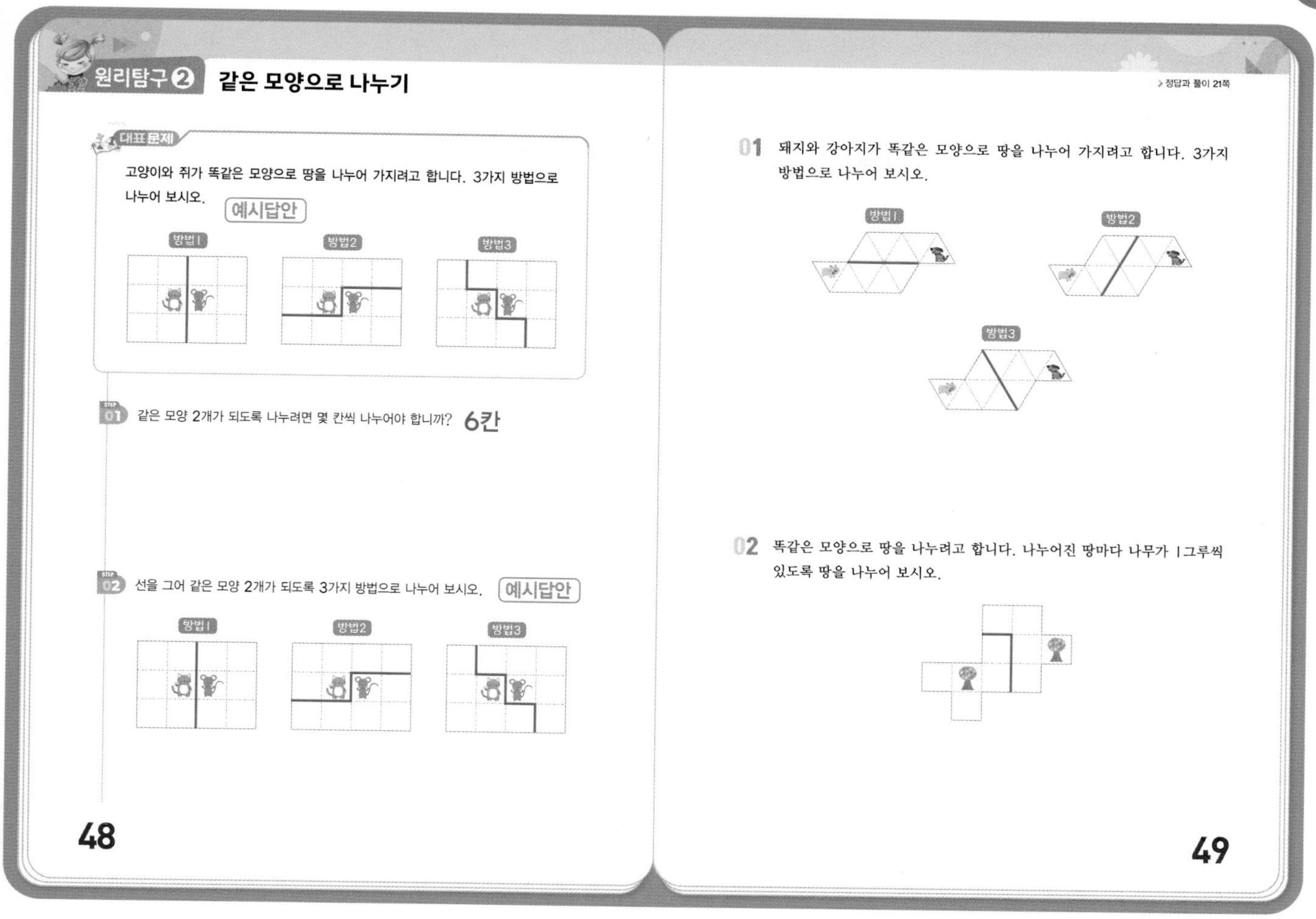

원리탐구 2 같은 모양으로 나누기

대표문제

고양이와 쥐가 똑같은 모양으로 땅을 나누어 가지려고 합니다. 3가지 방법으로 나누어 보시오. (예시답안)

방법1 방법2 방법3

STEP 01 같은 모양 2개가 되도록 나누려면 몇 칸씩 나누어야 합니까? 6칸

STEP 02 선을 그어 같은 모양 2개가 되도록 3가지 방법으로 나누어 보시오. (예시답안)

방법1 방법2 방법3

48

> 정답과 풀이 21쪽

01 돼지와 강아지가 똑같은 모양으로 땅을 나누어 가지려고 합니다. 3가지 방법으로 나누어 보시오.

방법1 방법2 방법3

02 똑같은 모양으로 땅을 나누려고 합니다. 나누어진 땅마다 나무가 1그루씩 있도록 땅을 나누어 보시오.

49

## 대표문제

STEP 01 작은 네모가 12칸이므로 6칸씩 나누어야 합니다.

STEP 02 같은 모양이 되도록 나누는 방법은 여러 가지입니다.
다음과 같이 나눌 수도 있습니다.

(예시답안)

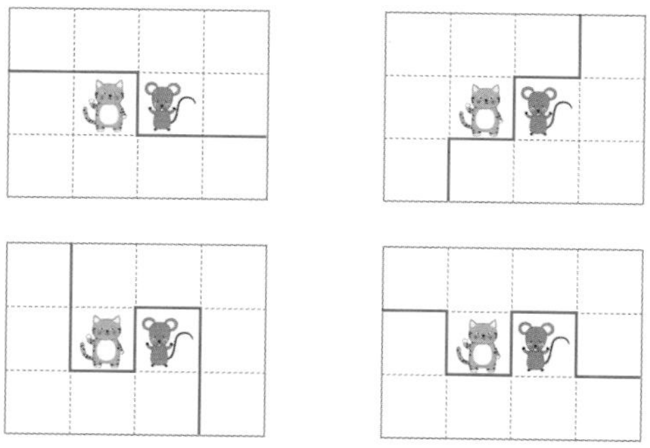

01 작은 세모가 10칸이므로 5칸씩 나누어야 합니다.

02 작은 네모가 10칸이므로 5칸씩 나누어야 합니다.

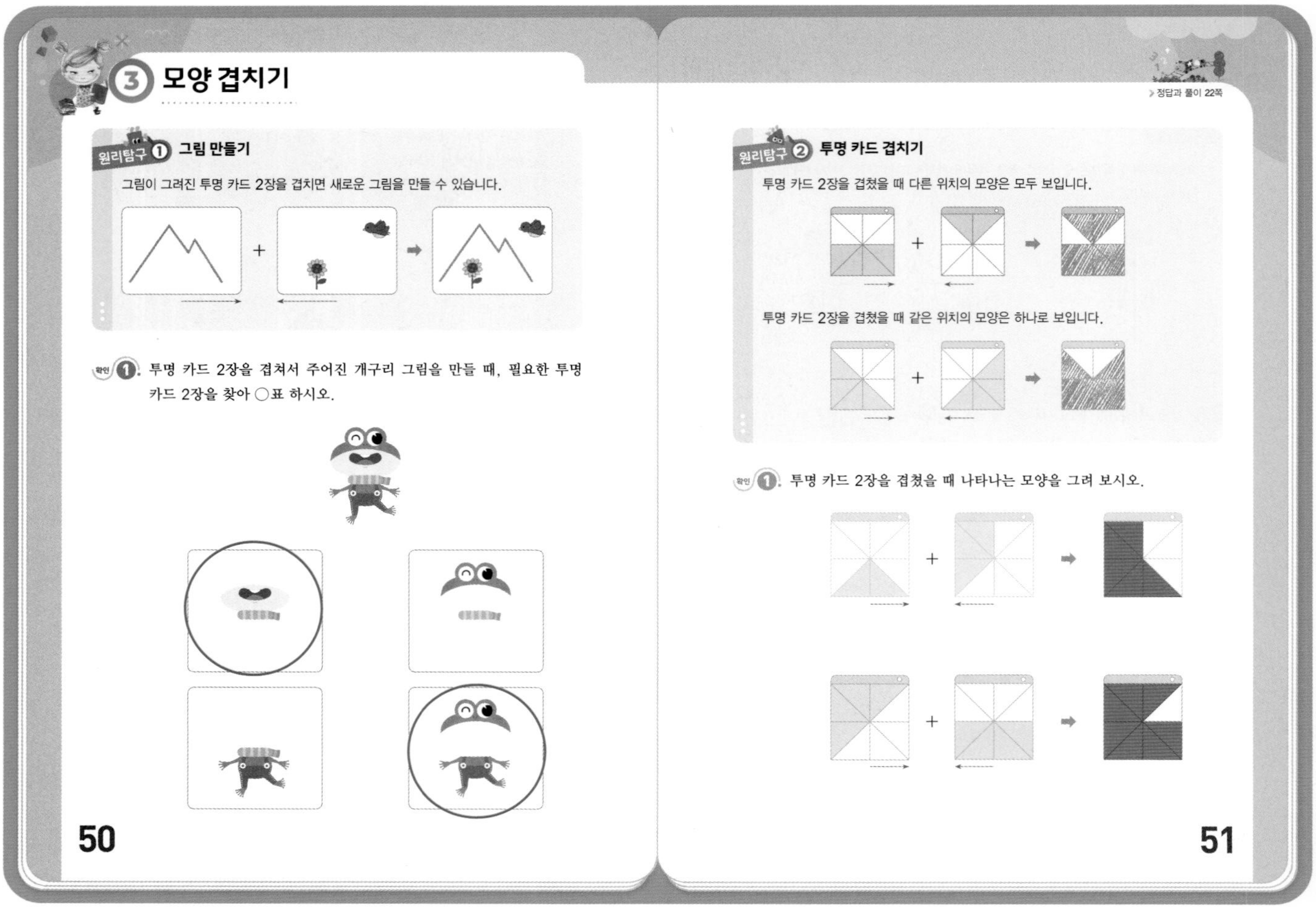

3 모양 겹치기

원리탐구 1 그림 만들기

그림이 그려진 투명 카드 2장을 겹치면 새로운 그림을 만들 수 있습니다.

확인 1. 투명 카드 2장을 겹쳐서 주어진 개구리 그림을 만들 때, 필요한 투명 카드 2장을 찾아 ○표 하시오.

50

> 정답과 풀이 22쪽

원리탐구 2 투명 카드 겹치기

투명 카드 2장을 겹쳤을 때 다른 위치의 모양은 모두 보입니다.

투명 카드 2장을 겹쳤을 때 같은 위치의 모양은 하나로 보입니다.

확인 1. 투명 카드 2장을 겹쳤을 때 나타나는 모양을 그려 보시오.

51

1. 아래의 그림 카드에는 개구리 입과 목도리가 없으므로 개구리 입과 목도리가 들어 있는 카드를 찾아봅니다.

1. TIP 투명 카드 위쪽에 있는 ▭은 투명 카드 2장을 돌리거나 뒤집지 않고 양옆으로만 밀어서 겹쳤다는 것을 나타냅니다.

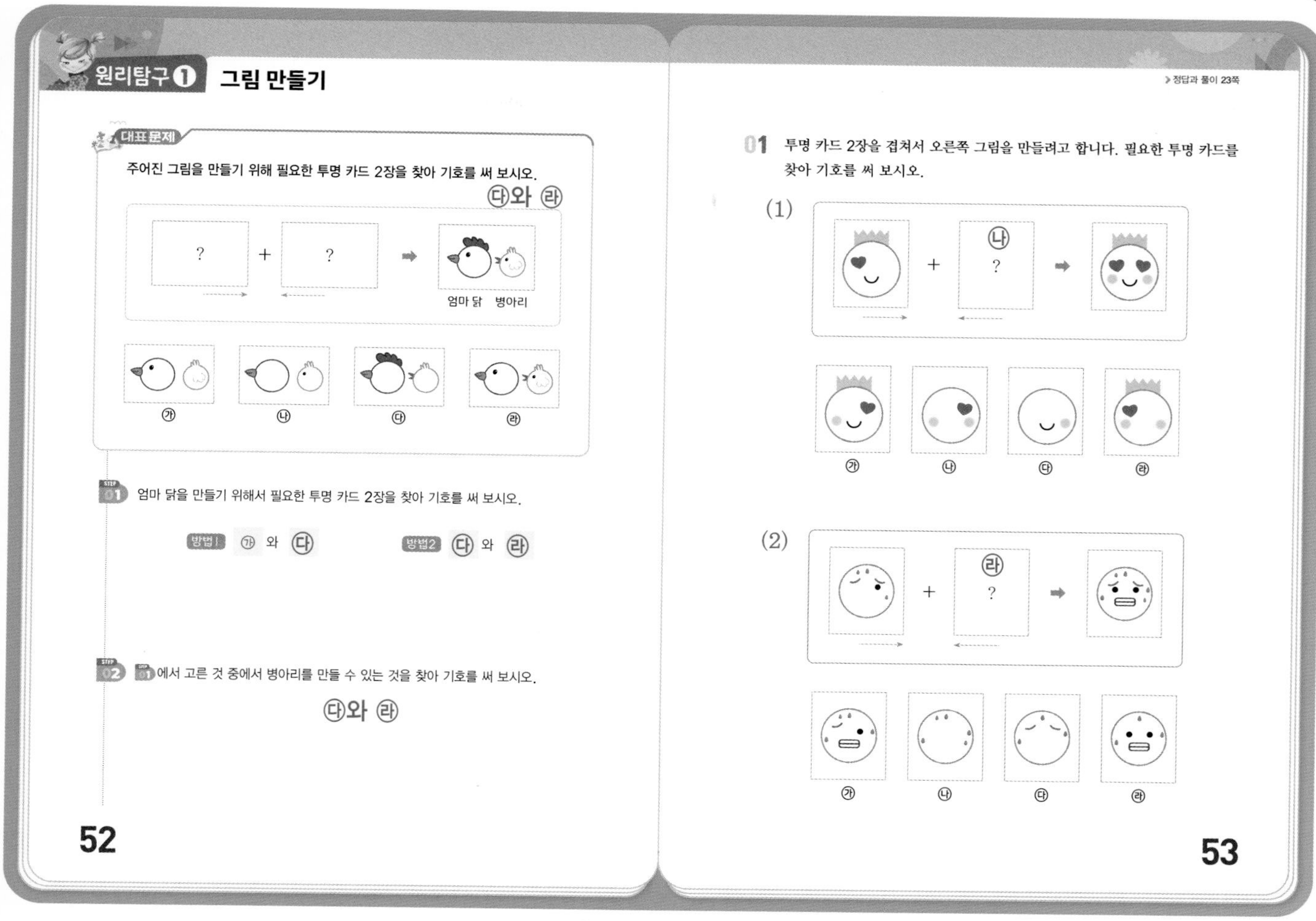
원리탐구❶ 그림 만들기

▶ 정답과 풀이 23쪽

대표문제

주어진 그림을 만들기 위해 필요한 투명 카드 2장을 찾아 기호를 써 보시오.

㉰와 ㉱

? + ? ➡ 엄마 닭 병아리

㉮ ㉯ ㉰ ㉱

STEP 01 엄마 닭을 만들기 위해서 필요한 투명 카드 2장을 찾아 기호를 써 보시오.

방법1 ㉮ 와 ㉰ 방법2 ㉰ 와 ㉱

STEP 02 STEP 01에서 고른 것 중에서 병아리를 만들 수 있는 것을 찾아 기호를 써 보시오.

㉰와 ㉱

52

01 투명 카드 2장을 겹쳐서 오른쪽 그림을 만들려고 합니다. 필요한 투명 카드를 찾아 기호를 써 보시오.

(1) + ㉯ ? ➡

㉮ ㉯ ㉰ ㉱

(2) + ㉱ ? ➡

㉮ ㉯ ㉰ ㉱

53

## 대표문제

STEP 01 벼슬이 있는 투명 카드는 1장이므로 ㉰는 반드시 필요합니다.
㉰의 엄마 닭에는 눈이 없으므로 ㉮ 또는 ㉱가 필요합니다.

STEP 02 ㉰의 병아리에는 눈과 날개가 없으므로 ㉱가 필요합니다.
따라서 필요한 투명 카드는 ㉰와 ㉱입니다.

**01** (1)  그림을 보며 오른쪽 그림을 만들기 위해 필요한 부분을 찾아보면 다음과 같습니다.

(2)  그림을 보며 오른쪽 그림을 만들기 위해 필요한 부분을 찾아보면 다음과 같습니다.

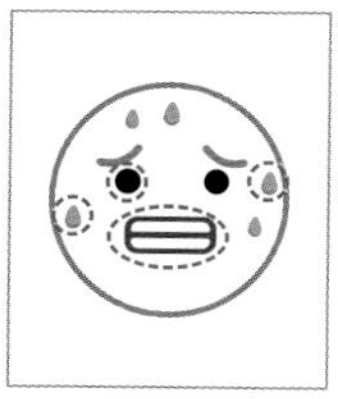

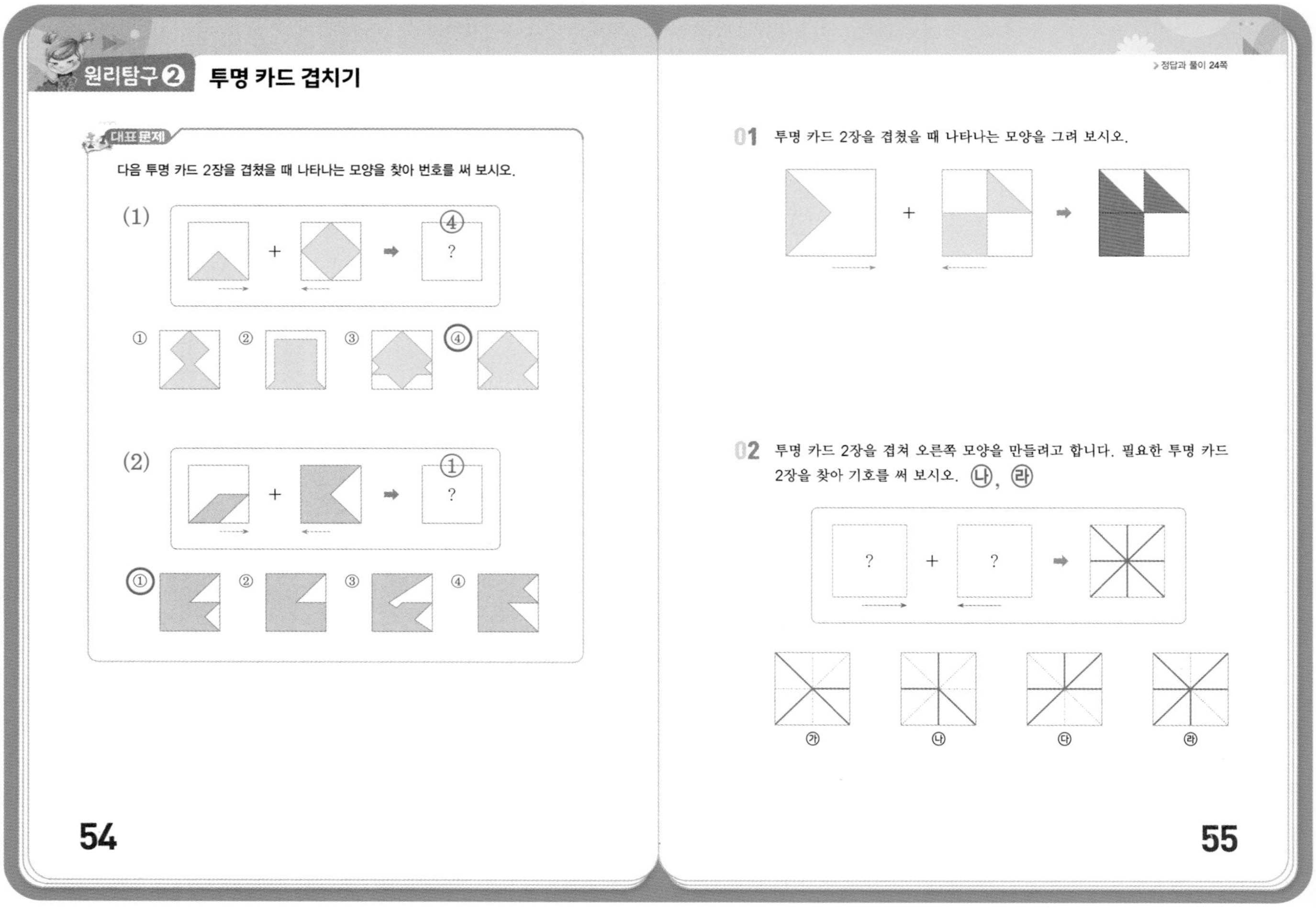

원리탐구 ❷ 투명 카드 겹치기

대표문제

다음 투명 카드 2장을 겹쳤을 때 나타나는 모양을 찾아 번호를 써 보시오.

(1) ④

① ② ③ ④

(2) ①

① ② ③ ④

54

> 정답과 풀이 24쪽

01 투명 카드 2장을 겹쳤을 때 나타나는 모양을 그려 보시오.

02 투명 카드 2장을 겹쳐 오른쪽 모양을 만들려고 합니다. 필요한 투명 카드 2장을 찾아 기호를 써 보시오. ㉯, ㉱

㉮ ㉯ ㉰ ㉱

55

대표문제

(1)

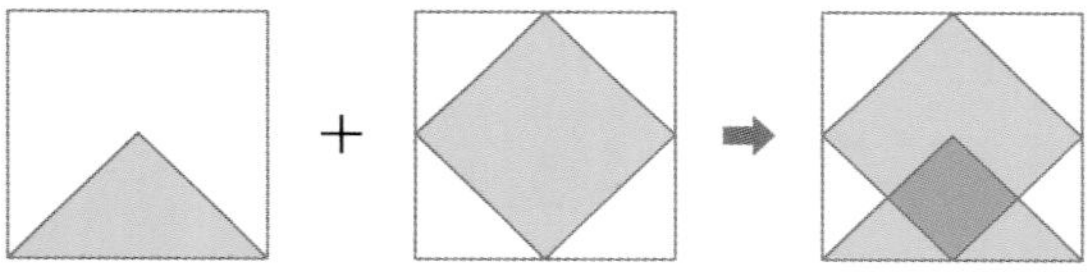

(2)

TIP 투명 카드 2장을 겹쳤을 때 나타나는 모양을 예상해 보고, 직접 반투명 종이에 그림을 그린 다음 겹쳐 보는 활동을 하며 답을 확인해 보아도 좋습니다.

01

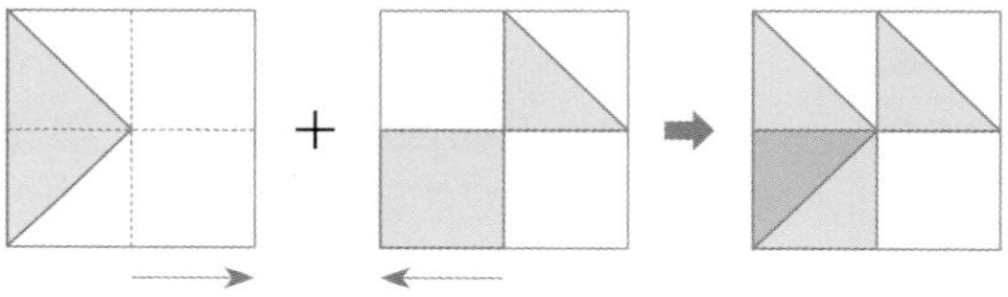

TIP 실제로 반투명 종이에 두 모양을 그려 겹쳐 보는 활동을 함으로써 도형에 대한 이해를 도울 수 있습니다.

02

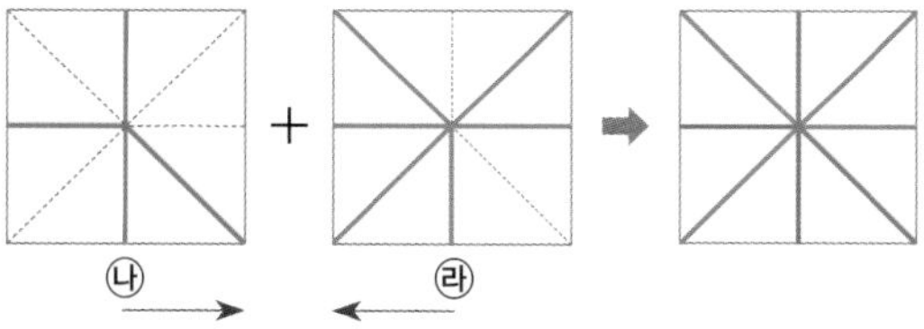


TIP 실제로 반투명 종이에 두 모양을 그려 겹쳐 보는 활동을 함으로써 도형에 대한 이해를 도울 수 있습니다.

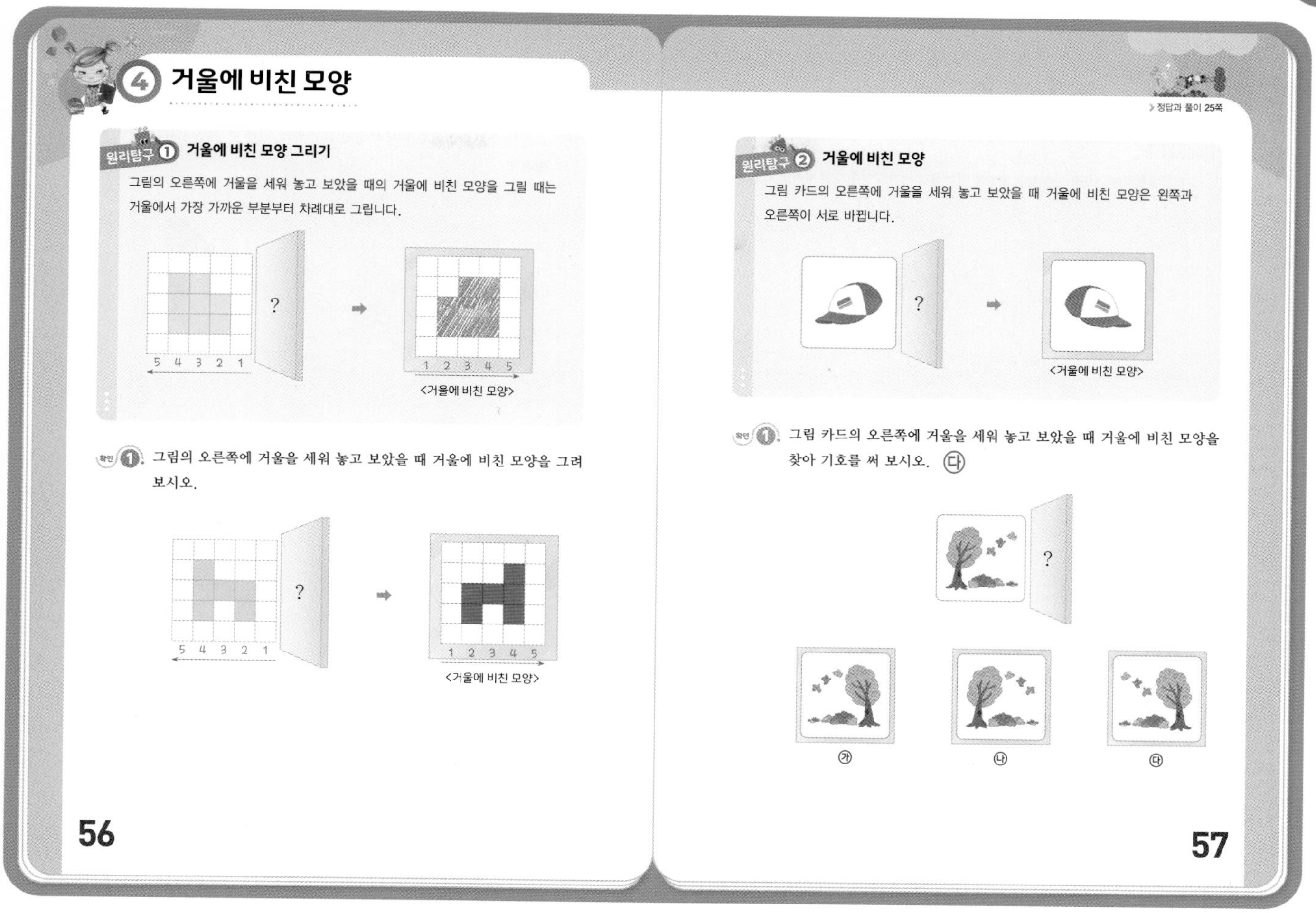

4 거울에 비친 모양

원리탐구 1 거울에 비친 모양 그리기

그림의 오른쪽에 거울을 세워 놓고 보았을 때의 거울에 비친 모양을 그릴 때는 거울에서 가장 가까운 부분부터 차례대로 그립니다.

<거울에 비친 모양>

확인 1. 그림의 오른쪽에 거울을 세워 놓고 보았을 때 거울에 비친 모양을 그려 보시오.

<거울에 비친 모양>

56

정답과 풀이 25쪽

원리탐구 2 거울에 비친 모양

그림 카드의 오른쪽에 거울을 세워 놓고 보았을 때 거울에 비친 모양은 왼쪽과 오른쪽이 서로 바뀝니다.

<거울에 비친 모양>

확인 1. 그림 카드의 오른쪽에 거울을 세워 놓고 보았을 때 거울에 비친 모양을 찾아 기호를 써 보시오. ㉰

㉮ ㉯ ㉰

57

1. 거울에 비친 모양은 왼쪽과 오른쪽이 서로 바뀝니다. 거울에서 가장 가까운 부분부터 차례대로 그려 봅니다.

1. ㉮ 새들이 날고 있는 방향이 반대이므로 잘못되었습니다.

㉯ 나무, 풀, 새의 위치가 바뀌어야 하는데 그대로이므로 잘못되었습니다.

TIP 사물의 위치도 왼쪽과 오른쪽이 바뀌어야 하고, 각 사물의 모양도 왼쪽과 오른쪽이 바뀌어야 함을 유의하여 답을 찾도록 지도합니다.

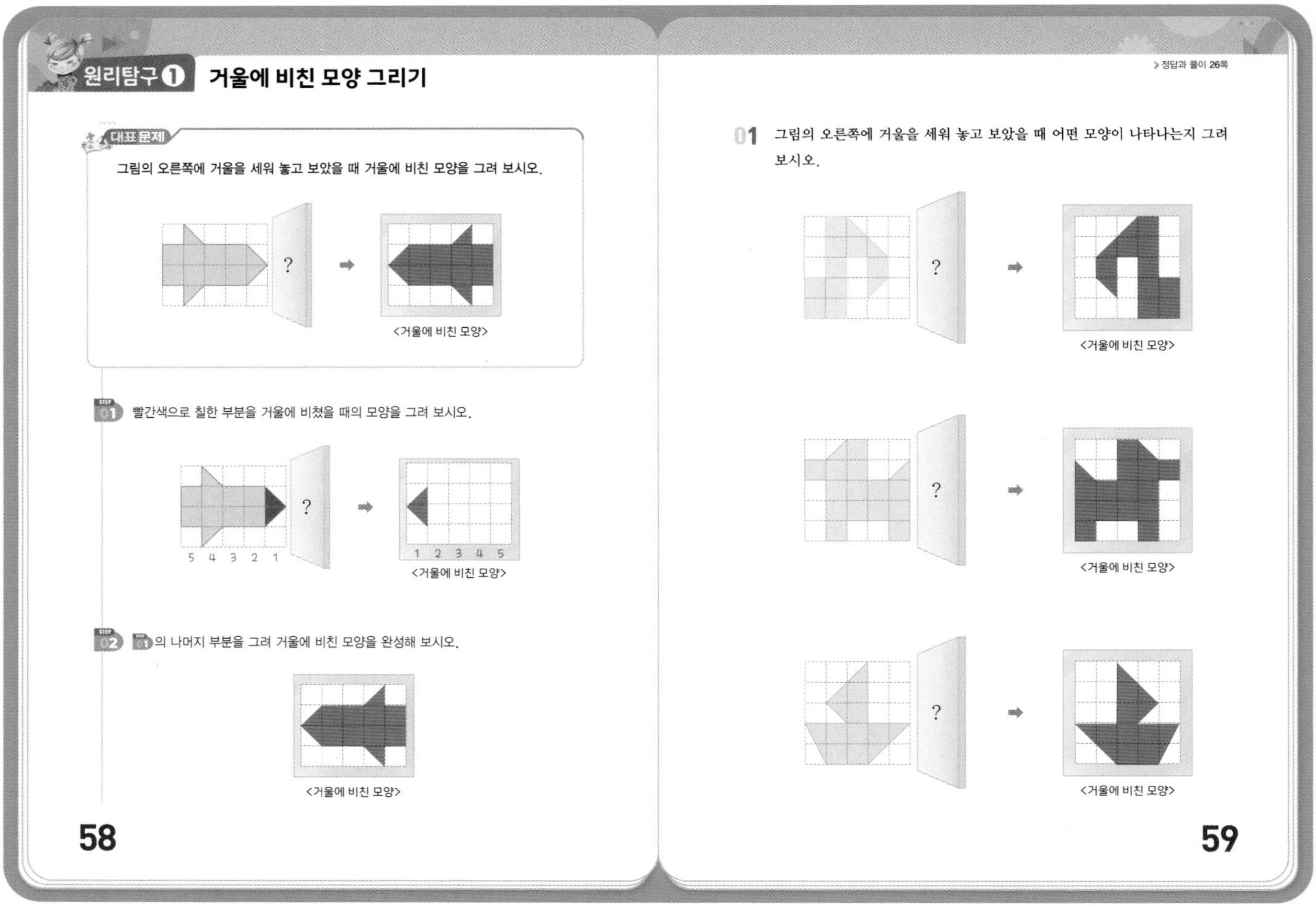
원리탐구 ❶ 거울에 비친 모양 그리기

> 정답과 풀이 26쪽

대표문제

그림의 오른쪽에 거울을 세워 놓고 보았을 때 거울에 비친 모양을 그려 보시오.

?

<거울에 비친 모양>

STEP 01 빨간색으로 칠한 부분을 거울에 비쳤을 때의 모양을 그려 보시오.

?

5 4 3 2 1

1 2 3 4 5

<거울에 비친 모양>

STEP 02 STEP 01 의 나머지 부분을 그려 거울에 비친 모양을 완성해 보시오.

<거울에 비친 모양>

58

01 그림의 오른쪽에 거울을 세워 놓고 보았을 때 어떤 모양이 나타나는지 그려 보시오.

?

<거울에 비친 모양>

?

<거울에 비친 모양>

?

<거울에 비친 모양>

59

대표문제

STEP 01 거울에 비친 모양은 왼쪽과 오른쪽이 서로 바뀝니다.

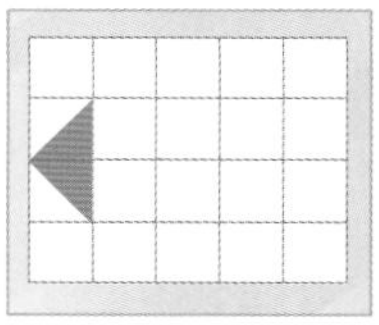

STEP 02 거울에서 가까운 부분부터 차례대로 그립니다.

01 거울에 비친 모양은 왼쪽과 오른쪽이 서로 바뀝니다.
거울에서 가까운 부분부터 차례대로 그립니다.

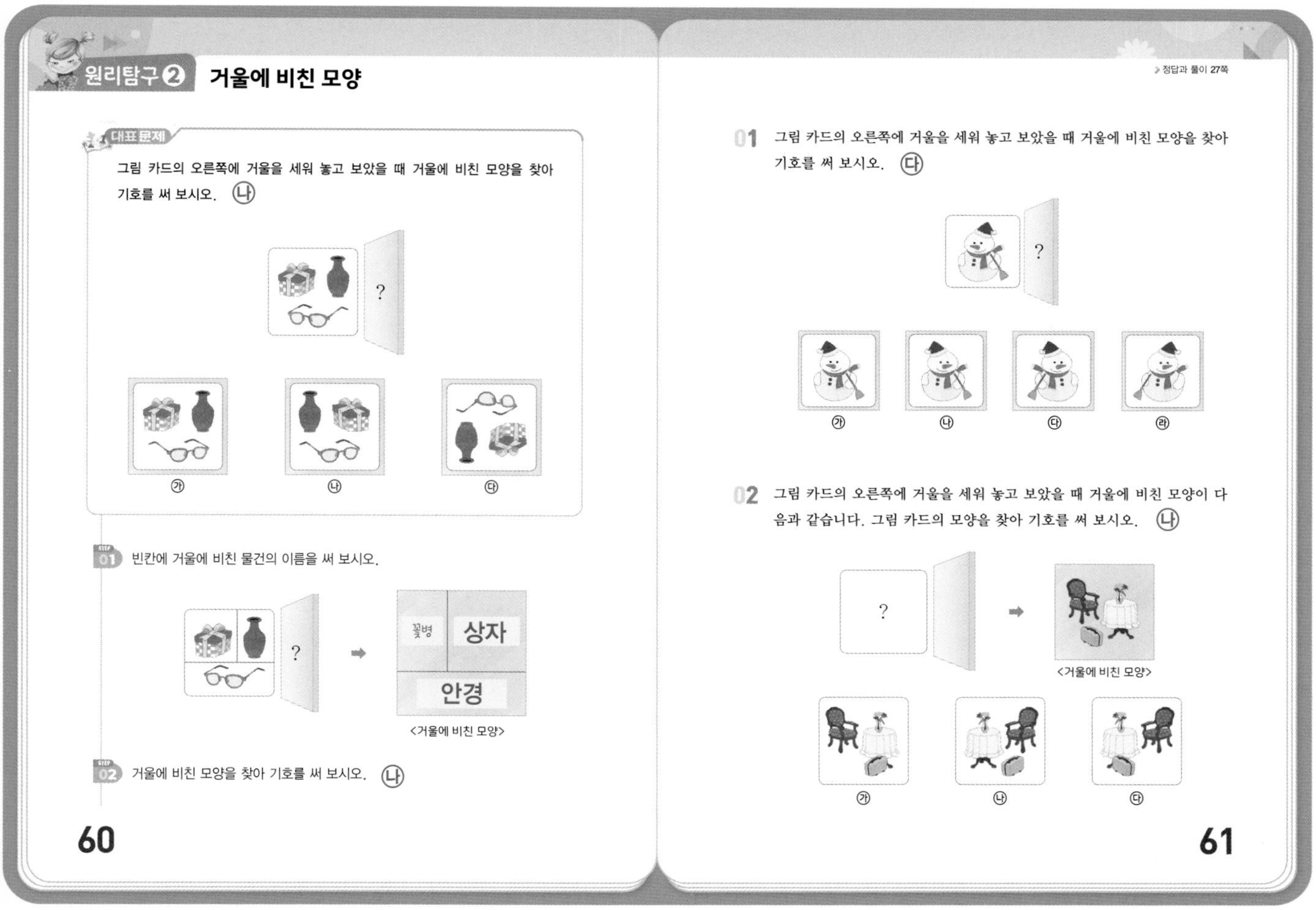

원리탐구 ❷ 거울에 비친 모양

대표문제

그림 카드의 오른쪽에 거울을 세워 놓고 보았을 때 거울에 비친 모양을 찾아 기호를 써 보시오. ㉯

?

㉮ ㉯ ㉰

STEP 01 빈칸에 거울에 비친 물건의 이름을 써 보시오.

?

꽃병 상자

안경

<거울에 비친 모양>

STEP 02 거울에 비친 모양을 찾아 기호를 써 보시오. ㉯

60

정답과 풀이 27쪽

01 그림 카드의 오른쪽에 거울을 세워 놓고 보았을 때 거울에 비친 모양을 찾아 기호를 써 보시오. ㉰

?

㉮ ㉯ ㉰ ㉱

02 그림 카드의 오른쪽에 거울을 세워 놓고 보았을 때 거울에 비친 모양이 다음과 같습니다. 그림 카드의 모양을 찾아 기호를 써 보시오. ㉯

?

<거울에 비친 모양>

㉮ ㉯ ㉰

61

## 대표문제

**STEP 01** 거울에 비친 모양은 왼쪽과 오른쪽이 서로 바뀝니다.
거울에서 가까운 부분부터 차례대로 물건의 이름을 써 봅니다.

**STEP 02** STEP 01의 거울에 쓴 물건의 이름이 적힌 그림을 찾습니다.

**01** 모자의 끝이 오른쪽을 향하므로 거울에 비쳤을 때 왼쪽을 향하는 그림을 찾습니다. 빗자루가 눈사람의 오른쪽에 있으므로 거울에 비쳤을 때 왼쪽에 빗자루가 있는 그림을 찾습니다.

**02** 거울에 비친 모양에서 의자는 왼쪽, 탁자는 오른쪽, 가방은 그 사이에 있습니다. 따라서 그림 카드에서는 의자는 오른쪽, 탁자는 왼쪽, 가방은 그 사이에 있어야 합니다.

## Creative 팩토

정답과 풀이 28쪽

**01** 똑같은 모양 2개가 되도록 나누어 보시오.

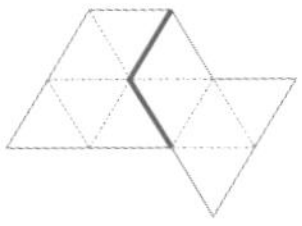

Key Point
몇 칸씩 나누어야 하는지 생각해 봅니다.

**02** 그림의 오른쪽에 거울을 세워 놓고 보았을 때 거울에 비친 모양을 그려 보시오.

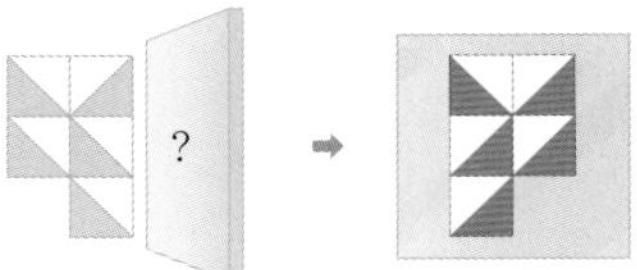
<거울에 비친 모양>

**03** 보기 와 같이 구멍이 뚫린 종이 2장을 겹쳐 수 판 위에 올렸을 때, 보이는 수의 합을 구하시오.

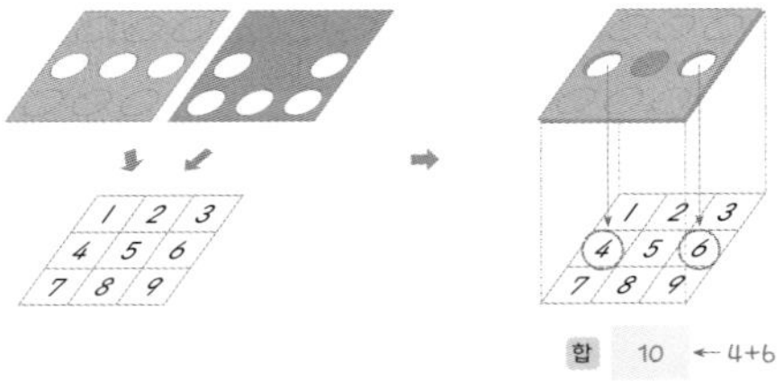


(1)

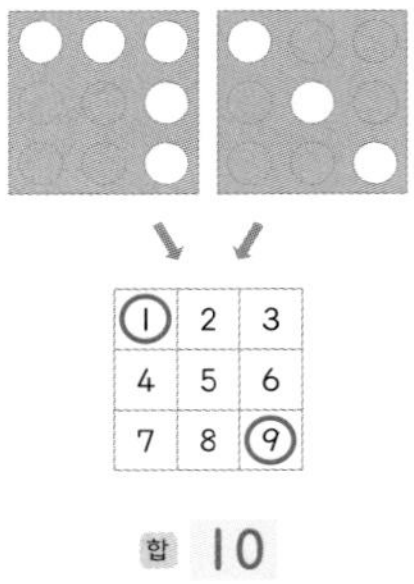


(2)

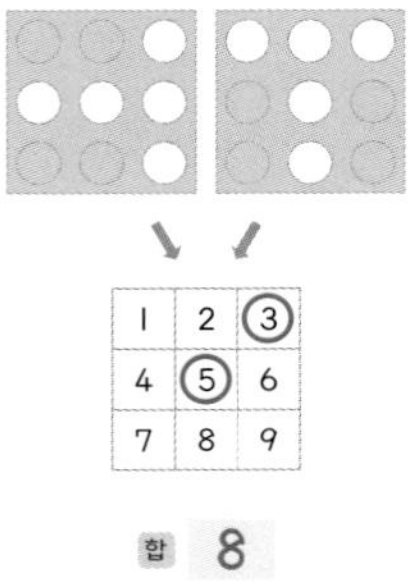


62

63

**01** 작은 세모가 10칸이므로 5칸씩 나누어 봅니다.

**02** 거울에 비친 모양은 왼쪽과 오른쪽이 서로 바뀝니다. 기준이 되는 모양을 하나 정하고 그 모양부터 차례대로 거울에 비친 모양을 그려 봅니다.

**03** (1)

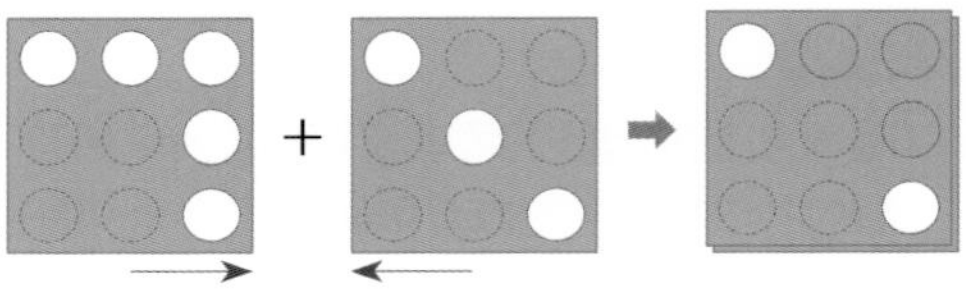

따라서 보이는 수는 1과 9이므로 합은 10입니다.

(2)

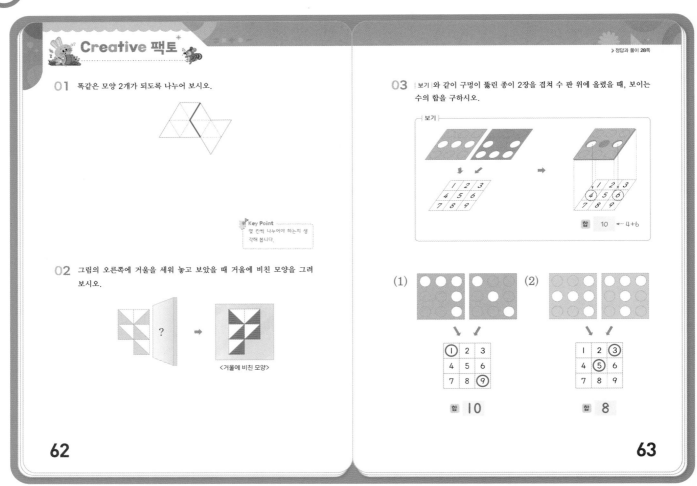

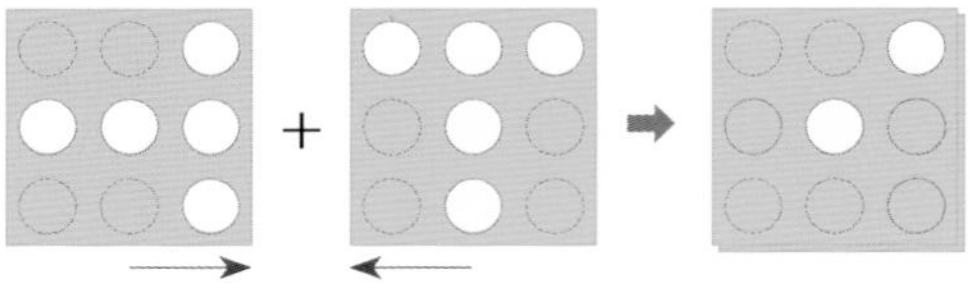

따라서 보이는 수는 3과 5이므로 합은 8입니다.

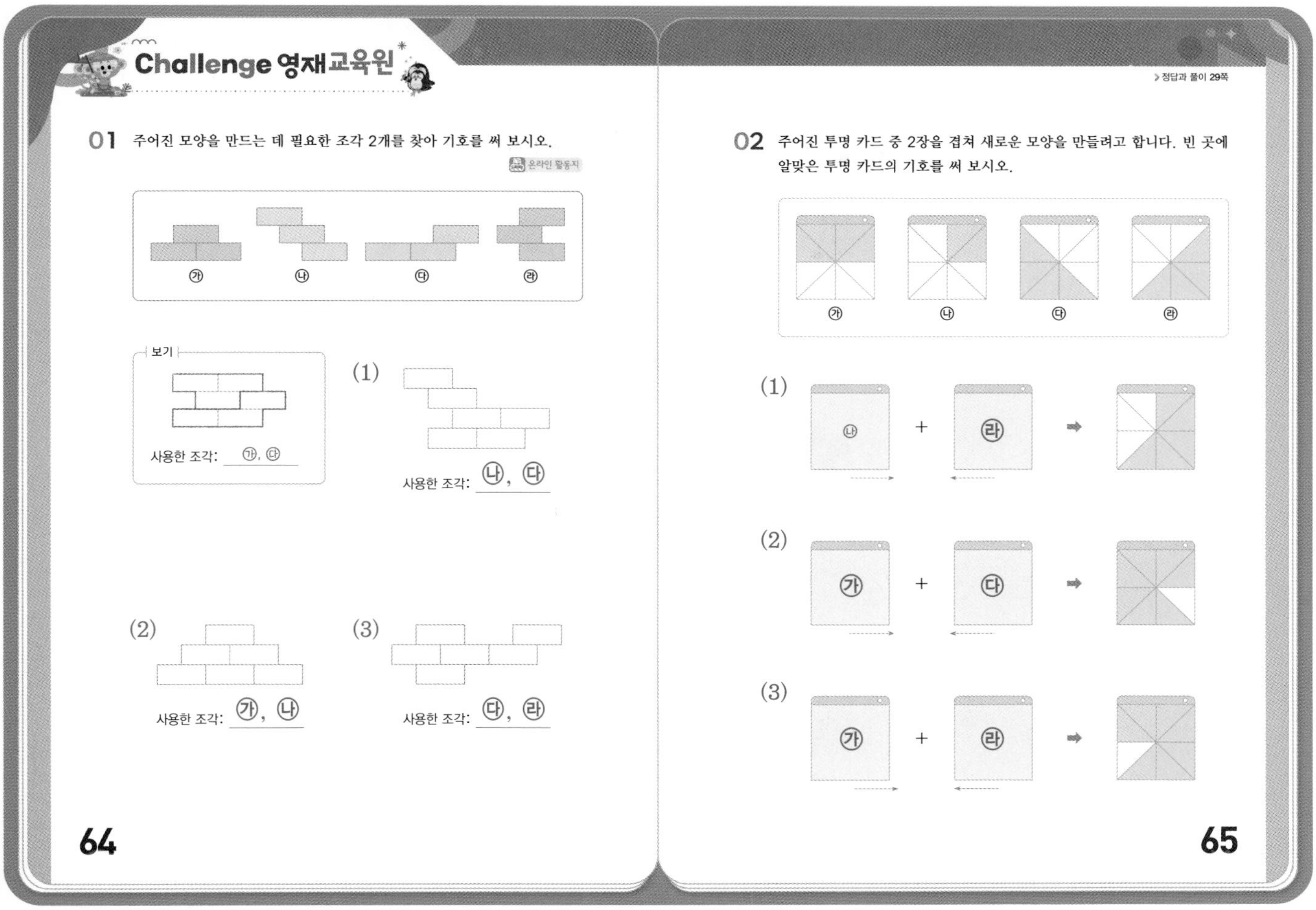
Challenge 영재교육원

> 정답과 풀이 29쪽

01 주어진 모양을 만드는 데 필요한 조각 2개를 찾아 기호를 써 보시오.

온라인 활동지

㉮ ㉯ ㉰ ㉱

보기 사용한 조각: ㉮, ㉰

(1) 사용한 조각: ㉯, ㉰

(2) 사용한 조각: ㉮, ㉯

(3) 사용한 조각: ㉰, ㉱

64

02 주어진 투명 카드 중 2장을 겹쳐 새로운 모양을 만들려고 합니다. 빈 곳에 알맞은 투명 카드의 기호를 써 보시오.

㉮ ㉯ ㉰ ㉱

(1) ㉯ + ㉱ ➡

(2) ㉮ + ㉰ ➡

(3) ㉮ + ㉱ ➡

65

**01** 조각 1개를 먼저 색칠하고 남은 부분과 같은 모양이 있는지 확인합니다.

(1)
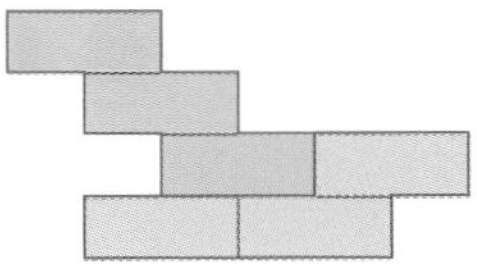

➡ 사용한 조각: ㉯, ㉰

(2)
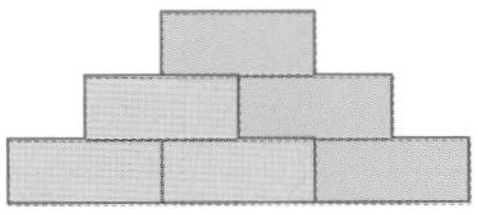

➡ 사용한 조각: ㉮, ㉯

(3)
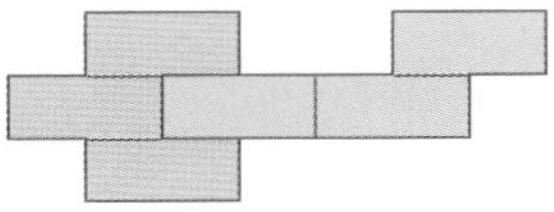

➡ 사용한 조각: ㉰, ㉱

**02** (1)
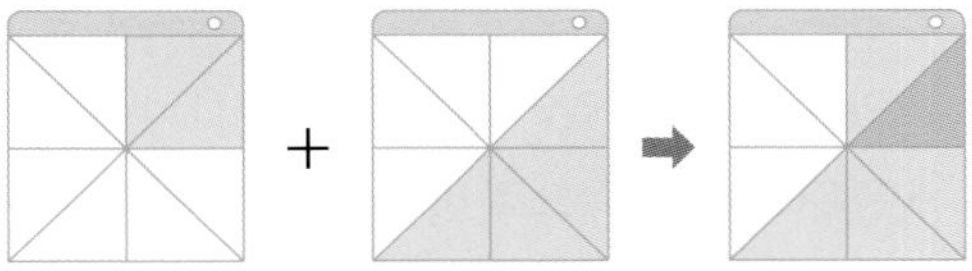

㉯ ㉱

(2)
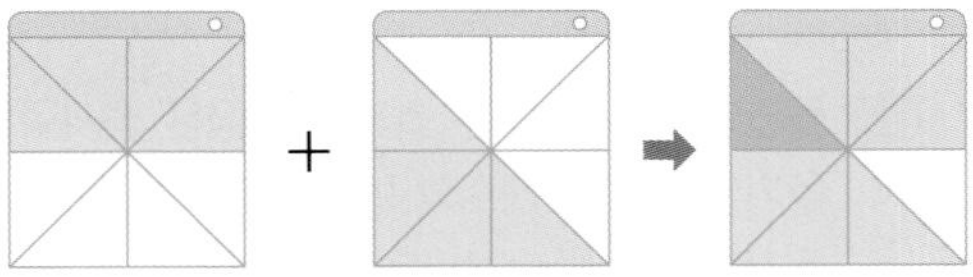

㉮ ㉰

(3)
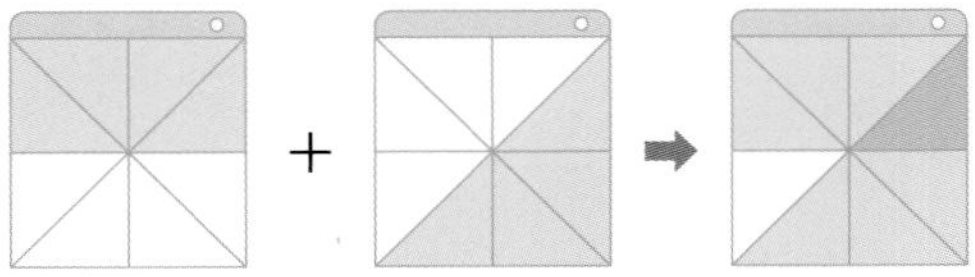

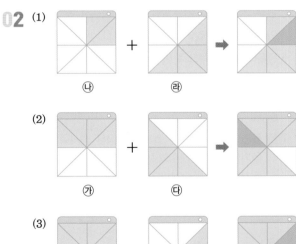

㉮ ㉱

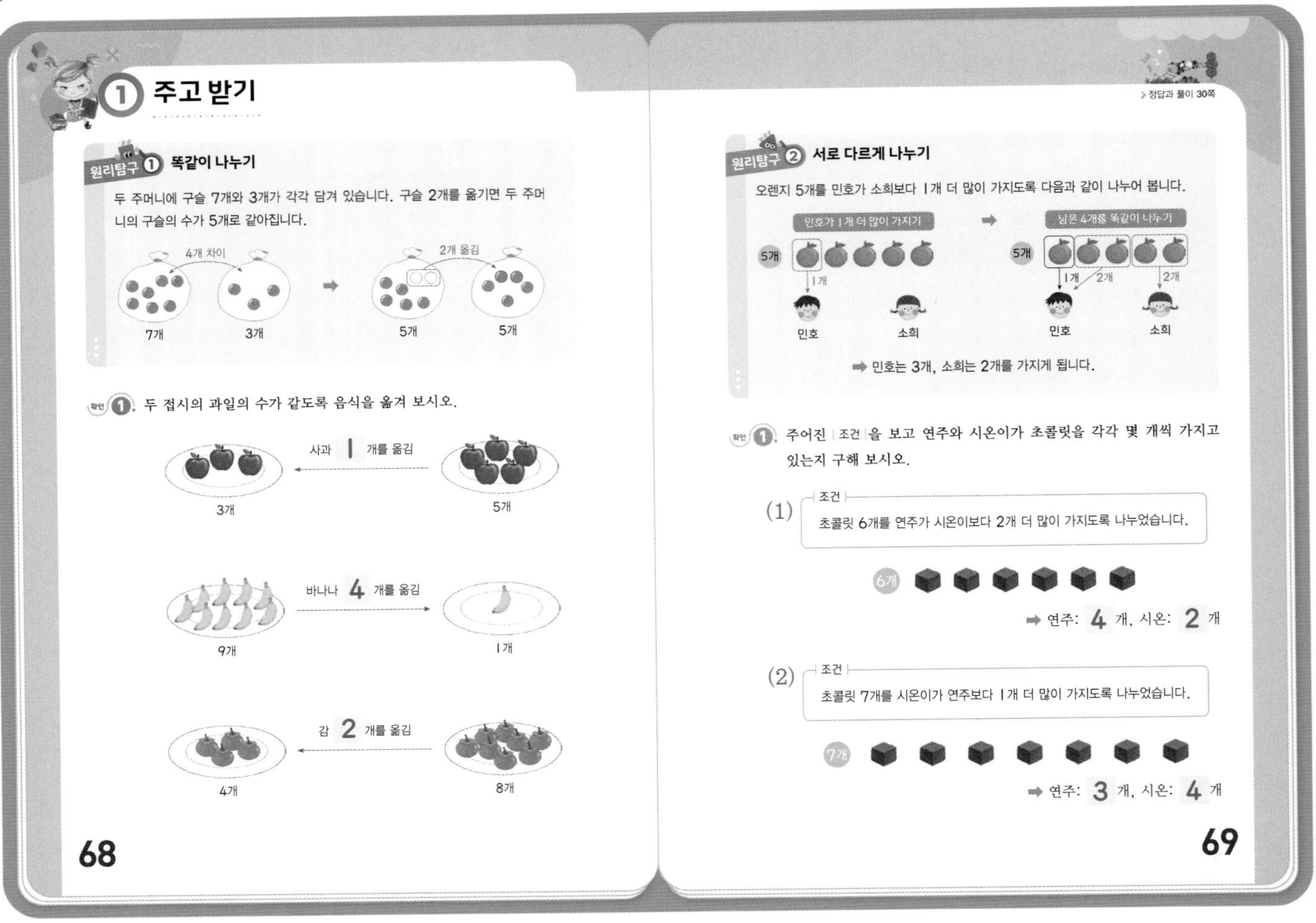

## ① 주고 받기

**원리탐구 ① 똑같이 나누기**

두 주머니에 구슬 7개와 3개가 각각 담겨 있습니다. 구슬 2개를 옮기면 두 주머니의 구슬의 수가 5개로 같아집니다.



확인 ①. 두 접시의 과일의 수가 같도록 음식을 옮겨 보시오.



68

> 정답과 풀이 30쪽

**원리탐구 ② 서로 다르게 나누기**

오렌지 5개를 민호가 소희보다 1개 더 많이 가지도록 다음과 같이 나누어 봅니다.



➡ 민호는 3개, 소희는 2개를 가지게 됩니다.

확인 ①. 주어진 조건을 보고 연주와 시온이가 초콜릿을 각각 몇 개씩 가지고 있는지 구해 보시오.

(1) 조건: 초콜릿 6개를 연주가 시온이보다 2개 더 많이 가지도록 나누었습니다.

6개

➡ 연주: 4 개, 시온: 2 개

(2) 조건: 초콜릿 7개를 시온이가 연주보다 1개 더 많이 가지도록 나누었습니다.

7개

➡ 연주: 3 개, 시온: 4 개

69

①
- 오른쪽에서 왼쪽으로 사과 1개를 옮기면 두 접시의 사과의 수가 4개로 같아집니다.
- 왼쪽에서 오른쪽으로 바나나 4개를 옮기면 두 접시의 바나나의 수가 5개로 같아집니다.
- 오른쪽에서 왼쪽으로 감 2개를 옮기면 두 접시의 감의 수가 6개로 같아집니다.

**TIP** 물건의 개수가 많은 접시에서 적은 접시쪽으로 하나씩 옮기면서 물건 개수의 변화를 알 수 있게 합니다.
물건을 하나씩 옮길 때마다 양 접시의 물건의 개수의 차가 2씩 줄어듭니다.

① (1) 연주가 더 많이 가지게 되는 초콜릿 2개를 먼저 연주에게 주고, 남은 초콜릿을 반으로 나눕니다.

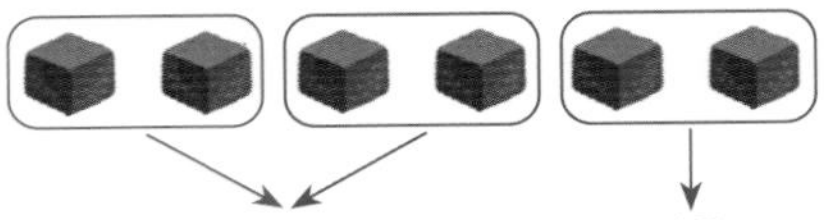


➡ 연주는 4개, 시온이는 2개를 가지고 있습니다.

(2) 시온이가 더 많이 가지게 되는 초콜릿 1개를 먼저 시온이에게 주고, 남은 초콜릿을 반으로 나눕니다.

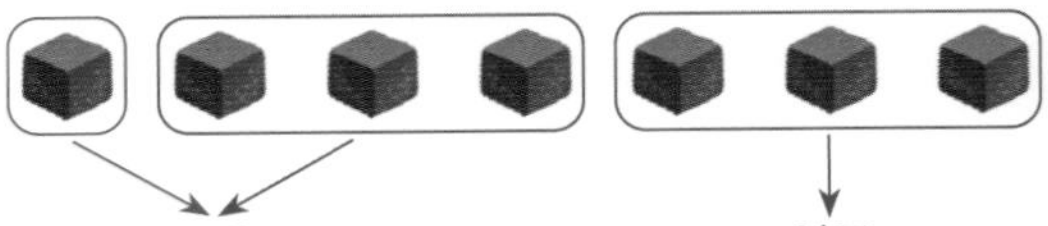


➡ 연주는 3개, 시온이는 4개를 가지고 있습니다.

## 원리탐구 ❶ 똑같이 나누기

정답과 풀이 31쪽

**대표문제**

연두색 접시에는 젤리 7개, 파란색 접시에는 젤리 1개가 있습니다. 두 접시의 젤리의 수가 같아지도록 하려면 연두색 접시에 있는 젤리를 몇 개 옮겨야 하는지 구해 보시오. 3개

STEP 01 연두색 접시와 파란색 접시 위에 있는 젤리의 수만큼 ○로 그려 보시오.

STEP 02 STEP 01의 연두색 접시에 있는 젤리를 1개씩 파란색 접시로 옮겨서 두 접시의 젤리의 수가 같아지도록 하시오.

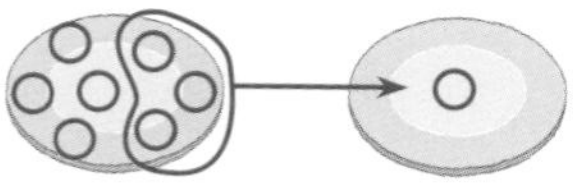

STEP 03 두 접시의 젤리의 수가 같아지도록 하려면 연두색 접시에 있는 젤리를 몇 개 옮겨야 합니까? 3개

70

01 두 사람이 가진 구슬의 개수가 같아지려면 민수가 연우에게 구슬을 몇 개 주어야 하는지 구해 보시오. 2개

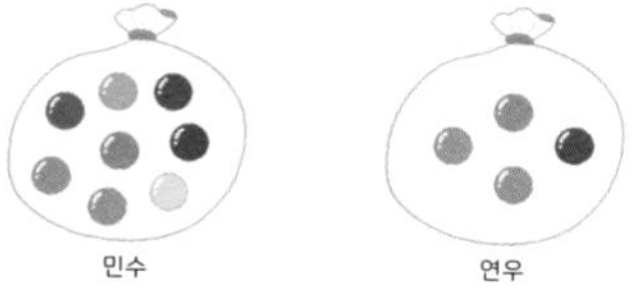


02 은주가 성우에게 도넛 2개를 주면 두 사람의 도넛의 수가 4개로 같아집니다. 은주가 처음에 가지고 있던 도넛은 몇 개인지 구해 보시오. 6개

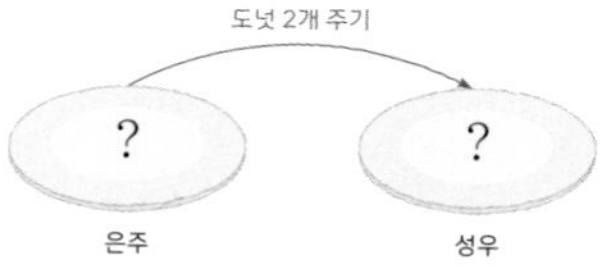


71

**대표문제**

STEP 01 연두색 접시에 ○ 7개, 파란색 접시에 ○ 1개를 그려 넣습니다.

STEP 02 연두색 접시에 있는 ○ 1개를 파란색 접시로 옮기면 두 접시에 있는 ○의 수는 6개, 2개가 됩니다.
또, 연두색 접시에 있는 ○ 1개를 파란색 접시로 한 번 더 옮기면 두 접시에 있는 ○의 수는 5개, 3개가 됩니다.

TIP 두 접시에 있는 ○의 수의 차가 처음에는 6개이고, ○를 1개씩 옮길 때마다 4개, 2개로 2개씩 줄어든다는 것을 알도록 지도합니다.

STEP 03 연두색 접시에 있는 젤리 3개를 옮기면 두 접시의 젤리의 수가 같아집니다.

01 민수의 구슬을 연우에게 2개 옮깁니다.

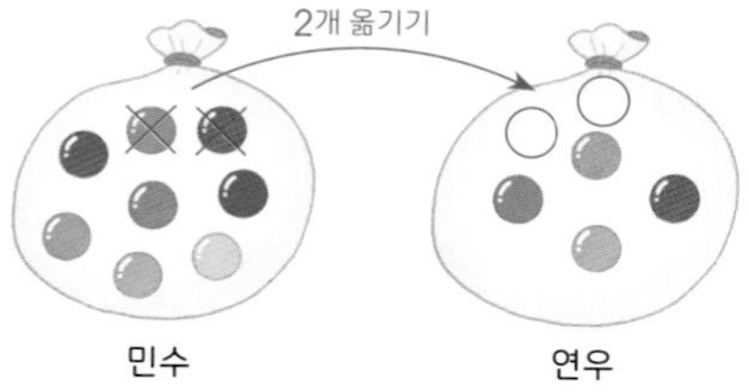


02 성우가 받은 도넛 2개를 은주에게 돌려주면 은주가 처음에 가지고 있던 도넛의 수를 알 수 있습니다.

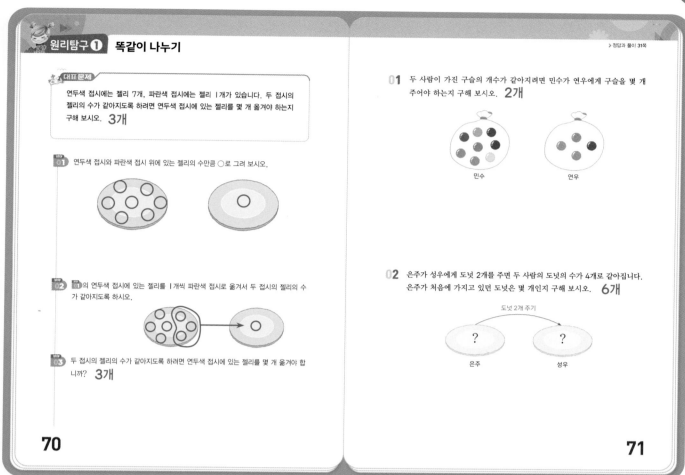

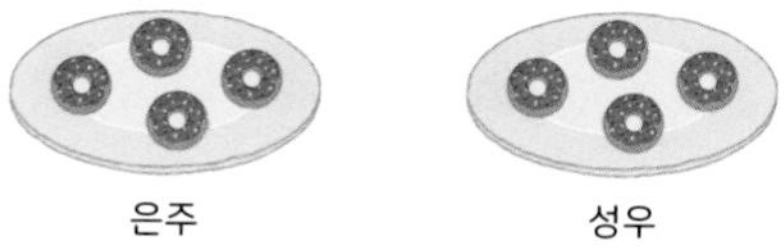


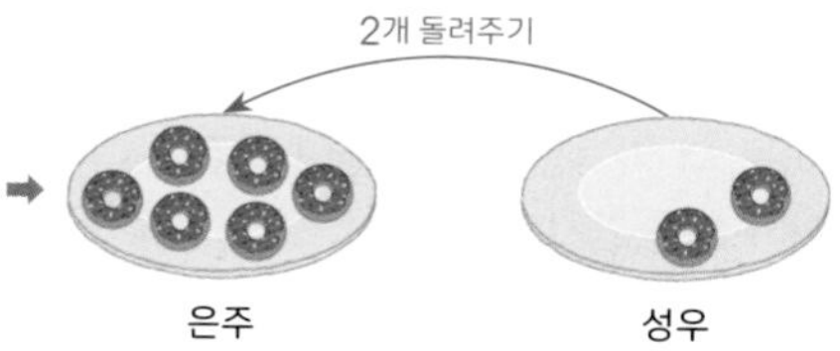


따라서 은주가 처음에 가지고 있던 도넛은 6개입니다.

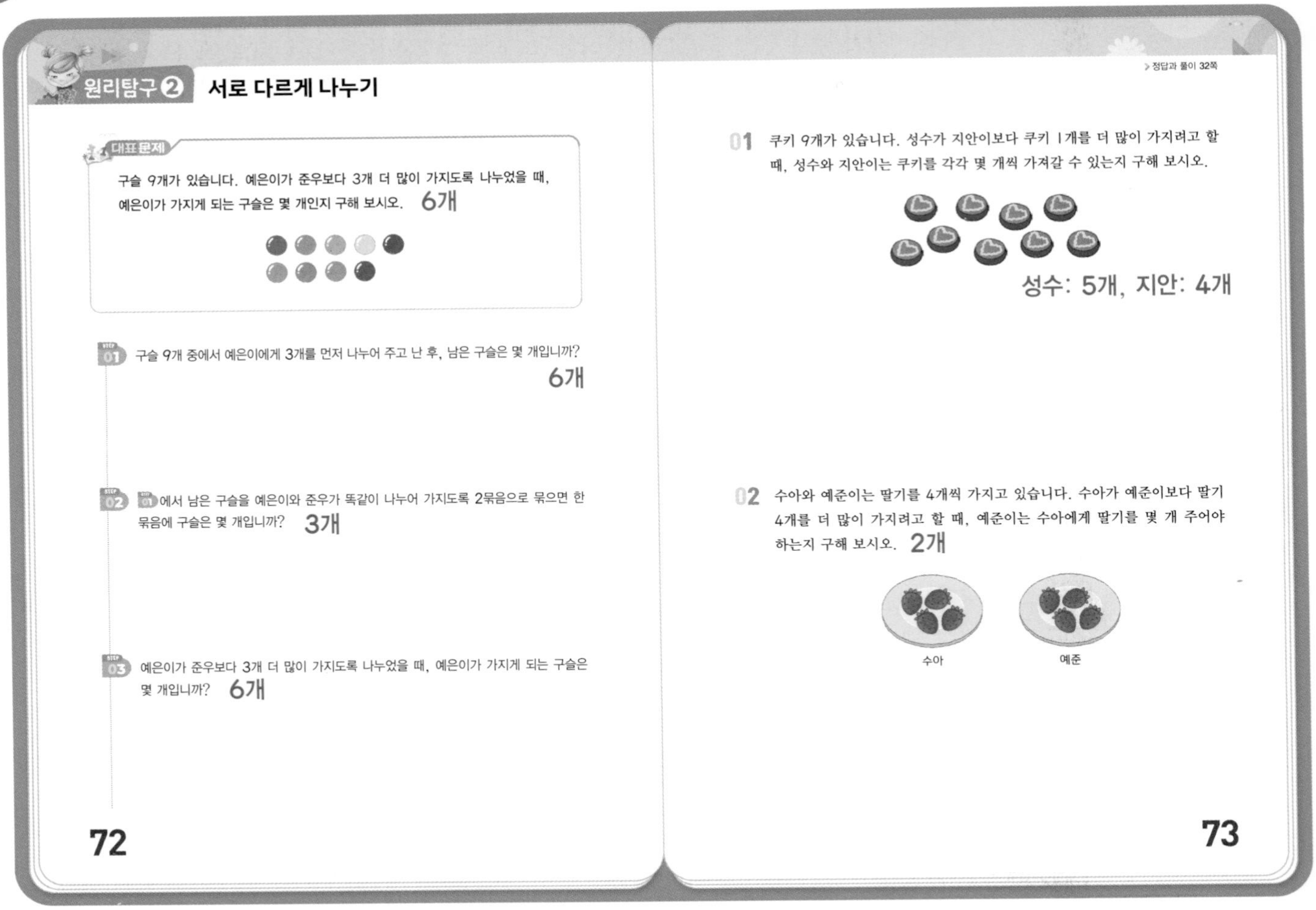

원리탐구 ❷ 서로 다르게 나누기

대표문제

구슬 9개가 있습니다. 예은이가 준우보다 3개 더 많이 가지도록 나누었을 때, 예은이가 가지게 되는 구슬은 몇 개인지 구해 보시오. 6개

STEP 01 구슬 9개 중에서 예은이에게 3개를 먼저 나누어 주고 난 후, 남은 구슬은 몇 개입니까? 6개

STEP 02 01에서 남은 구슬을 예은이와 준우가 똑같이 나누어 가지도록 2묶음으로 묶으면 한 묶음에 구슬은 몇 개입니까? 3개

STEP 03 예은이가 준우보다 3개 더 많이 가지도록 나누었을 때, 예은이가 가지게 되는 구슬은 몇 개입니까? 6개

72

> 정답과 풀이 32쪽

01 쿠키 9개가 있습니다. 성수가 지안이보다 쿠키 1개를 더 많이 가지려고 할 때, 성수와 지안이는 쿠키를 각각 몇 개씩 가져갈 수 있는지 구해 보시오.

성수: 5개, 지안: 4개

02 수아와 예준이는 딸기를 4개씩 가지고 있습니다. 수아가 예준이보다 딸기 4개를 더 많이 가지려고 할 때, 예준이는 수아에게 딸기를 몇 개 주어야 하는지 구해 보시오. 2개

수아 예준

73

## 대표문제

**STEP 01** 구슬 9개 중에서 3개를 묶어 예은이에게 주고 남은 구슬을 세어 보면 6개입니다.

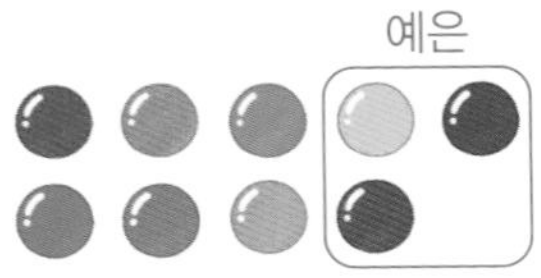


**STEP 02** 남은 구슬 6개를 똑같이 둘로 나누면 3개씩 묶을 수 있습니다.

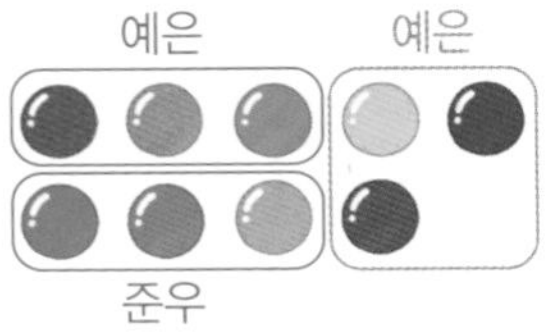


**STEP 03** 예은이는 더 가져간 3개와 둘이 똑같이 나눈 3개를 합하면 6개의 구슬을 가지게 됩니다.

**01** 먼저 쿠키 1개를 성수가 가져가고 남은 구슬을 똑같이 나눕니다.

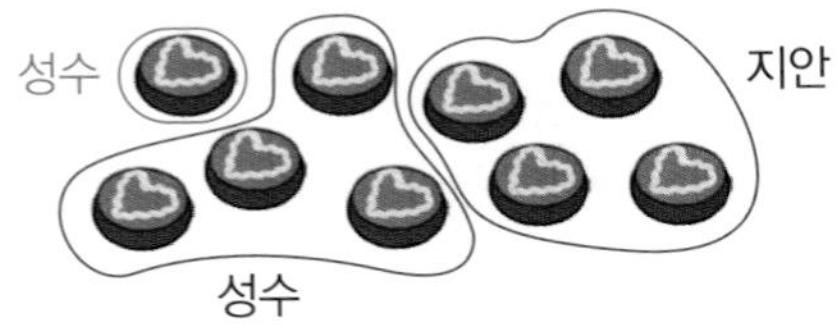


**02** 딸기를 1개씩 옮기면서 딸기의 개수의 차가 4가 되는 경우를 찾습니다.

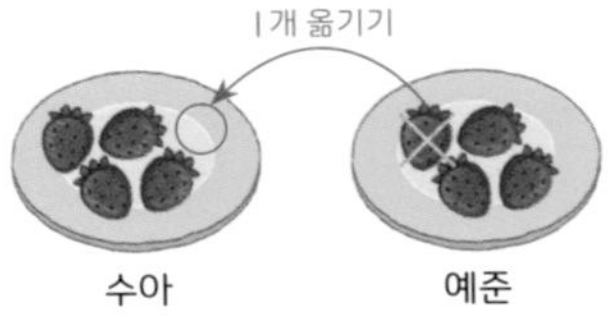


➡ 딸기의 개수의 차: 2

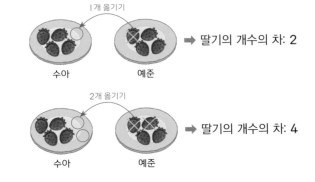

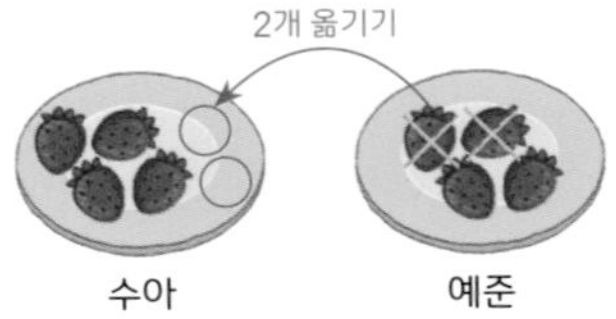


➡ 딸기의 개수의 차: 4

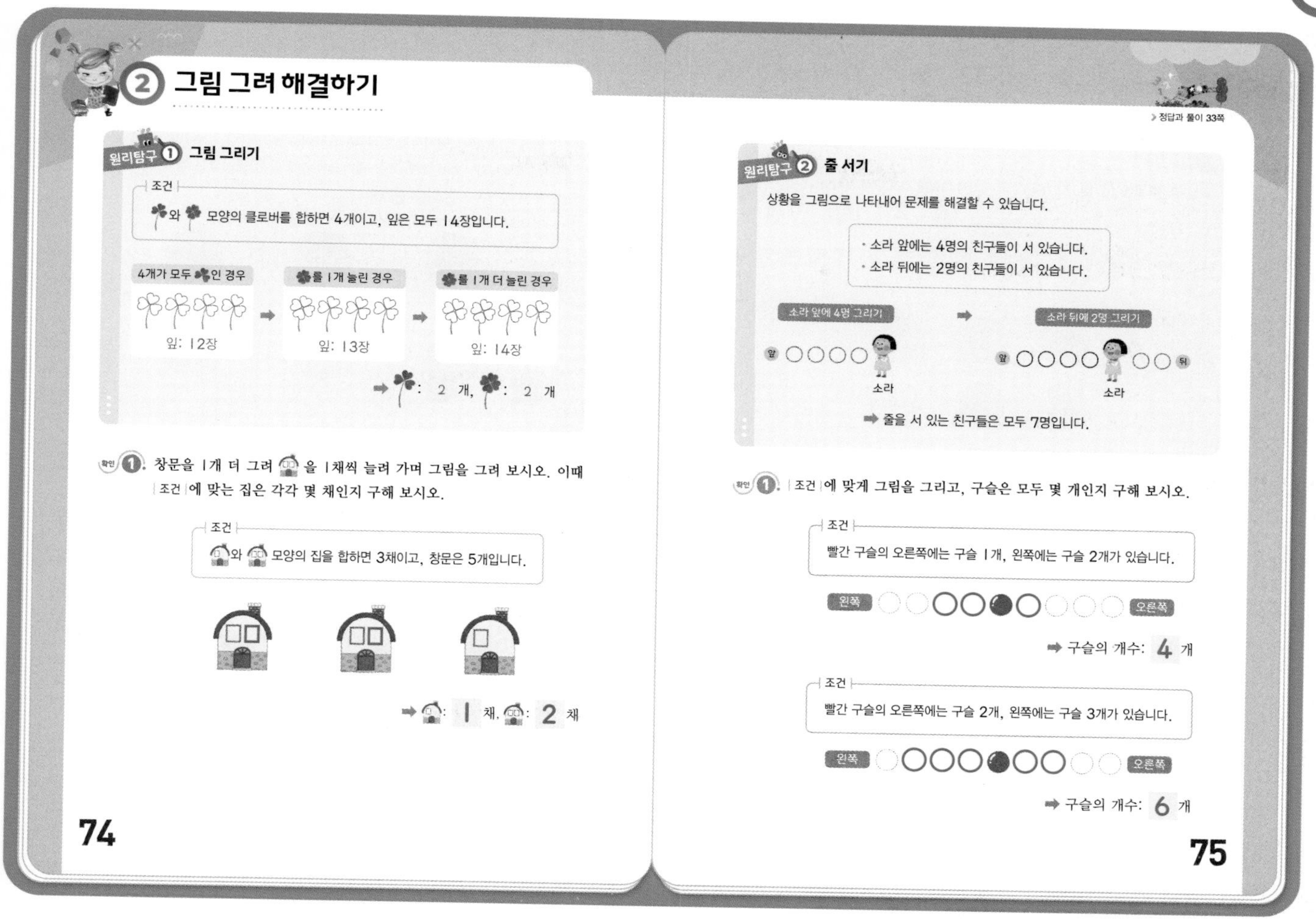

## ② 그림 그려 해결하기

원리탐구 ① 그림 그리기

조건
와 모양의 클로버를 합하면 4개이고, 잎은 모두 14장입니다.

4개가 모두 인 경우 → 를 1개 늘린 경우 → 를 1개 더 늘린 경우

잎: 12장 → 잎: 13장 → 잎: 14장

➡ : 2 개, : 2 개

확인 1. 창문을 1개 더 그려 을 1채씩 늘려 가며 그림을 그려 보시오. 이때 조건에 맞는 집은 각각 몇 채인지 구해 보시오.

조건
와 모양의 집을 합하면 3채이고, 창문은 5개입니다.

➡ : 1 채, : 2 채

74

원리탐구 ② 줄 서기

상황을 그림으로 나타내어 문제를 해결할 수 있습니다.

- 소라 앞에는 4명의 친구들이 서 있습니다.
- 소라 뒤에는 2명의 친구들이 서 있습니다.

소라 앞에 4명 그리기 ➡ 소라 뒤에 2명 그리기

➡ 줄을 서 있는 친구들은 모두 7명입니다.

확인 1. 조건에 맞게 그림을 그리고, 구슬은 모두 몇 개인지 구해 보시오.

조건
빨간 구슬의 오른쪽에는 구슬 1개, 왼쪽에는 구슬 2개가 있습니다.

➡ 구슬의 개수: 4 개

조건
빨간 구슬의 오른쪽에는 구슬 2개, 왼쪽에는 구슬 3개가 있습니다.

➡ 구슬의 개수: 6 개

정답과 풀이 33쪽

75

**1** 창문이 2개인 을 1채씩 늘려 가며 창문이 5개가 될 때를 찾아봅니다.

**1** 빨간 구슬을 기준으로 하여 오른쪽과 왼쪽에 있는 구슬의 개수만큼 ◯를 그려 봅니다.

그런 다음 빨간 구슬을 포함하여 전체 구슬의 개수를 세어 봅니다.

원리탐구 ❶ 그림 그리기

> 정답과 풀이 34쪽

대표문제

조건에 맞게 와 가 각각 몇 개인지 그림을 그려 구해 보시오. : 2개, : 4개

조건

와 모양의 단추를 합하면 6개이고, 단춧구멍은 모두 20개입니다.

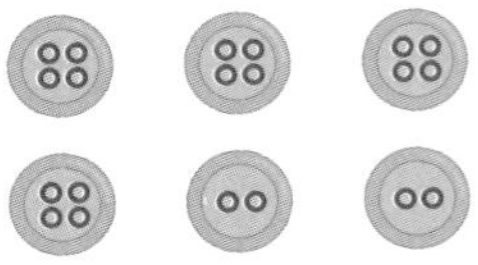

STEP 01 모두 라고 생각하여 단춧구멍을 2개씩 모두 그려 보시오. 풀이 참조

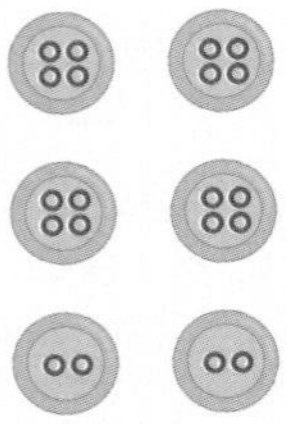

STEP 02 단춧구멍이 20개가 될 때까지 를 한 개씩 늘려 가며 그림을 그려 보시오.

STEP 03 와 는 각각 몇 개입니까? : 2개, : 4개

76

01 초가 2개 꽂힌 케이크와 3개 꽂힌 케이크를 합하면 6개이고, 초는 모두 15개입니다. 초가 2개 꽂힌 케이크와 3개 꽂힌 케이크는 각각 몇 개인지 구해 보시오. 3개, 3개

02 5명의 아이들 중에서 한쪽 다리를 들고 있는 사람이 있습니다. 땅에 닿아 있는 다리가 모두 8개일 때, 한쪽 다리를 들고 서 있는 사람은 몇 명인지 구해 보시오. 2명

77

## 대표문제

STEP 01 모두 라고 생각하고 단춧구멍을 2개씩 모두 그리면 다음과 같습니다.

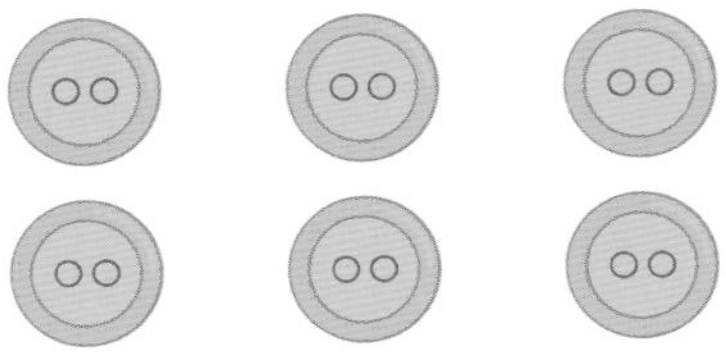

단춧구멍은 모두 12개입니다.

STEP 02 를 1개씩 늘려 가며 그림을 그리다가 단춧구멍이 모두 20개가 될 때를 찾습니다.

STEP 03 가 2개, 가 4개일 때 단춧구멍은 모두 20개입니다.

01 모두 초가 2개 꽂힌 케이크라고 생각하고 그림을 그려 보면 다음과 같습니다.

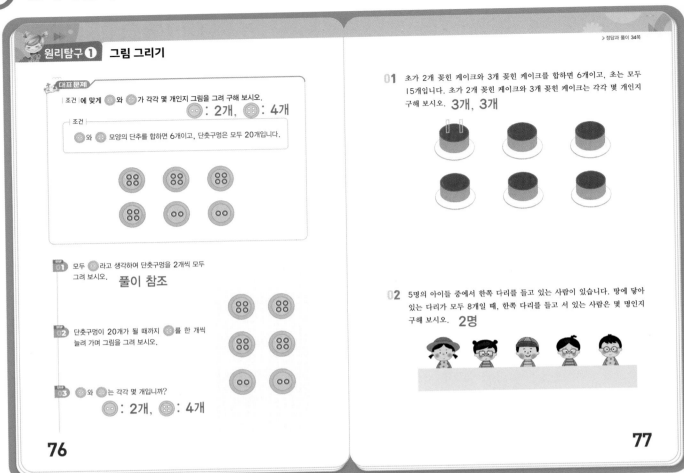

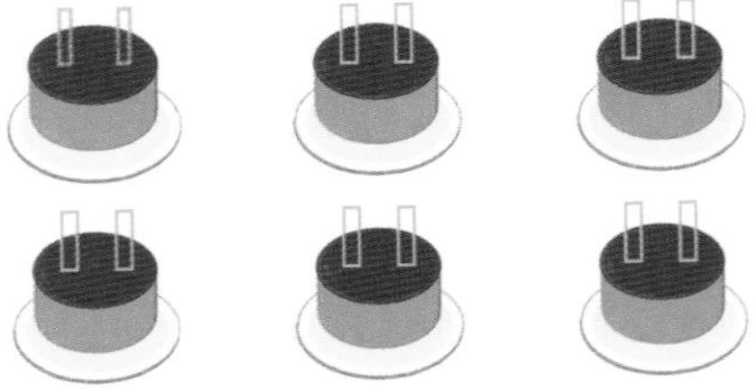

초를 1개씩 더 꽂으면서 초가 모두 15개가 될 때를 찾습니다. 이때 초가 2개 꽂힌 케이크는 3개, 초가 3개 꽂힌 케이크는 3개입니다.

02 먼저 5명이 모두 한쪽 다리를 들고 있다고 생각하여 다리를 1개씩 그려 봅니다. 그런 다음 땅에 닿아 있는 다리가 모두 8개가 될 때까지 다리를 하나씩 더 그려 봅니다.

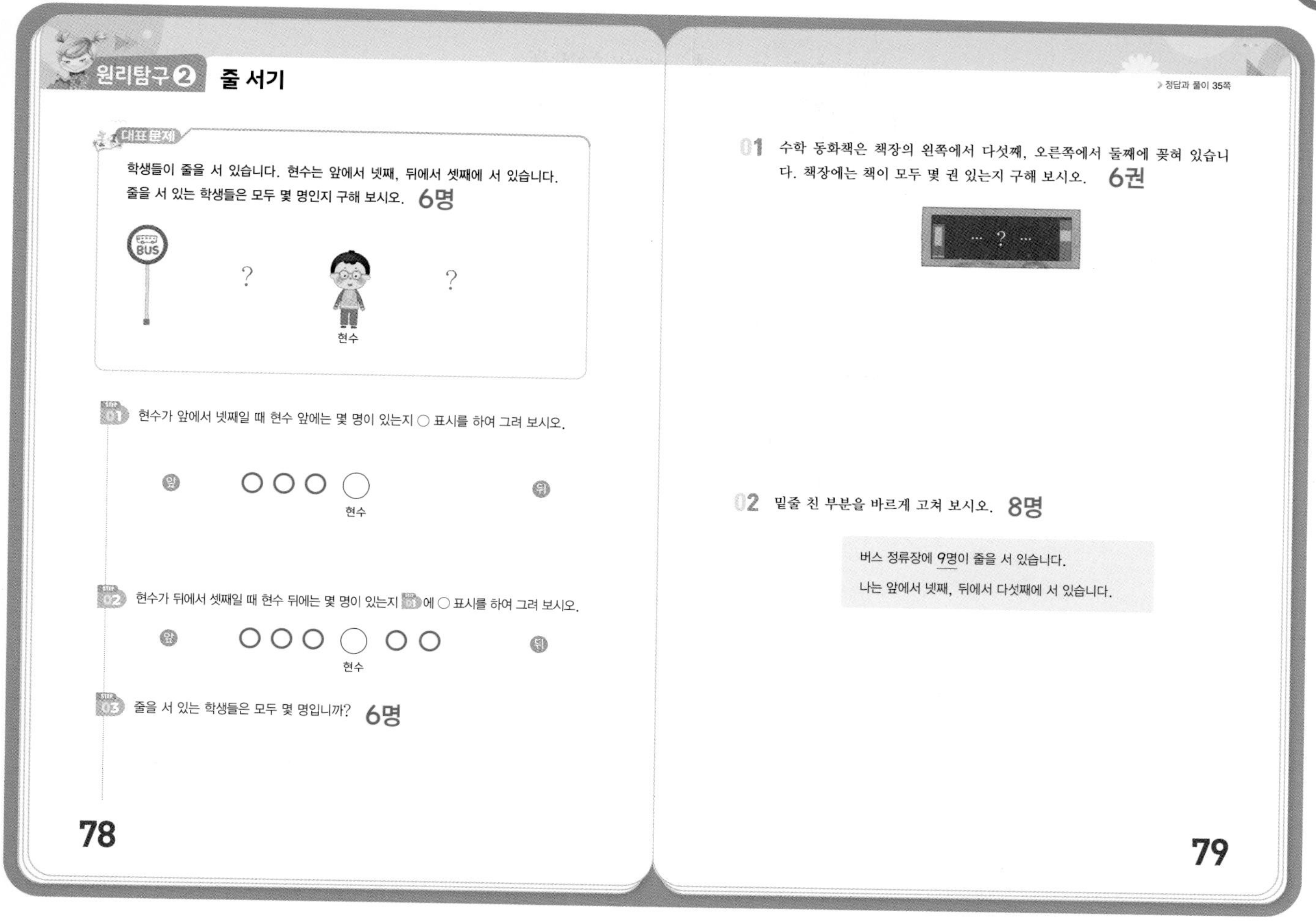
원리탐구 ❷ 줄 서기

대표문제

학생들이 줄을 서 있습니다. 현수는 앞에서 넷째, 뒤에서 셋째에 서 있습니다. 줄을 서 있는 학생들은 모두 몇 명인지 구해 보시오. 6명



STEP 01 현수가 앞에서 넷째일 때 현수 앞에는 몇 명이 있는지 ○ 표시를 하여 그려 보시오.



STEP 02 현수가 뒤에서 셋째일 때 현수 뒤에는 몇 명이 있는지 STEP 01에 ○ 표시를 하여 그려 보시오.



STEP 03 줄을 서 있는 학생들은 모두 몇 명입니까? 6명

78

정답과 풀이 35쪽

01 수학 동화책은 책장의 왼쪽에서 다섯째, 오른쪽에서 둘째에 꽂혀 있습니다. 책장에는 책이 모두 몇 권 있는지 구해 보시오. 6권



02 밑줄 친 부분을 바르게 고쳐 보시오. 8명

버스 정류장에 9명이 줄을 서 있습니다.
나는 앞에서 넷째, 뒤에서 다섯째에 서 있습니다.

79

## 대표문제

STEP 01 현수는 앞에서 넷째에 서 있으므로 현수 앞에는 3명이 있습니다. 따라서 현수 앞으로 ◯를 3개 그립니다.

STEP 02 현수는 뒤에서 셋째에 서 있으므로 현수 뒤에는 2명이 있습니다. 따라서 현수 뒤로 ◯를 2개 그립니다.

STEP 03 현수를 포함하여 ◯의 수를 모두 세어 보면 6개이므로 줄을 서 있는 학생들은 모두 6명입니다.

**01**
- 수학 동화책은 왼쪽에서 다섯째에 꽂혀 있으므로 수학 동화책 왼쪽에는 책이 4권 있습니다.
- 수학 동화책은 오른쪽에서 둘째에 꽂혀 있으므로 수학 동화책 오른쪽에는 책이 1권 있습니다.

따라서 책장에는 책이 모두 6권 있습니다.

**02**
- 나는 앞에서 넷째에 서 있으므로 나의 앞에는 3명이 서 있습니다.
- 나는 뒤에서 다섯째에 서 있으므로 나의 뒤에는 4명이 서 있습니다.

따라서 버스 정류장에는 모두 8명이 줄을 서 있습니다.

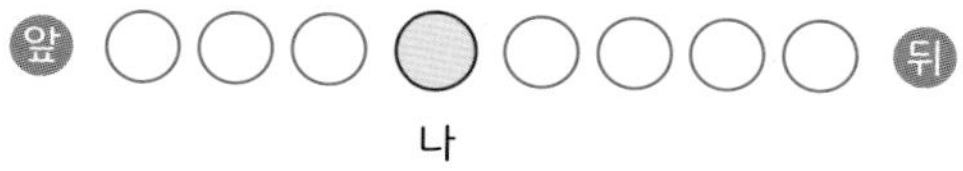

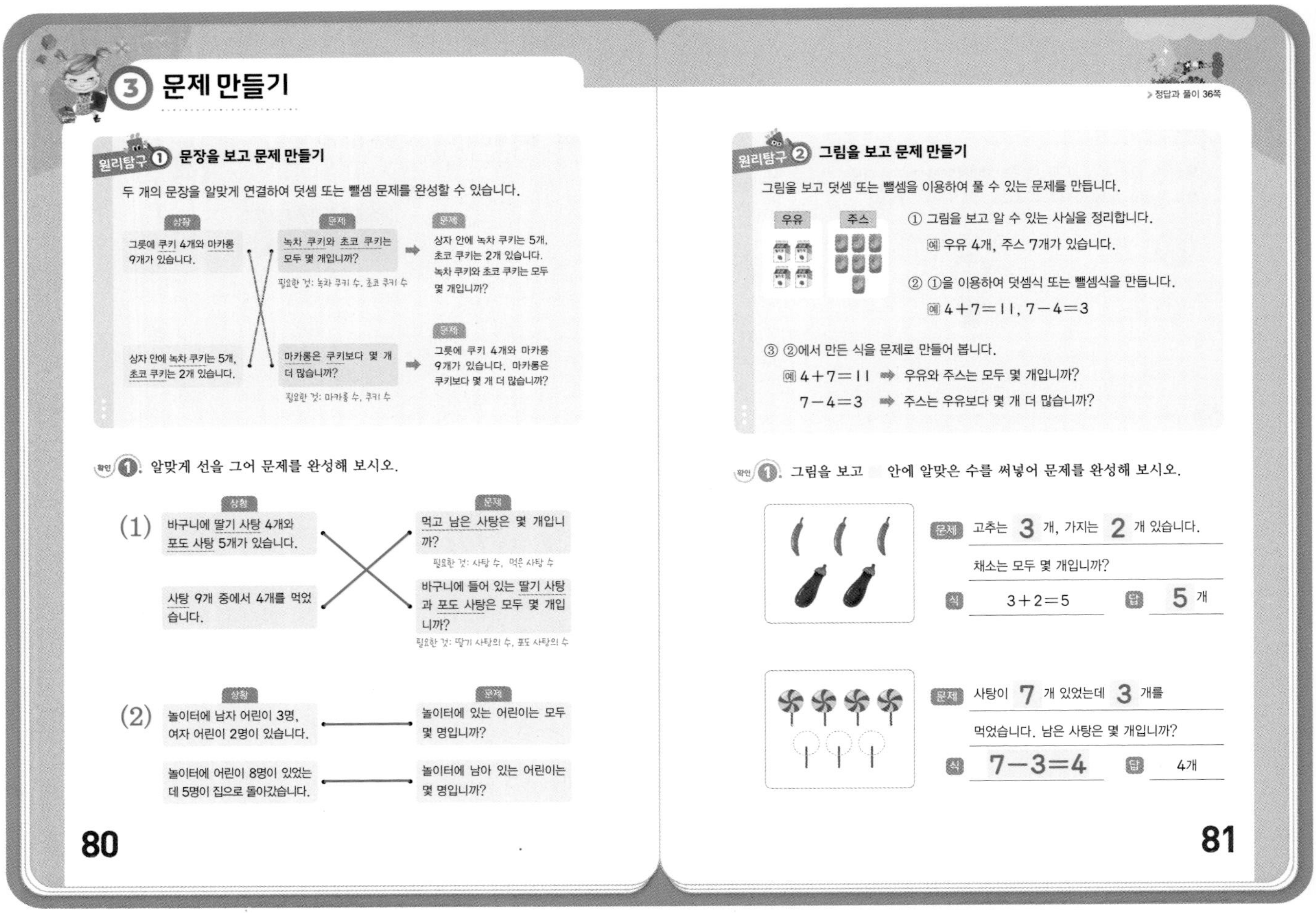
3 문제 만들기

원리탐구 ① 문장을 보고 문제 만들기

두 개의 문장을 알맞게 연결하여 덧셈 또는 뺄셈 문제를 완성할 수 있습니다.

상황: 그릇에 쿠키 4개와 마카롱 9개가 있습니다.
상황: 상자 안에 녹차 쿠키는 5개, 초코 쿠키는 2개 있습니다.

문제: 녹차 쿠키와 초코 쿠키는 모두 몇 개입니까?
필요한 것: 녹차 쿠키 수, 초코 쿠키 수
➡ 문제: 상자 안에 녹차 쿠키는 5개, 초코 쿠키는 2개 있습니다. 녹차 쿠키와 초코 쿠키는 모두 몇 개입니까?

문제: 마카롱은 쿠키보다 몇 개 더 많습니까?
필요한 것: 마카롱 수, 쿠키 수
➡ 문제: 그릇에 쿠키 4개와 마카롱 9개가 있습니다. 마카롱은 쿠키보다 몇 개 더 많습니까?

확인 1. 알맞게 선을 그어 문제를 완성해 보시오.

(1)
상황: 바구니에 딸기 사탕 4개와 포도 사탕 5개가 있습니다. — 문제: 바구니에 들어 있는 딸기 사탕과 포도 사탕은 모두 몇 개입니까?
필요한 것: 딸기 사탕의 수, 포도 사탕의 수
상황: 사탕 9개 중에서 4개를 먹었습니다. — 문제: 먹고 남은 사탕은 몇 개입니까?
필요한 것: 사탕 수, 먹은 사탕 수

(2)
상황: 놀이터에 남자 어린이 3명, 여자 어린이 2명이 있습니다. — 문제: 놀이터에 있는 어린이는 모두 몇 명입니까?
상황: 놀이터에 어린이 8명이 있었는데 5명이 집으로 돌아갔습니다. — 문제: 놀이터에 남아 있는 어린이는 몇 명입니까?

80

> 정답과 풀이 36쪽

원리탐구 ② 그림을 보고 문제 만들기

그림을 보고 덧셈 또는 뺄셈을 이용하여 풀 수 있는 문제를 만듭니다.

우유 | 주스

① 그림을 보고 알 수 있는 사실을 정리합니다.
예 우유 4개, 주스 7개가 있습니다.

② ①을 이용하여 덧셈식 또는 뺄셈식을 만듭니다.
예 $4+7=11$, $7-4=3$

③ ②에서 만든 식을 문제로 만들어 봅니다.
예 $4+7=11$ ➡ 우유와 주스는 모두 몇 개입니까?
$7-4=3$ ➡ 주스는 우유보다 몇 개 더 많습니까?

확인 1. 그림을 보고 ☐ 안에 알맞은 수를 써넣어 문제를 완성해 보시오.

문제 고추는 3 개, 가지는 2 개 있습니다. 채소는 모두 몇 개입니까?
식 $3+2=5$ 답 5 개

문제 사탕이 7 개 있었는데 3 개를 먹었습니다. 남은 사탕은 몇 개입니까?
식 $7-3=4$ 답 4개

81

1. (1) 딸기 사탕과 포도 사탕을 함께 물어 보는 문제에는 딸기 사탕과 포도 사탕이 주어진 상황과 차를 물어 보는 상황을 찾아 선을 이어 봅니다.
(2) 합과 차를 물어 보는 문제에 맞는 상황을 각각 찾아 선을 이어 봅니다.

1. 그림을 보고 알 수 있는 사실을 이용하여 덧셈식 또는 뺄셈식을 만든 다음, 식에 알맞은 문제를 만듭니다.

## 원리탐구 ① 문장을 보고 문제 만들기

▶ 정답과 풀이 37쪽

**대표문제**

문제 에 필요한 상황 2개를 찾아 선으로 이어 보시오.

| 상황1 | 상황2 | 문제 |
|---|---|---|
| 혜주는 귤을 6개 먹었습니다. | 민호는 귤을 9개 먹었습니다. | 윤지가 가지고 있는 귤과 토마토는 모두 몇 개입니까? |
| 지우는 귤을 10개 샀습니다. | 윤지는 토마토를 5개 샀습니다. | 민호는 혜주보다 귤을 몇 개 더 먹었습니까? |
| 윤지는 귤을 12개 샀습니다. | 언니가 귤을 3개 먹었습니다. | 지우에게 남은 귤은 몇 개입니까? |

STEP 01 위에서 첫째 번 문제에 필요한 상황 2개를 찾아 선으로 이어 보시오. **풀이 참조**

문제: 윤지가 가지고 있는 귤과 토마토는 모두 몇 개입니까? ➡ 필요한 상황: · 윤지가 가지고 있는 귤의 수 · 윤지가 가지고 있는 토마토의 수

STEP 02 위에서 둘째 번 문제에 필요한 상황 2개를 찾아 선으로 이어 보시오. **풀이 참조**

문제: 민호는 혜주보다 귤을 몇 개 더 먹었습니까? ➡ 필요한 상황: · 민호가 먹은 귤의 수 · 혜주가 먹은 귤의 수

STEP 03 위의 방법으로 위에서 셋째 번 문제에 필요한 상황 2개를 찾아 선으로 이어 보시오.

82

**01** 알맞게 선을 그어 문제를 완성해 보시오.

| 상황1 | 상황2 | 문제 |
|---|---|---|
| 개구리와 올챙이가 모두 15마리 있습니다. | 그중에서 개구리가 9마리입니다. | 연못에 있는 개구리는 모두 몇 마리입니까? |
| 연못에 개구리가 5마리 있습니다. | 잠시 후 개구리 6마리가 연못으로 더 들어왔습니다. | 올챙이는 몇 마리입니까? |

**02** 상황 을 보고 만들 수 있는 문제를 모두 찾아 ○표 하시오.

상황: 연필을 정호는 8자루, 은서는 11자루 샀습니다.

- 은서는 주연이보다 연필을 몇 자루 더 많이 가지고 있습니까? (   )
- 두 사람이 산 연필은 모두 몇 자루입니까? ( ○ )
- 은서는 정호보다 연필을 몇 자루 더 많이 샀습니까? ( ○ )

83

**대표문제**

STEP 01 윤지가 가지고 있는 귤의 수와 토마토의 수를 알 수 있는 상황을 찾아 첫째 번 문제와 선을 이어 봅니다.

| 상황1 | 상황2 | 문제 |
|---|---|---|
| 혜주는 귤을 6개 먹었습니다. | 민호는 귤을 9개 먹었습니다. | 윤지가 가지고 있는 귤과 토마토는 모두 몇 개입니까? |
| 지우는 귤을 10개 샀습니다. | 토마토를 5개 샀습니다. | 민호는 혜주보다 귤을 몇 개 더 먹었습니까? |
| 윤지는 귤을 12개 샀습니다. | 언니가 귤을 3개 먹었습니다. | 지우에게 남은 귤은 몇 개입니까? |

STEP 02 민호가 먹은 귤의 수와 혜주가 먹은 귤의 수를 알 수 있는 상황을 찾아 둘째 번 문제와 선을 이어 봅니다.

| 상황1 | 상황2 | 문제 |
|---|---|---|
| 혜주는 귤을 6개 먹었습니다. | 민호는 귤을 9개 먹었습니다. | 윤지가 가지고 있는 귤과 토마토는 모두 몇 개입니까? |
| 지우는 귤을 10개 샀습니다. | 토마토를 5개 샀습니다. | 민호는 혜주보다 귤을 몇 개 더 먹었습니까? |
| 윤지는 귤을 12개 샀습니다. | 언니가 귤을 3개 먹었습니다. | 지우에게 남은 귤은 몇 개입니까? |

**01** 문제에 필요한 상황을 찾아 선으로 이어 본 다음 연결하여 읽어 보았을 때 문제가 완성되는지 확인해 봅니다.

- 개구리와 올챙이가 모두 15마리 있습니다. 그중에서 개구리가 9마리입니다. 올챙이는 몇 마리입니까?
- 연못에 개구리가 5마리 있습니다. 잠시 후 개구리 6마리가 연못으로 더 들어왔습니다. 연못에 있는 개구리는 모두 몇 마리입니까?

**02**
- 은서는 주연이보다 연필을 몇 자루 더 많이 가지고 있습니까? ( × )
  ➡ 주연이가 몇 자루의 연필을 샀는지 알 수 없습니다.
- 두 사람이 산 연필은 모두 몇 자루입니까? ( ○ )
  ➡ $8+11=19$(자루)
- 은서는 정호보다 연필을 몇 자루 더 많이 샀습니까? ( ○ )
  ➡ $11-8=3$(자루)

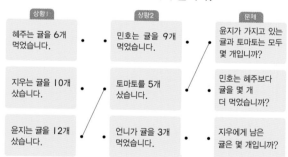

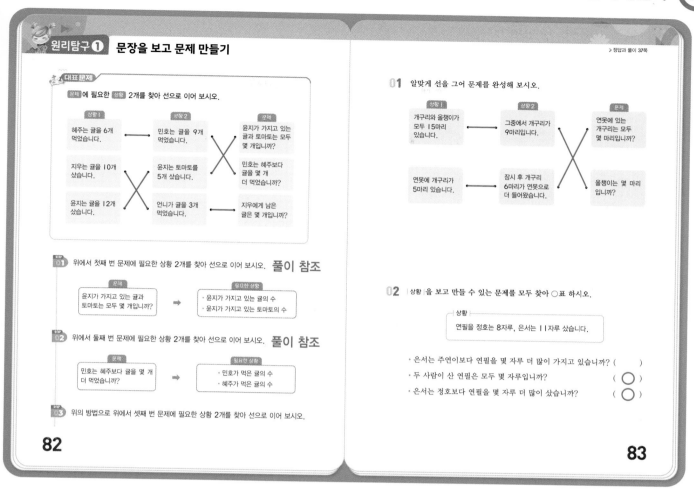

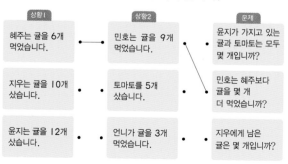

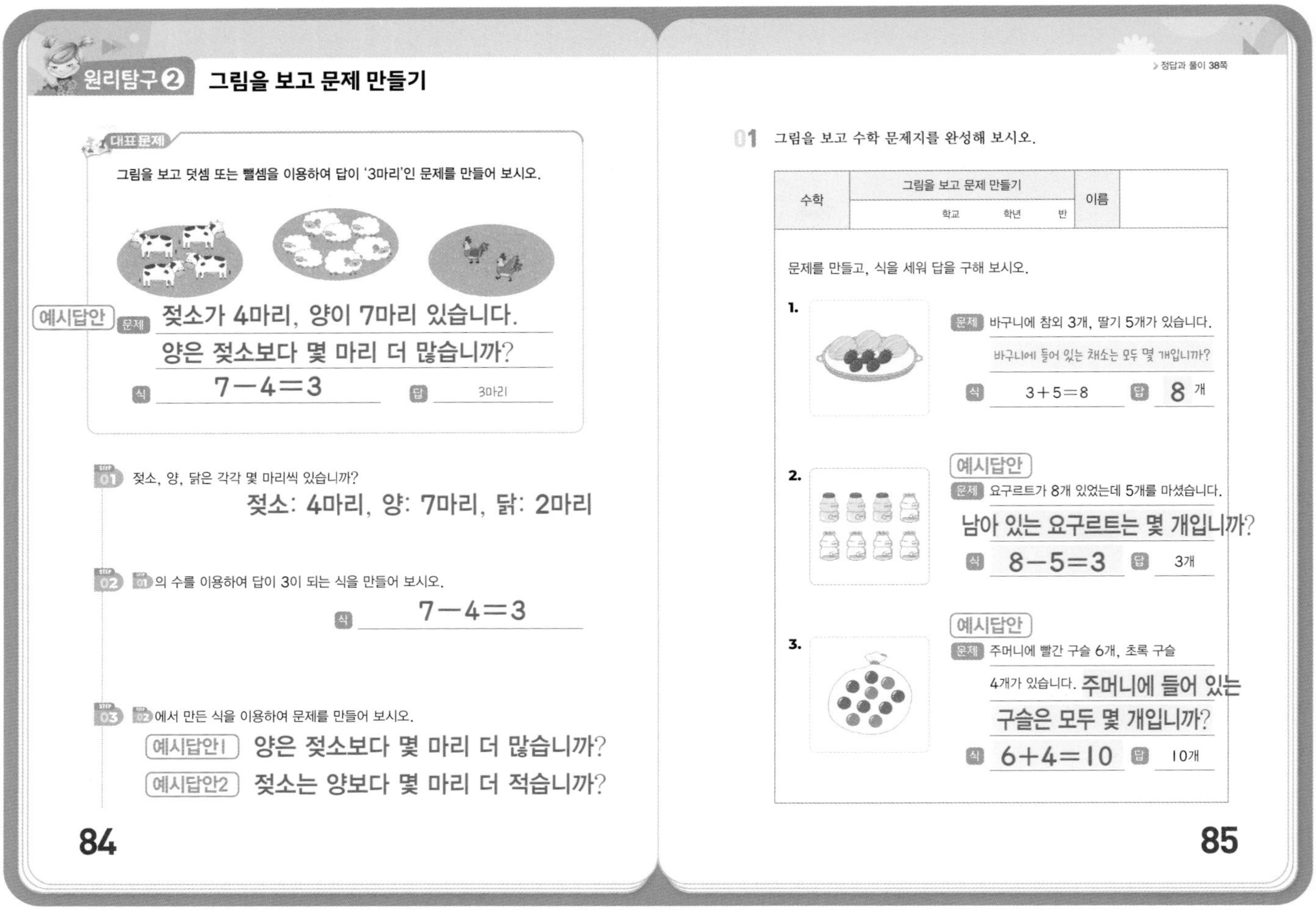

원리탐구 ❷ 그림을 보고 문제 만들기

대표문제

그림을 보고 덧셈 또는 뺄셈을 이용하여 답이 '3마리'인 문제를 만들어 보시오.

예시답안 문제 젖소가 4마리, 양이 7마리 있습니다. 양은 젖소보다 몇 마리 더 많습니까?

식 7－4＝3 답 3마리

STEP 01 젖소, 양, 닭은 각각 몇 마리씩 있습니까?

젖소: 4마리, 양: 7마리, 닭: 2마리

STEP 02 STEP 01의 수를 이용하여 답이 3이 되는 식을 만들어 보시오.

식 7－4＝3

STEP 03 STEP 02에서 만든 식을 이용하여 문제를 만들어 보시오.

예시답안1 양은 젖소보다 몇 마리 더 많습니까?

예시답안2 젖소는 양보다 몇 마리 더 적습니까?

84

정답과 풀이 38쪽

01 그림을 보고 수학 문제지를 완성해 보시오.

| 수학 | 그림을 보고 문제 만들기<br>학교 학년 반 | 이름 | |
|---|---|---|---|

문제를 만들고, 식을 세워 답을 구해 보시오.

1. 문제 바구니에 참외 3개, 딸기 5개가 있습니다. 바구니에 들어 있는 채소는 모두 몇 개입니까?

식 3＋5＝8 답 8 개

2. 예시답안 문제 요구르트가 8개 있었는데 5개를 마셨습니다. 남아 있는 요구르트는 몇 개입니까?

식 8－5＝3 답 3개

3. 예시답안 문제 주머니에 빨간 구슬 6개, 초록 구슬 4개가 있습니다. 주머니에 들어 있는 구슬은 모두 몇 개입니까?

식 6＋4＝10 답 10개

85

**대표문제**

STEP 01 주어진 그림에서 각 동물의 수를 세어 보면 젖소는 4마리, 양은 7마리, 닭은 2마리입니다.

STEP 02 양 7마리와 젖소 4마리의 차가 3입니다.

STEP 03 뺄셈식에 알맞은 문제를 만듭니다.

**01**

1. 덧셈식에 알맞은 문제를 만듭니다.
2. 그림을 보고 답이 '3개'가 되는 문제를 만들려면 뺄셈을 이용해야 합니다.
3. 그림을 보고 답이 '10개'가 되는 문제를 만들려면 덧셈을 이용해야 합니다.

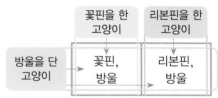

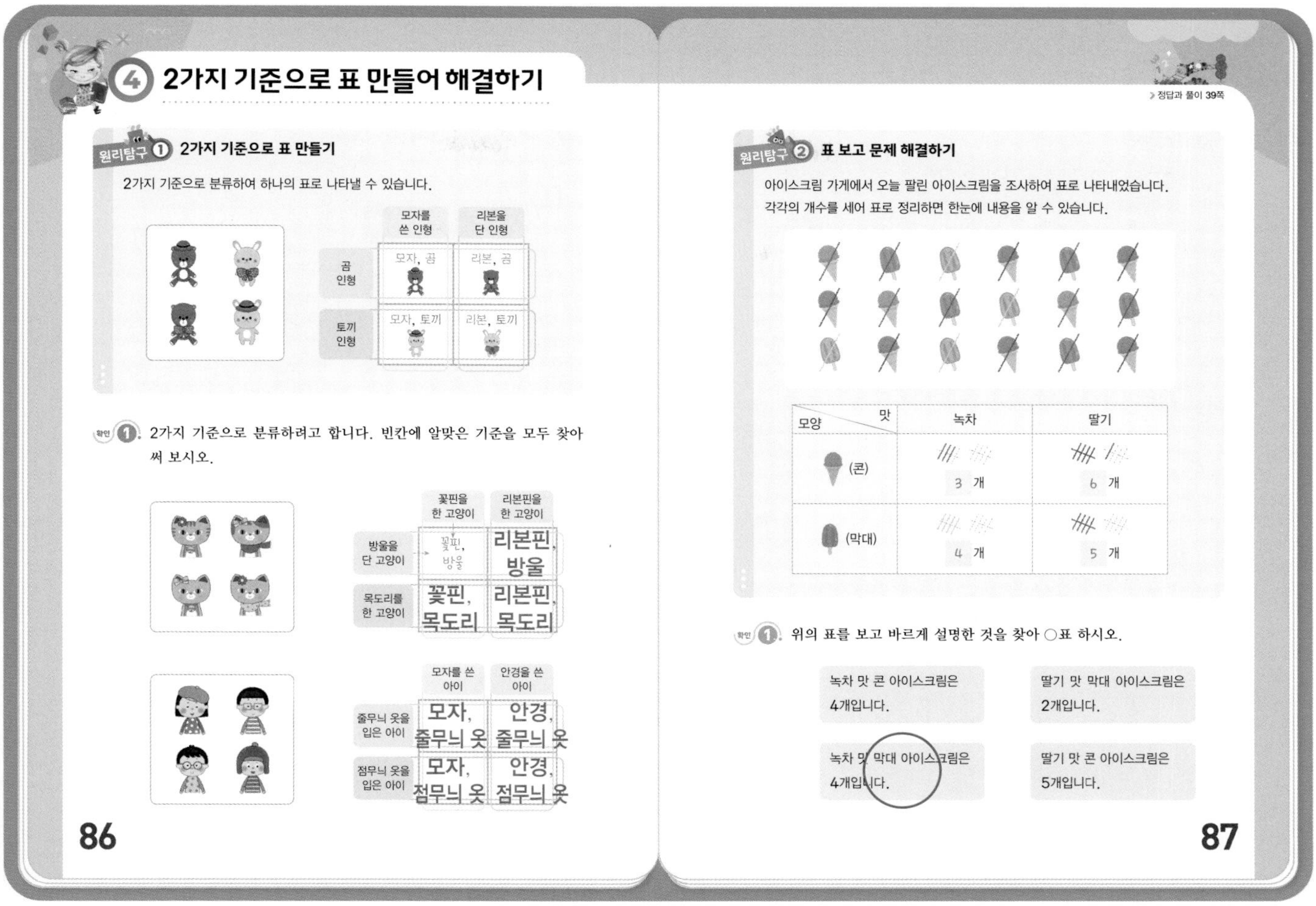

## 4 2가지 기준으로 표 만들어 해결하기

원리탐구 ① 2가지 기준으로 표 만들기

2가지 기준으로 분류하여 하나의 표로 나타낼 수 있습니다.

| | 모자를 쓴 인형 | 리본을 단 인형 |
|---|---|---|
| 곰 인형 | 모자, 곰 | 리본, 곰 |
| 토끼 인형 | 모자, 토끼 | 리본, 토끼 |

확인 1. 2가지 기준으로 분류하려고 합니다. 빈칸에 알맞은 기준을 모두 찾아 써 보시오.

| | 꽃핀을 한 고양이 | 리본핀을 한 고양이 |
|---|---|---|
| 방울을 단 고양이 | 꽃핀, 방울 | 리본핀, 방울 |
| 목도리를 한 고양이 | 꽃핀, 목도리 | 리본핀, 목도리 |

| | 모자를 쓴 아이 | 안경을 쓴 아이 |
|---|---|---|
| 줄무늬 옷을 입은 아이 | 모자, 줄무늬 옷 | 안경, 줄무늬 옷 |
| 점무늬 옷을 입은 아이 | 모자, 점무늬 옷 | 안경, 점무늬 옷 |

86

정답과 풀이 39쪽

원리탐구 ② 표 보고 문제 해결하기

아이스크림 가게에서 오늘 팔린 아이스크림을 조사하여 표로 나타내었습니다. 각각의 개수를 세어 표로 정리하면 한눈에 내용을 알 수 있습니다.

| 모양 \ 맛 | 녹차 | 딸기 |
|---|---|---|
| (콘) | 3 개 | 6 개 |
| (막대) | 4 개 | 5 개 |

확인 1. 위의 표를 보고 바르게 설명한 것을 찾아 ○표 하시오.

- 녹차 맛 콘 아이스크림은 4개입니다.
- 딸기 맛 막대 아이스크림은 2개입니다.
- 녹차 맛 막대 아이스크림은 4개입니다. (○)
- 딸기 맛 콘 아이스크림은 5개입니다.

87

**1.** 가로줄과 세로줄에 알맞은 기준을 모두 써 봅니다.

| | 꽃핀을 한 고양이 | 리본핀을 한 고양이 |
|---|---|---|
| 방울을 단 고양이 | 꽃핀, 방울 | 리본핀, 방울 |

**1.**
- 녹차 맛 콘 아이스크림( )은 3개입니다.
- 딸기 맛 막대 아이스크림( )은 5개입니다.
- 딸기 맛 콘 아이스크림( )은 6개입니다.

**TIP** 빠짐없이 아이스크림을 세기 위해 왼쪽 위에 있는 아이스크림부터 하나씩 / 표시를 하며 표를 완성하게 합니다.

## 원리탐구 ❶ 2가지 기준으로 표 만들기

대표문제

기준에 따라 분류하여 빈칸에 알맞은 번호를 써넣으시오.

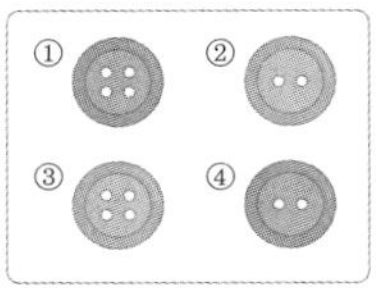

| | 단춧구멍이 2개 | 단춧구멍이 4개 |
|---|---|---|
| 연두색인 단추 | ④ | ① |
| 노란색인 단추 | ② | ③ |

STEP 01 각 칸에 알맞은 기준을 찾아 써 보시오.

| | 단춧구멍이 2개 | 단춧구멍이 4개 |
|---|---|---|
| 연두색인 단추 | 2개, 연두색 | 4개, 연두색 |
| 노란색인 단추 | 2개, 노란색 | 4개, 노란색 |

STEP 02 기준에 따라 분류하여 빈칸에 알맞은 번호를 써넣으시오.

| | 단춧구멍이 2개 | 단춧구멍이 4개 |
|---|---|---|
| 연두색인 단추 | ④ | ① |
| 노란색인 단추 | ② | ③ |

88

> 정답과 풀이 40쪽

01 기준에 따라 분류하여 빈칸에 알맞은 번호를 써넣으시오.

(1)

| | 크기가 큰 인형 | 크기가 작은 인형 |
|---|---|---|
| 노란색 인형 | ⑤ | ⑥ |
| 보라색 인형 | ② | ③ |
| 빨간색 인형 | ④ | ① |

(2)

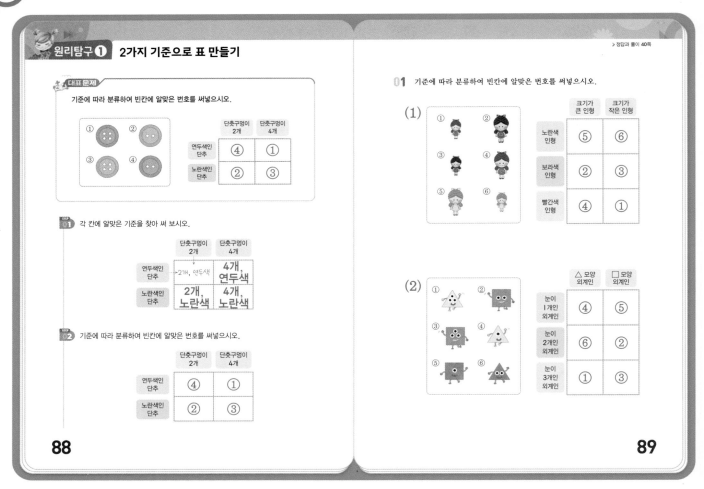

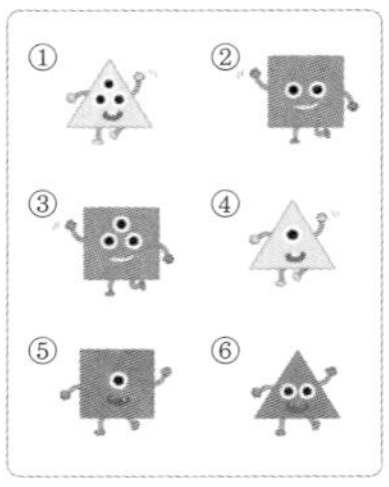

| | △ 모양 외계인 | □ 모양 외계인 |
|---|---|---|
| 눈이 1개인 외계인 | ④ | ⑤ |
| 눈이 2개인 외계인 | ⑥ | ② |
| 눈이 3개인 외계인 | ① | ③ |

89

### 대표문제

STEP 01 가로줄과 세로줄에 알맞은 기준을 모두 써 봅니다.

STEP 02 STEP 01에서 쓴 기준을 보고 각 칸에 알맞은 단추를 찾아 번호를 써넣습니다.

01 대표문제에서 해결했던 것처럼 각 칸에 알맞은 기준을 먼저 생각해 보도록 합니다.

(1)

| | 크기가 큰 인형 | 크기가 작은 인형 |
|---|---|---|
| 노란색 인형 | 크고, 노란색 | 작고, 노란색 |
| 보라색 인형 | 크고, 보라색 | 작고, 보라색 |
| 빨간색 인형 | 크고, 빨간색 | 작고, 빨간색 |

(2)

| | △ 모양 외계인 | □ 모양 외계인 |
|---|---|---|
| 눈이 1개인 외계인 | △ 모양, 1개 | □ 모양, 1개 |
| 눈이 2개인 외계인 | △ 모양, 2개 | □ 모양, 2개 |
| 눈이 3개인 외계인 | △ 모양, 3개 | □ 모양, 3개 |

TIP 둘째 번 문제에서 기준이 모양과 눈의 개수이므로 이때는 색깔 속성은 관계없이 찾도록 지도합니다.

## 원리탐구 ② 표 보고 문제 해결하기

**대표문제**

주어진 기준에 따라 분류하여 표를 완성하고, ☐ 안에 알맞은 수를 구해 보시오.

| 모양 \ 맛 | 레몬 맛 | 포도 맛 |
|---|---|---|
| 막대사탕 | /// 3 개 | ~~////~~ // 7 개 |
| 알사탕 | ~~////~~ /// 8 개 | //// 4 개 |

- 레몬 맛 막대사탕 ➡ 3 개
- 레몬 맛 알사탕 ➡ 8 개
- 포도 맛 막대사탕 ➡ 7 개
- 포도 맛 알사탕 ➡ 4 개
- 막대사탕 ➡ 10 개
- 포도 맛 사탕 ➡ 11 개

STEP 01 사탕을 보고 ☐ 안에 알맞은 말을 써넣으시오.

레몬 맛 알 사탕 / 포도 맛 알 사탕 / 레몬 맛 막대사탕 / 포도 맛 막대사탕

STEP 02 표를 완성하고, ☐ 안에 알맞은 수를 구해 보시오.

90

정답과 풀이 41쪽

01 주어진 기준에 따라 분류하고 각각의 수를 구해 보시오.

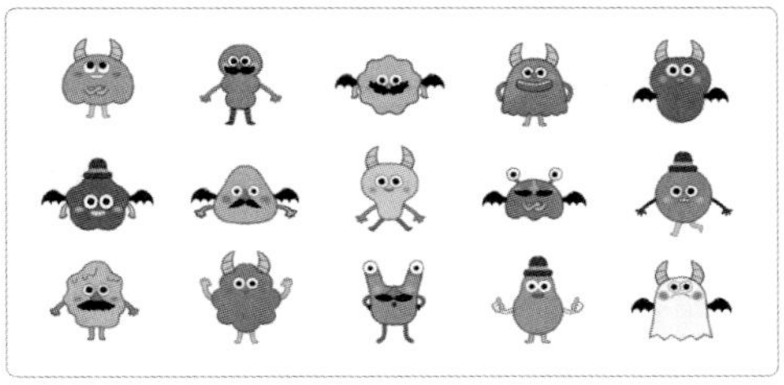

| | 뿔이 있는 외계인 | 콧수염이 있는 외계인 | 모자를 쓴 외계인 |
|---|---|---|---|
| 다리가 있는 외계인 | 4 명 | 3 명 | 2 명 |
| 날개가 있는 외계인 | 2 명 | 3 명 | 1 명 |

- 뿔이 있고 날개가 있는 외계인은 2 명입니다.
- 콧수염이 있고 다리가 있는 외계인은 3 명입니다.
- 모자가 있고 날개가 있는 외계인은 1 명입니다.
- 콧수염이 있는 외계인은 모두 6 명입니다.
- 날개가 있는 외계인은 모두 6 명입니다.

91

**대표문제**

STEP 01 각 사탕의 특징(맛, 모양)을 찾아 써 봅니다.

STEP 02

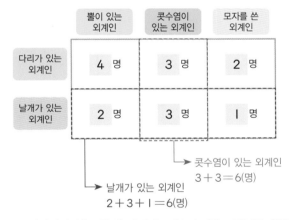

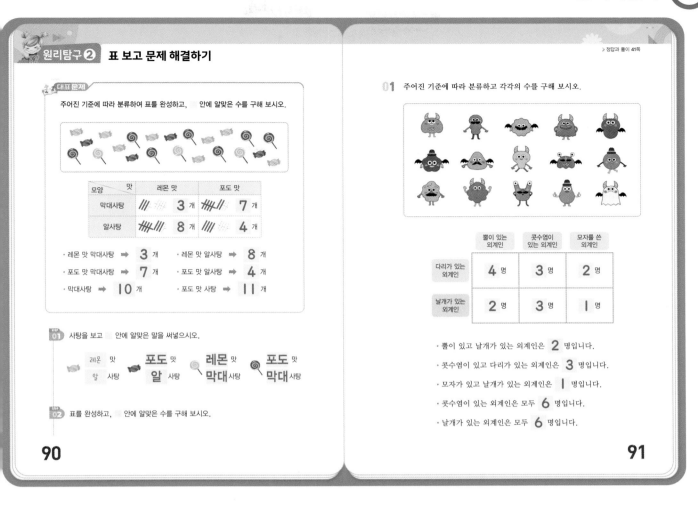

| 모양 \ 맛 | 레몬 맛 | 포도 맛 |
|---|---|---|
| 막대사탕 | /// 3 개 | ~~////~~ // 7 개 |
| 알사탕 | ~~////~~ /// 8 개 | //// 4 개 |

포도 맛 사탕 $7+4=11$(개)

막대사탕 $3+7=10$(개)

01 표를 보며 주어진 문제의 답을 구해 봅니다.

| | 뿔이 있는 외계인 | 콧수염이 있는 외계인 | 모자를 쓴 외계인 |
|---|---|---|---|
| 다리가 있는 외계인 | 4 명 | 3 명 | 2 명 |
| 날개가 있는 외계인 | 2 명 | 3 명 | 1 명 |

콧수염이 있는 외계인 $3+3=6$(명)

날개가 있는 외계인 $2+3+1=6$(명)

**TIP** 제시되어 있는 문제 이외에도 알 수 있는 정보를 찾아보는 활동을 하며 2가지 기준으로 만든 표를 이해하고 활용하는 방법을 익힐 수 있습니다.

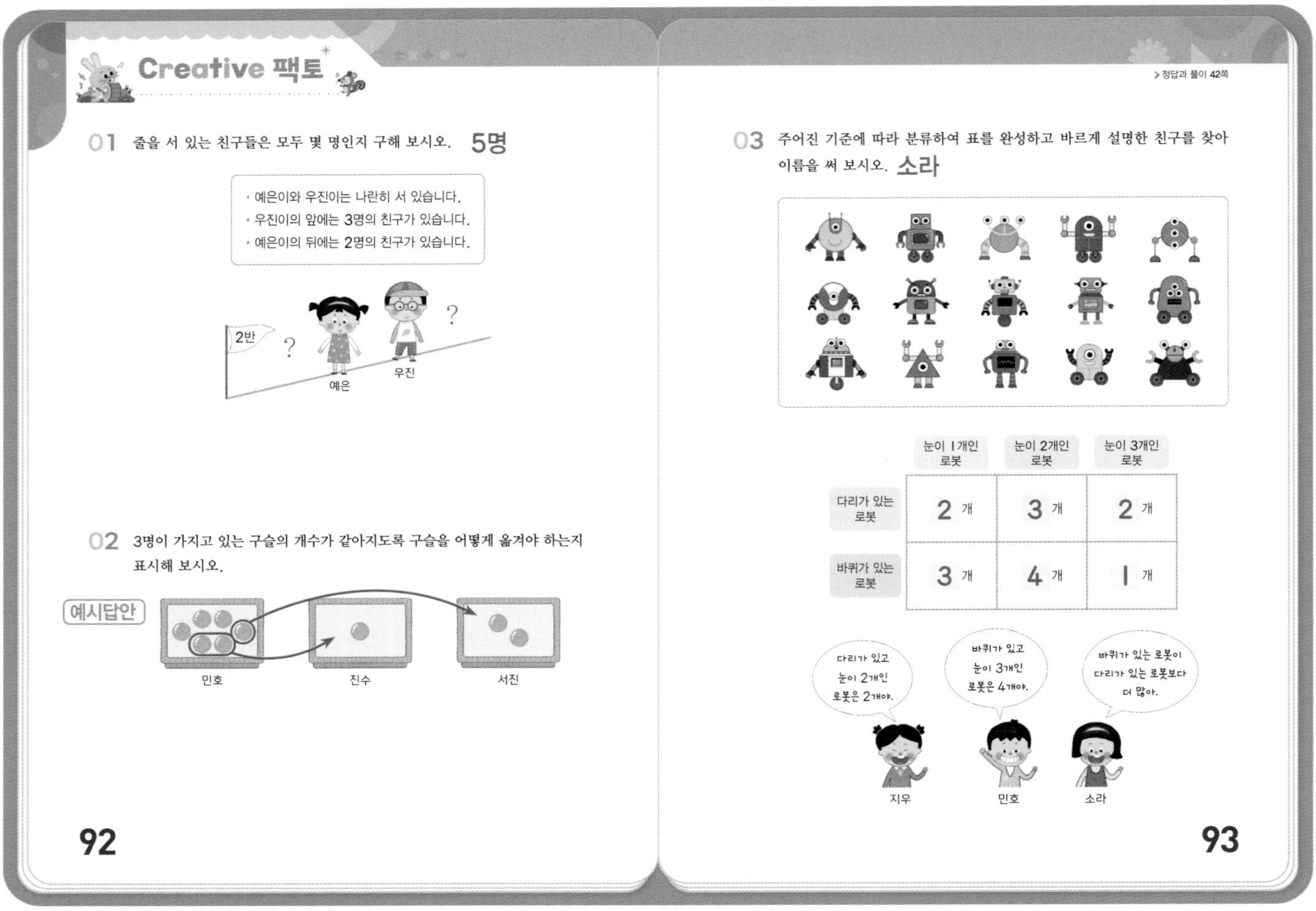
Creative 팩토

01 줄을 서 있는 친구들은 모두 몇 명인지 구해 보시오. 5명

- 예은이와 우진이는 나란히 서 있습니다.
- 우진이의 앞에는 3명의 친구가 있습니다.
- 예은이의 뒤에는 2명의 친구가 있습니다.



02 3명이 가지고 있는 구슬의 개수가 같아지도록 구슬을 어떻게 옮겨야 하는지 표시해 보시오.



92

정답과 풀이 42쪽

03 주어진 기준에 따라 분류하여 표를 완성하고 바르게 설명한 친구를 찾아 이름을 써 보시오. 소라

| | 눈이 1개인 로봇 | 눈이 2개인 로봇 | 눈이 3개인 로봇 |
|---|---|---|---|
| 다리가 있는 로봇 | 2 개 | 3 개 | 2 개 |
| 바퀴가 있는 로봇 | 3 개 | 4 개 | 1 개 |



93

01 친구의 수만큼 직접 ○를 그려 봅니다.

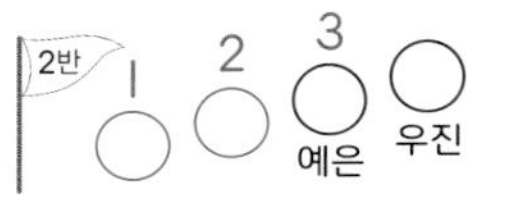


우진이의 앞에는 예은이를 포함하여 3명의 친구가 있습니다.

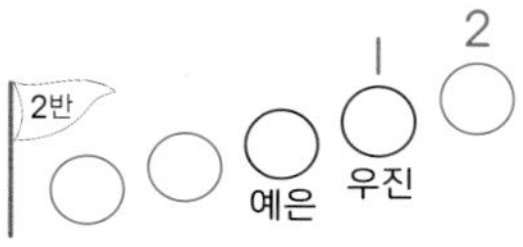


예은이 뒤에는 우진이를 포함하여 2명의 친구가 있습니다.

따라서 줄을 서 있는 친구들은 모두 5명입니다.

02 진수의 구슬 개수가 서진이와 같아지도록 민호가 진수에게 구슬을 1개 줍니다.

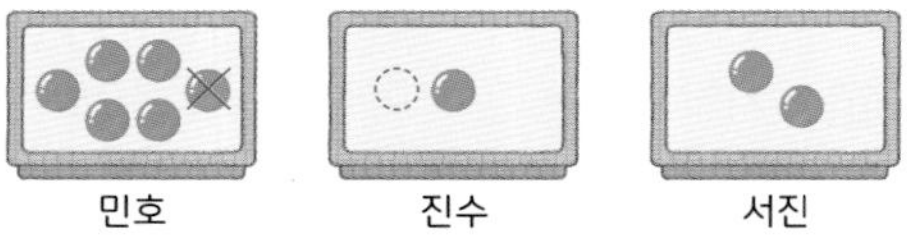


민호는 진수와 서진이에게 구슬을 똑같이 1개씩 나누어줍니다.

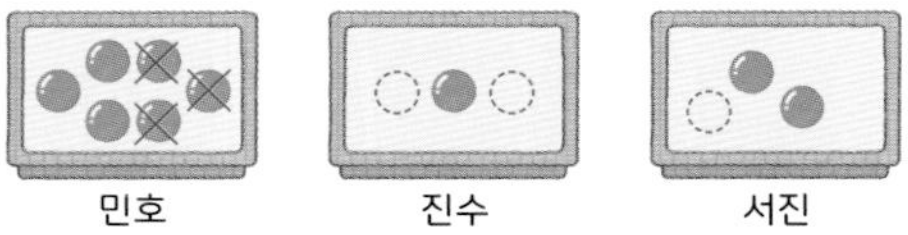


민호, 진수, 서진이가 가진 구슬의 개수가 3개로 같아집니다.

03 다리가 있고 눈이 1개인 로봇: 2개
다리가 있고 눈이 2개인 로봇: 3개
다리가 있고 눈이 3개인 로봇: 2개
바퀴가 있고 눈이 1개인 로봇: 3개
바퀴가 있고 눈이 2개인 로봇: 4개
바퀴가 있고 눈이 3개인 로봇: 1개

- 지우: 다리가 있고 눈이 2개인 로봇은 2개가 아니라 3개입니다. 따라서 설명이 틀렸습니다.
- 민호: 바퀴가 있고 눈이 3개인 로봇은 4개가 아니라 1개입니다. 따라서 설명이 틀렸습니다.
- 소라: 바퀴가 있는 로봇은 $3+4+1=8$(개)이고, 다리가 있는 로봇은 $2+3+2=7$(개)이므로 바퀴가 있는 로봇이 다리가 있는 로봇보다 더 많습니다. 따라서 바르게 설명하였습니다.

Challenge 영재교육원

01 그림을 보고 합이 가장 큰 덧셈식과 차가 가장 작은 뺄셈식을 이용하여 풀 수 있는 문제를 만들고 답을 구해 보시오.

(1) 합이 가장 큰 덧셈식

예시답안 문제 공원에 꽃이 9송이, 새가 4마리 있습니다. 꽃과 새의 수를 합하면 모두 얼마입니까?

식 9+4=13 답 13

(2) 차가 가장 작은 뺄셈식

예시답안 문제 공원에 오리가 3마리, 나비가 2마리 있습니다. 오리는 나비보다 몇 마리 더 많습니까?

식 3−2=1 답 1마리

예시답안 문제: 새가 4마리, 오리가 3마리 있습니다. 새는 오리보다 몇 마리 더 많습니까?

식: 4−3=1 답: 1마리

94

정답과 풀이 43쪽

02 다음 주어진 눈과 입의 모양을 이용하여 9가지 서로 다른 얼굴을 그려 보시오.

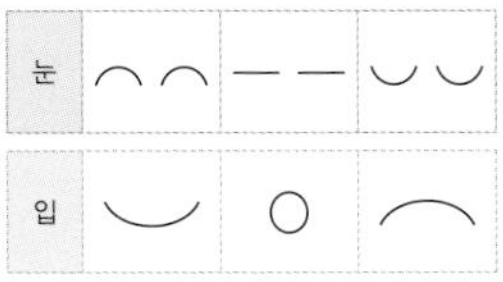


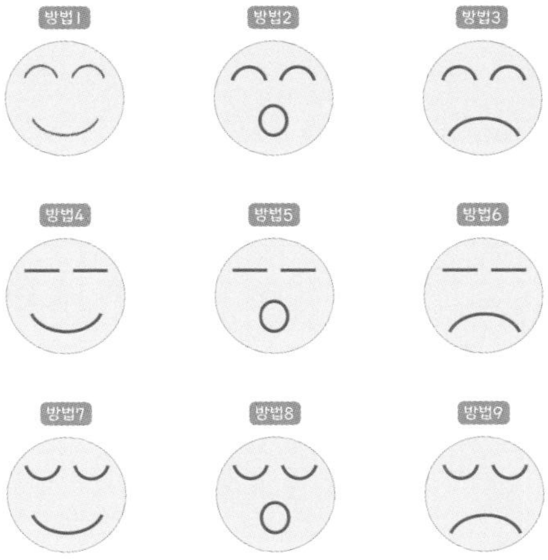


95

**01** 나비 2마리, 새 4마리, 꽃 9송이, 오리 3마리가 있습니다.

(1) 합이 가장 큰 덧셈식을 만들려면 개수가 가장 많은 것과 그다음으로 많은 것을 더합니다. 꽃의 수가 가장 많고, 새의 수가 그다음으로 많습니다.

(2) 차가 가장 작은 뺄셈식을 만들려면 개수가 가장 비슷한 것끼리 빼야 합니다. 새 4마리, 오리 3마리 또는 오리 3마리, 나비 2마리를 이용하여 뺄셈식을 만듭니다.

TIP 아이들이 문제를 이해하지 못할 경우에는 '합이 가장 큰 덧셈식'은 '답을 가장 크게 만들기'로, '차가 가장 작은 뺄셈식'은 '답을 가장 작게 만들기'로 바꾸어 문제를 만들도록 지도합니다.

**02** 만들 수 있는 눈과 입을 선으로 연결하여 여러 가지 얼굴을 만들어 봅니다.

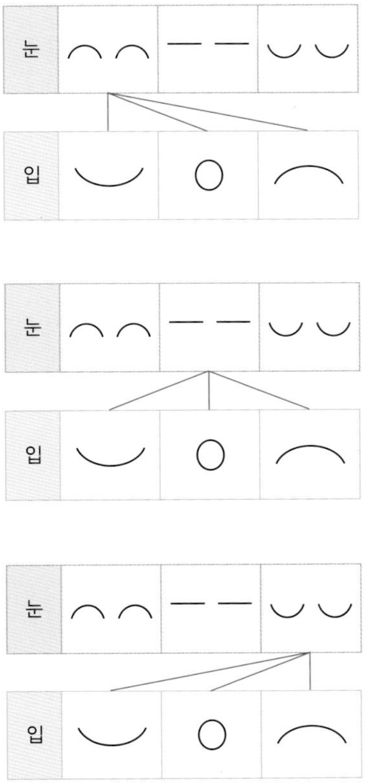

## 형성평가 규칙 영역

01 규칙에 따라 ☐ 안에 알맞은 글자를 써넣으시오.

토 마 토 토 마 토 토 마 **토**

02 규칙에 따라 ☐ 안에 알맞은 모양을 찾아 ○표 하시오.

● ▲ ◆ ● ▲ ◆ ● ▲ ◆ ● ▲ ☐

( ◆ ● , (◆ ●) )

03 규칙을 찾아 빈 곳에 알맞은 수를 써넣으시오.

2 6 10 14 18 **22**

04 왼쪽의 그림과 단어 사이의 관계를 살펴보고, 빈 곳에 알맞은 단어를 써넣으시오.

| (딸기) | 빨간색 | : | (포도) | **보라색** |
|---|---|---|---|---|

2 3

---

**01** '토, 마, 토'가 반복되고 있으므로 '마' 다음에 올 글자는 '토'입니다.

**02** 모양은 '○, △, ◇'가 반복되고, 색깔은 '연두색, 분홍색'이 반복되는 규칙입니다.

**03** 2부터 시작하여 4씩 커지는 규칙이므로 18 다음에 올 수는 22입니다.

**04** 딸기는 빨간색이고, 포도는 보라색입니다.

| (딸기) | 빨간색 | : | (포도) | 보라색 |
|---|---|---|---|---|

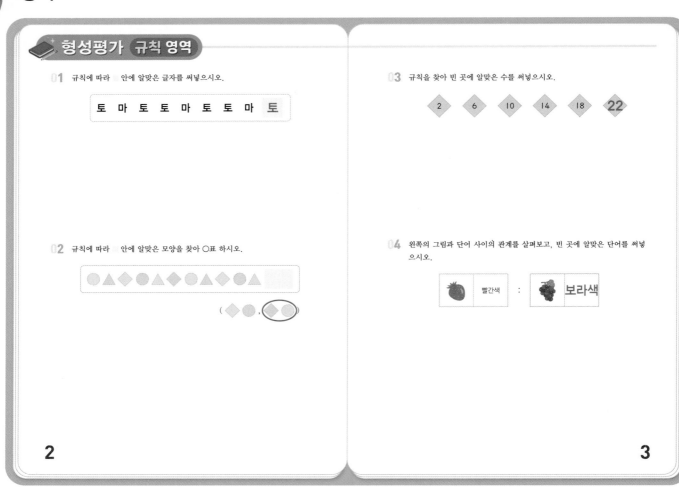

형성평가 규칙 영역

05 규칙을 찾아 마지막 모양에 알맞게 색칠해 보시오.

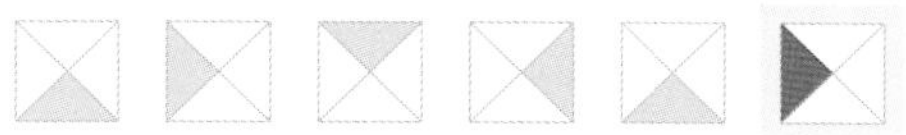

06 규칙에 따라 바둑돌을 늘어놓을 때, 빈 곳에 알맞은 모양을 그려 보시오.

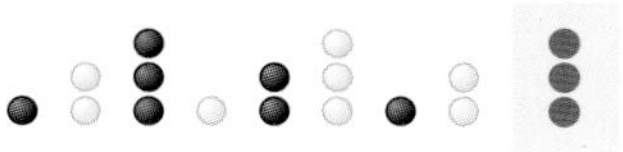

4

07 규칙을 찾아 빈 곳에 알맞은 수를 써넣으시오.

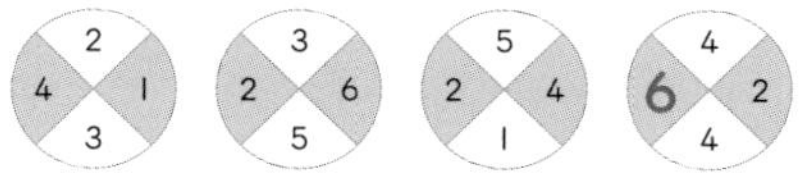


08 왼쪽의 두 도형의 변화를 관찰하여 빈칸에 알맞은 모양을 그려 보시오.

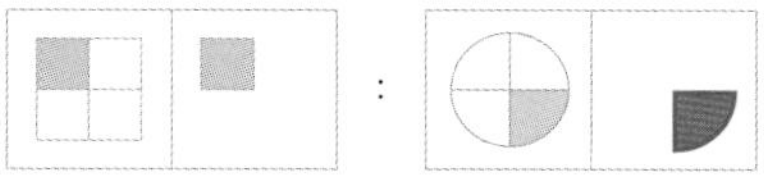

5

**05** 색칠한 칸이 시계 방향으로 한 칸씩 이동하는 규칙입니다.

**06** 개수는 'I개, 2개, 3개'가 반복되고,
색깔은 '검은색, 흰색'이 반복되는 규칙입니다.

**07** 마주 보는 두 수의 합이 서로 같습니다.

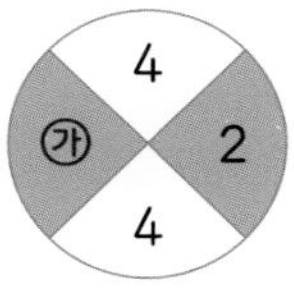


➡ 4＋4＝㉮＋2, ㉮＝6

**08** 전체 도형에서 색칠한 부분만 남았습니다.

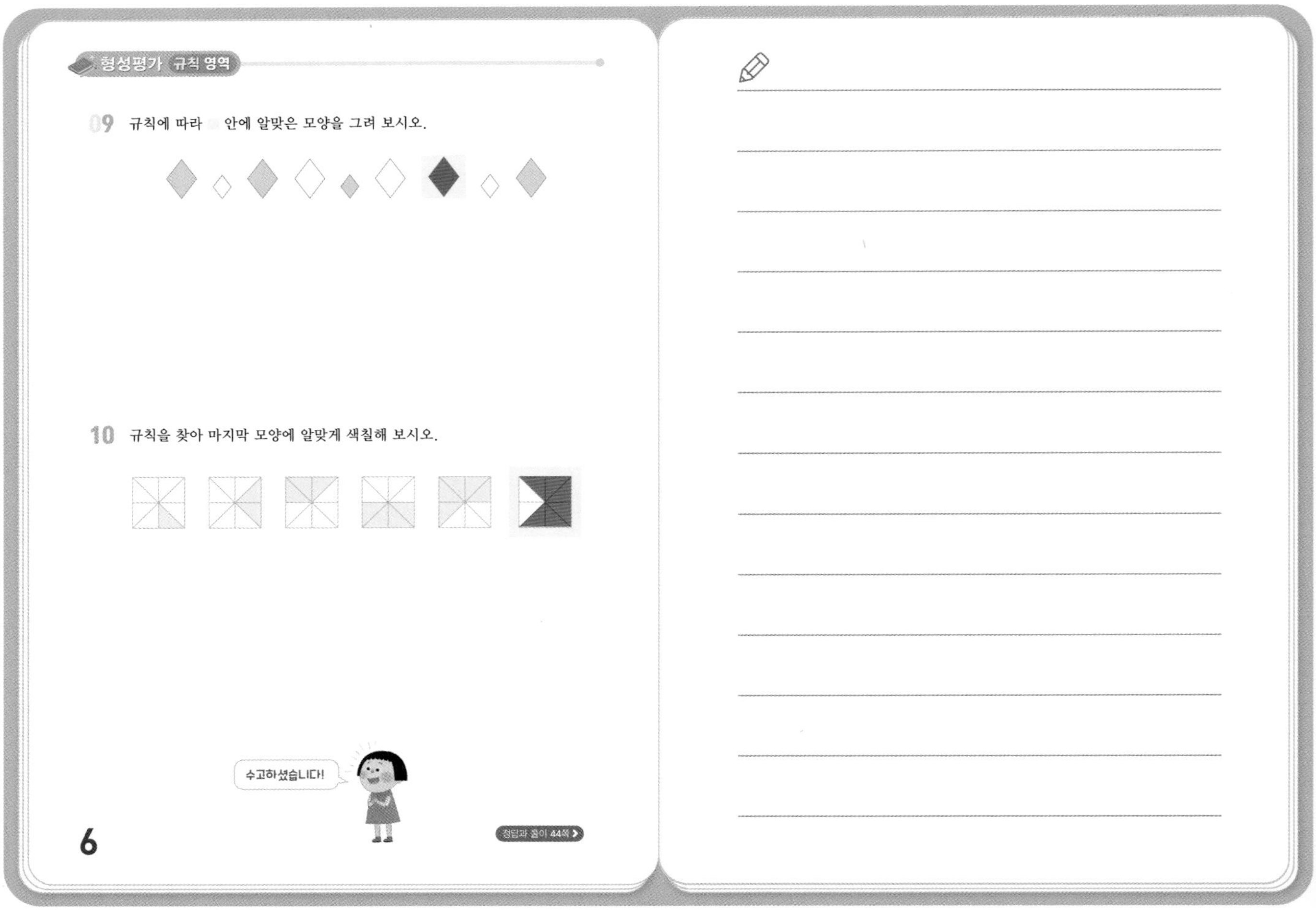
형성평가 규칙 영역

09 규칙에 따라 ◯ 안에 알맞은 모양을 그려 보시오.

10 규칙을 찾아 마지막 모양에 알맞게 색칠해 보시오.

수고하셨습니다!

6

정답과 풀이 44쪽

**09** 크기는 '크다, 작다, 크다'가 반복되고,
색깔은 '하늘색, 흰색'이 반복되는 규칙입니다.

**10** 색칠한 칸은 시계 반대 방향으로 이동하면서 색칠한 칸의 수가 1개씩 늘어납니다.

## 형성평가 기하 영역

01 같은 모양의 조각을 4개 사용하여 오른쪽 모양을 완성해 보시오.

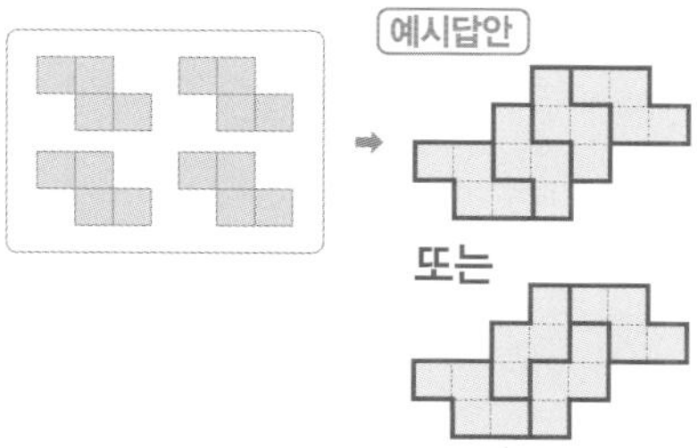


02 딸기가 남지 않도록 가로 또는 세로 방향으로 3개씩 모두 묶어 보시오.

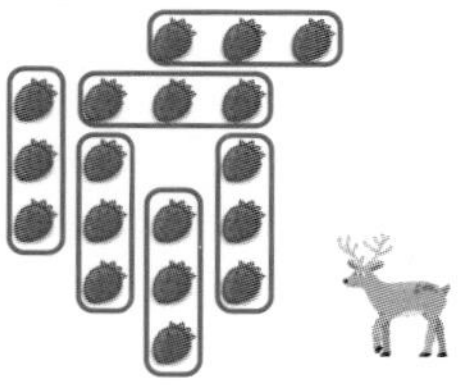



03 투명 카드 2장을 겹쳤을 때 나타나는 모양을 찾아 번호를 써 보시오. ③

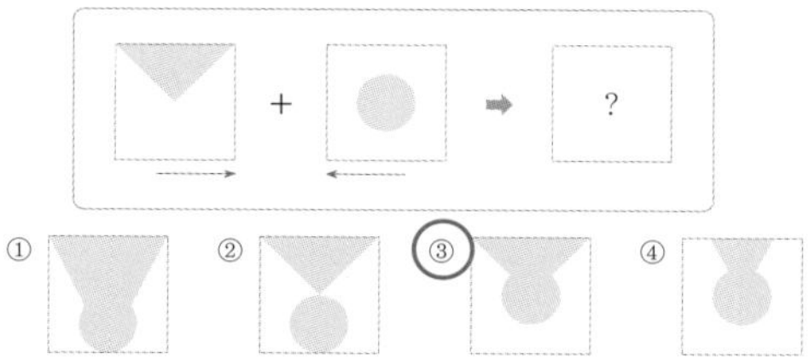


04 그림의 오른쪽에 거울을 세워 놓고 보았을 때 어떤 모양이 나타나는지 그려 보시오.

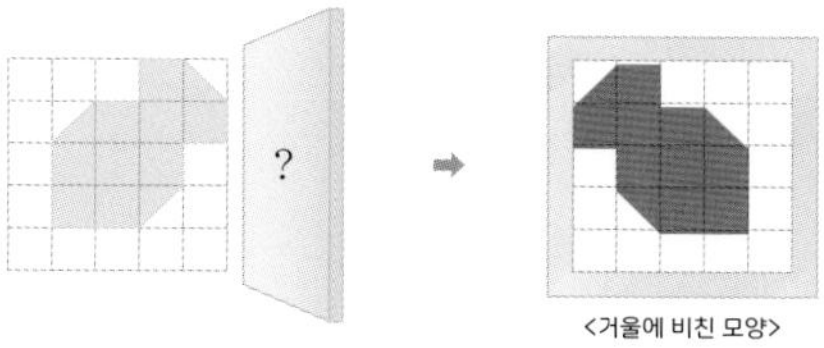


<거울에 비친 모양>



**01** 노란색으로 색칠한 칸에 조각을 하나씩 넣어서 조각의 모양을 그리고 나머지 모양을 완성해 봅니다.

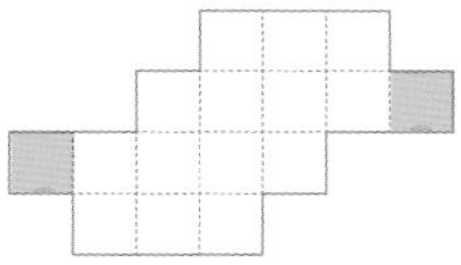

TIP 주어진 조각을 뒤집거나 돌려서 만든 모양이 같은 경우도 정답으로 봅니다.

**02** 🍓를 넣어서 묶는 방법은 1가지이므로 🍓를 넣어서 묶을 수 있는 것부터 3개씩 묶습니다.

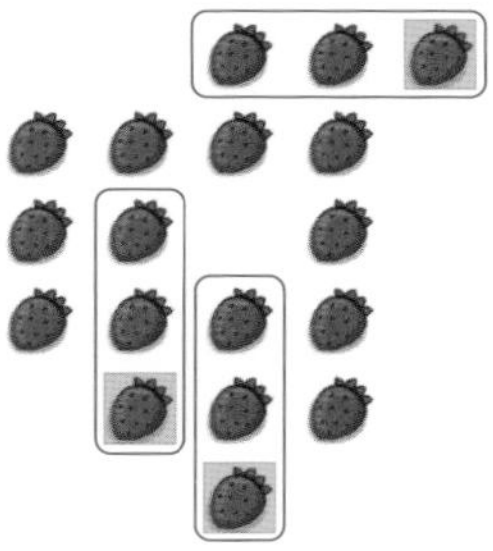

**03**

TIP 투명 카드 2장을 겹쳤을 때 나타나는 모양을 예상해 보고, 직접 반투명 종이에 그림을 그린 다음 겹쳐 보는 활동을 하여 답을 확인해 보아도 좋습니다.

**04** 거울에 비친 모양은 왼쪽과 오른쪽이 서로 바뀝니다. 거울에서 가까운 부분부터 차례대로 그려 봅니다.

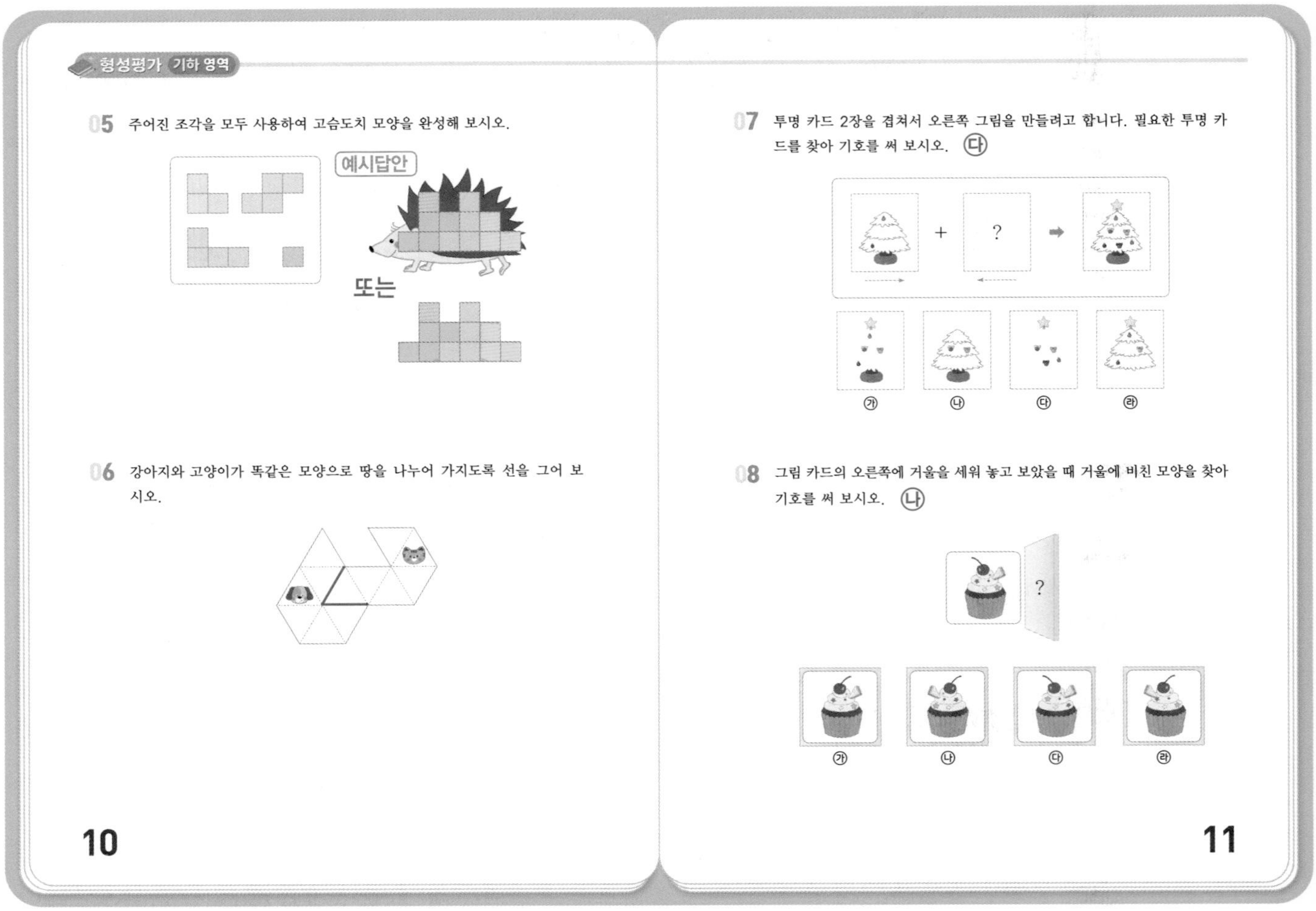
형성평가 기하 영역

05 주어진 조각을 모두 사용하여 고슴도치 모양을 완성해 보시오.

예시답안

또는

06 강아지와 고양이가 똑같은 모양으로 땅을 나누어 가지도록 선을 그어 보시오.

10

07 투명 카드 2장을 겹쳐서 오른쪽 그림을 만들려고 합니다. 필요한 투명 카드를 찾아 기호를 써 보시오. ㉰

+ ?

㉮ ㉯ ㉰ ㉱

08 그림 카드의 오른쪽에 거울을 세워 놓고 보았을 때 거울에 비친 모양을 찾아 기호를 써 보시오. ㉯

?

㉮ ㉯ ㉰ ㉱

11

05 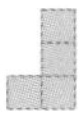 조각이 들어갈 수 있는 곳은 2가지입니다.

나머지 조각을 놓아 모양을 완성해 봅니다.

06 작은 세모가 12칸이므로 6칸씩 나누어야 합니다.

07  그림을 보며 오른쪽 그림을 만들기 위해 필요한 부분을 찾아보면 다음과 같습니다.

08 체리의 꼭지가 왼쪽을 향하므로 거울에 비쳤을 때 체리의 꼭지가 오른쪽을 향하는 그림을 찾습니다.
연두색 별 장식이 오른쪽에 있으므로 거울에 비쳤을 때 왼쪽에 연두색 별이 있는 그림을 찾습니다.

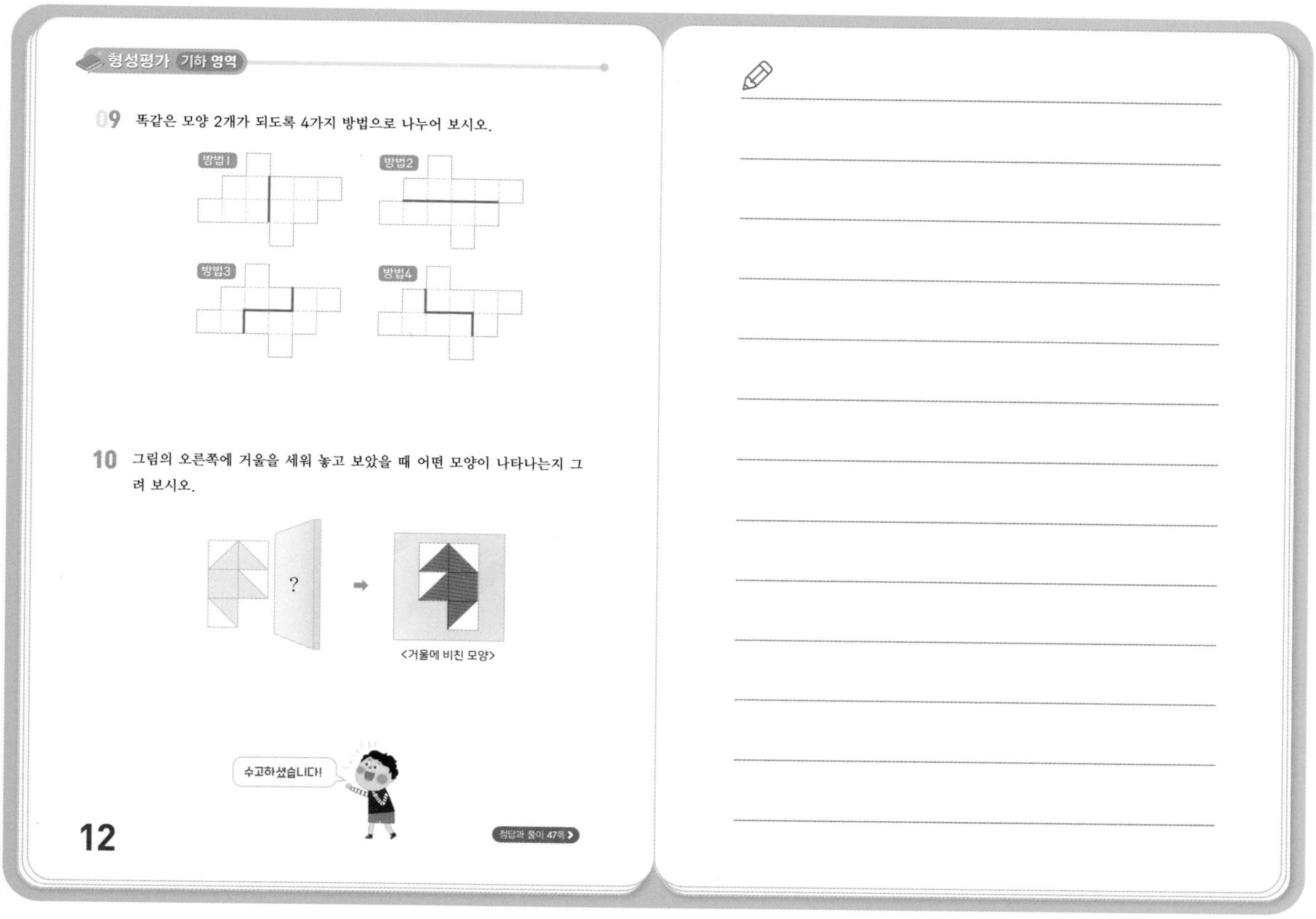
형성평가 기하 영역

09 똑같은 모양 2개가 되도록 4가지 방법으로 나누어 보시오.



10 그림의 오른쪽에 거울을 세워 놓고 보았을 때 어떤 모양이 나타나는지 그려 보시오.



12

정답과 풀이 47쪽

09 작은 네모가 12칸이므로 6칸씩 나누어 봅니다.

10 거울에 비친 모양은 왼쪽과 오른쪽이 서로 바뀝니다.
거울에서 가까운 부분부터 차례대로 그립니다.

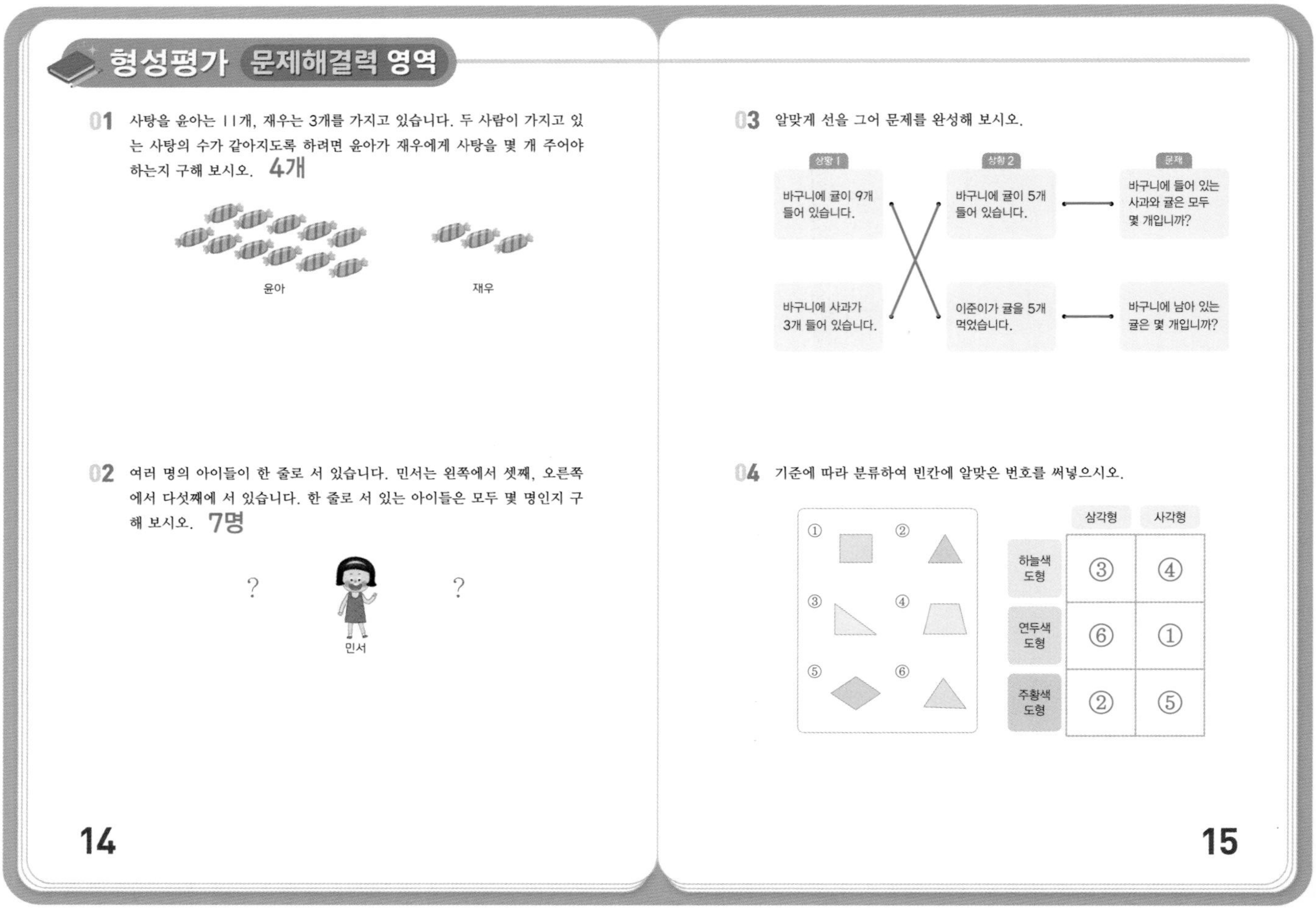
형성평가 문제해결력 영역

01 사탕을 윤아는 11개, 재우는 3개를 가지고 있습니다. 두 사람이 가지고 있는 사탕의 수가 같아지도록 하려면 윤아가 재우에게 사탕을 몇 개 주어야 하는지 구해 보시오. 4개

윤아 재우

02 여러 명의 아이들이 한 줄로 서 있습니다. 민서는 왼쪽에서 셋째, 오른쪽에서 다섯째에 서 있습니다. 한 줄로 서 있는 아이들은 모두 몇 명인지 구해 보시오. 7명

? 민서 ?

14

03 알맞게 선을 그어 문제를 완성해 보시오.

| 상황 1 | 상황 2 | 문제 |
|---|---|---|
| 바구니에 귤이 9개 들어 있습니다. | 바구니에 귤이 5개 들어 있습니다. | 바구니에 들어 있는 사과와 귤은 모두 몇 개입니까? |
| 바구니에 사과가 3개 들어 있습니다. | 이준이가 귤을 5개 먹었습니다. | 바구니에 남아 있는 귤은 몇 개입니까? |

04 기준에 따라 분류하여 빈칸에 알맞은 번호를 써넣으시오.

① ② ③ ④ ⑤ ⑥

| | 삼각형 | 사각형 |
|---|---|---|
| 하늘색 도형 | ③ | ④ |
| 연두색 도형 | ⑥ | ① |
| 주황색 도형 | ② | ⑤ |

15

01 윤아의 사탕을 재우에게 4개 옮깁니다.

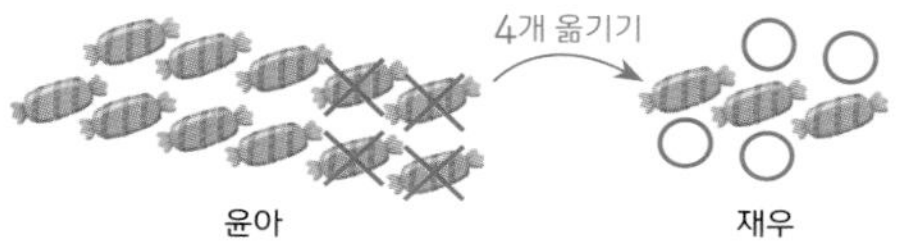


02 민서는 왼쪽에서 셋째에 서 있으므로 민서의 왼쪽에는 2명이 서 있습니다.
민서는 오른쪽에서 다섯째에 서 있으므로 민서의 오른쪽에는 4명이 서 있습니다.
따라서 모두 7명이 서 있습니다.

03 문제에 필요한 상황을 찾아 선으로 이어 본 다음 연결하여 읽어 보았을 때 문제가 완성되는지 확인해 봅니다.
- 바구니에 귤이 9개 들어 있습니다. 이준이가 귤을 5개 먹었습니다. 바구니에 남아 있는 귤은 몇 개입니까?
- 바구니에 사과가 3개 들어 있습니다. 바구니에 귤이 5개 들어 있습니다. 바구니에 들어 있는 사과와 귤은 모두 몇 개입니까?

04

| | 삼각형 | 사각형 |
|---|---|---|
| 하늘색 도형 | 하늘색 삼각형 | 하늘색 사각형 |
| 연두색 도형 | 연두색 삼각형 | 연두색 사각형 |
| 주황색 도형 | 주황색 삼각형 | 주황색 사각형 |

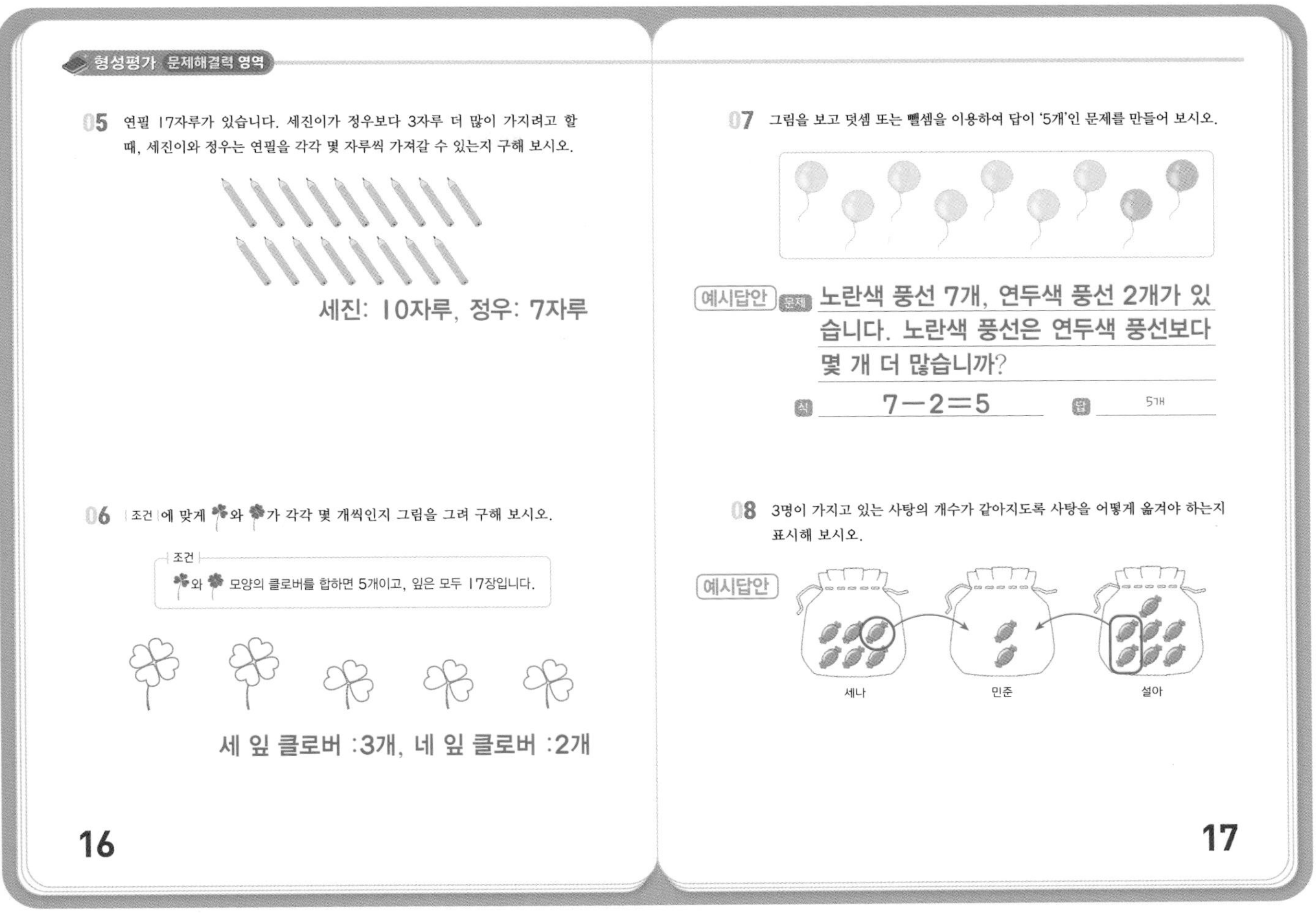

형성평가 문제해결력 영역

05 연필 17자루가 있습니다. 세진이가 정우보다 3자루 더 많이 가지려고 할 때, 세진이와 정우는 연필을 각각 몇 자루씩 가져갈 수 있는지 구해 보시오.

세진: 10자루, 정우: 7자루

06 조건 에 맞게 🍀와 🍀가 각각 몇 개씩인지 그림을 그려 구해 보시오.

조건

🍀와 🍀 모양의 클로버를 합하면 5개이고, 잎은 모두 17장입니다.

세 잎 클로버 :3개, 네 잎 클로버 :2개

16

07 그림을 보고 덧셈 또는 뺄셈을 이용하여 답이 '5개'인 문제를 만들어 보시오.

예시답안 문제 노란색 풍선 7개, 연두색 풍선 2개가 있습니다. 노란색 풍선은 연두색 풍선보다 몇 개 더 많습니까?

식 7−2=5 답 5개

08 3명이 가지고 있는 사탕의 개수가 같아지도록 사탕을 어떻게 옮겨야 하는지 표시해 보시오.

예시답안



17

**05** 먼저 연필 3자루를 세진이가 가져가고 남은 연필을 똑같이 나눕니다.

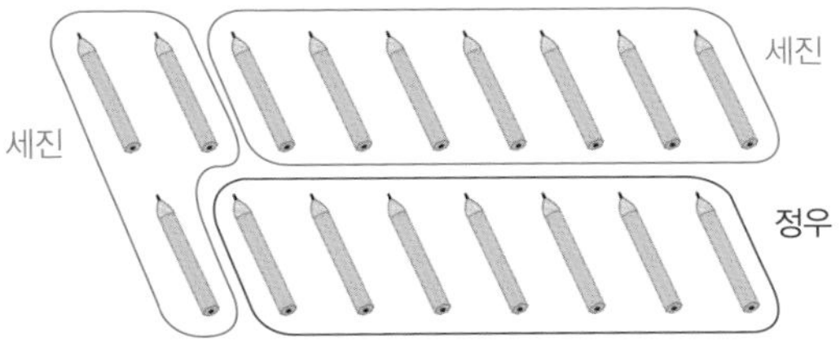


**06** 모두 잎이 3장인 클로버라고 생각하고 그림을 그려 보면 다음과 같습니다.

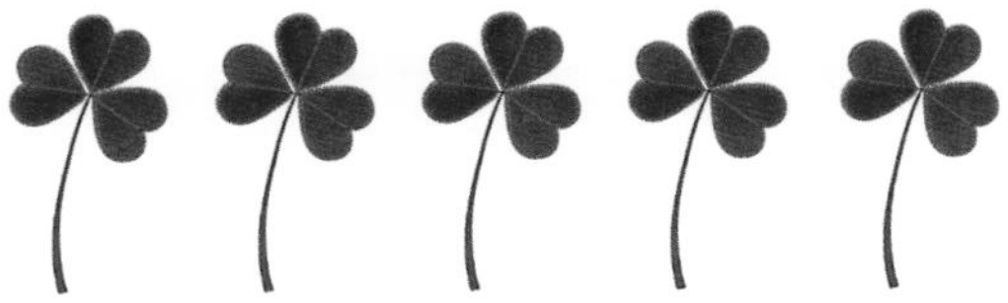

잎을 1장씩 더 그리면서 잎이 모두 17장이 될 때를 찾습니다.

**07** 주어진 그림에서 풍선의 수를 세어 보면 노란색 풍선은 7개, 연두색 풍선은 2개입니다. 노란색 풍선 7개와 연두색 풍선 2개의 차가 5입니다.

**08** 세나는 6개, 민준이는 2개, 설아는 7개의 사탕을 갖고 있습니다.
따라서 세나가 민준이에게 1개, 설아가 민준이에게 2개 주면 됩니다.

# 평가

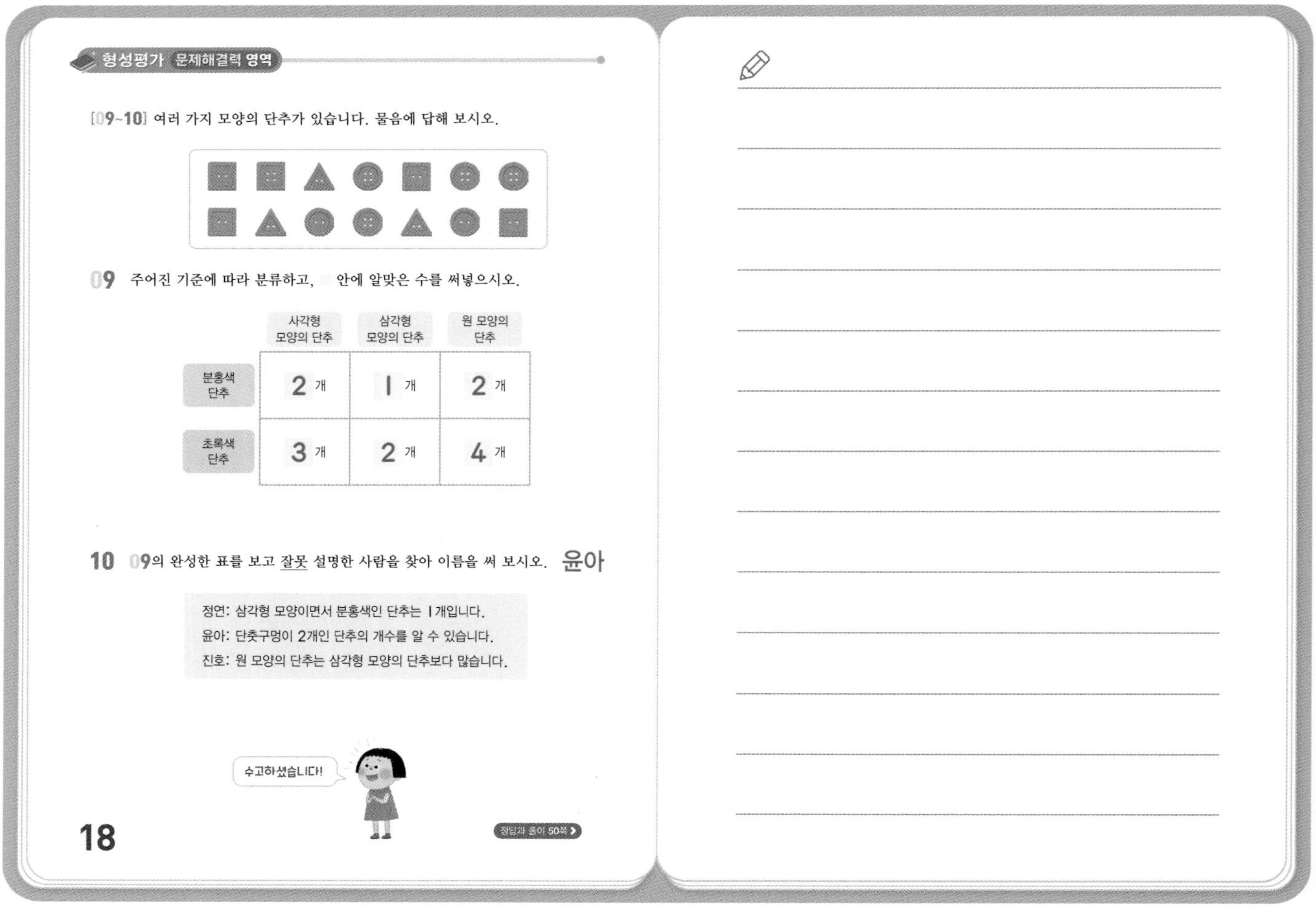

형성평가 문제해결력 영역

[09~10] 여러 가지 모양의 단추가 있습니다. 물음에 답해 보시오.

09 주어진 기준에 따라 분류하고, 안에 알맞은 수를 써넣으시오.

| | 사각형 모양의 단추 | 삼각형 모양의 단추 | 원 모양의 단추 |
|---|---|---|---|
| 분홍색 단추 | 2 개 | 1 개 | 2 개 |
| 초록색 단추 | 3 개 | 2 개 | 4 개 |

10 09의 완성한 표를 보고 잘못 설명한 사람을 찾아 이름을 써 보시오. 윤아

정연: 삼각형 모양이면서 분홍색인 단추는 1개입니다.
윤아: 단춧구멍이 2개인 단추의 개수를 알 수 있습니다.
진호: 원 모양의 단추는 삼각형 모양의 단추보다 많습니다.



18

정답과 풀이 50쪽

**09**
- 사각형 모양의 분홍색 단추: 2개
- 삼각형 모양의 분홍색 단추: 1개
- 원 모양의 분홍색 단추: 2개
- 사각형 모양의 초록색 단추: 3개
- 삼각형 모양의 초록색 단추: 2개
- 원 모양의 초록색 단추: 4개

**10** 정연: 삼각형 모양의 분홍색 단추는 1개입니다.
윤아: 단춧구멍 수는 알 수 없습니다.
진호: 원 모양인 단추는 6개, 삼각형 모양인 단추는 3개이므로 원 모양의 단추는 삼각형 모양의 단추보다 많습니다.

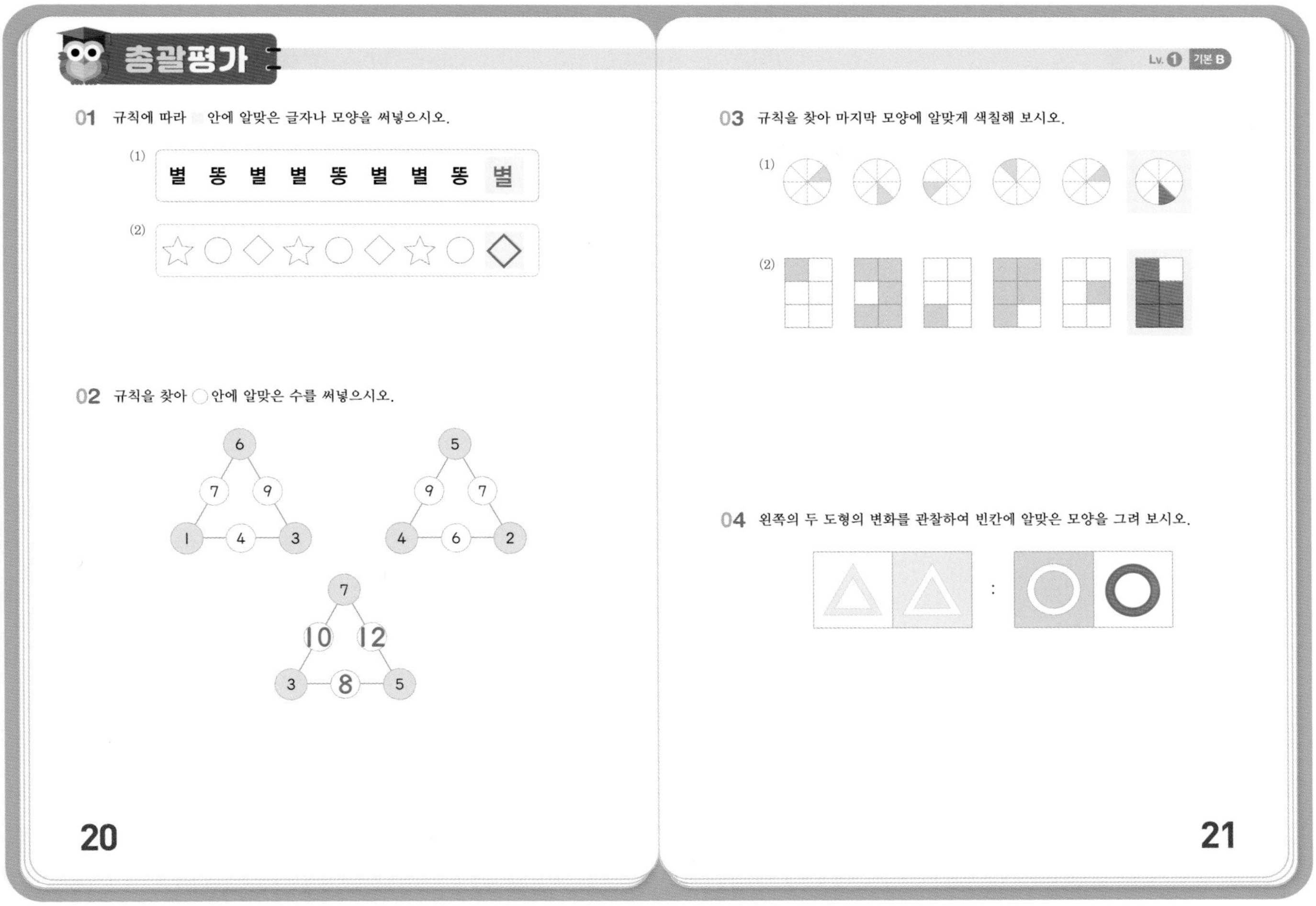

총괄평가

Lv.1 기본 B

01 규칙에 따라 안에 알맞은 글자나 모양을 써넣으시오.

(1) 별 똥 별 별 똥 별 별 똥 별

(2) ☆ ○ ◇ ☆ ○ ◇ ☆ ○ ◇

02 규칙을 찾아 ○ 안에 알맞은 수를 써넣으시오.

03 규칙을 찾아 마지막 모양에 알맞게 색칠해 보시오.

(1)

(2)

04 왼쪽의 두 도형의 변화를 관찰하여 빈칸에 알맞은 모양을 그려 보시오.

20

21

01 (1) '별, 똥, 별'이 반복되는 규칙입니다.
(2) '☆, ○, ◇'가 반복되는 규칙입니다.

02 각 줄마다 양 끝의 색칠된 두 수의 합이 가운데 수가 되는 규칙입니다.

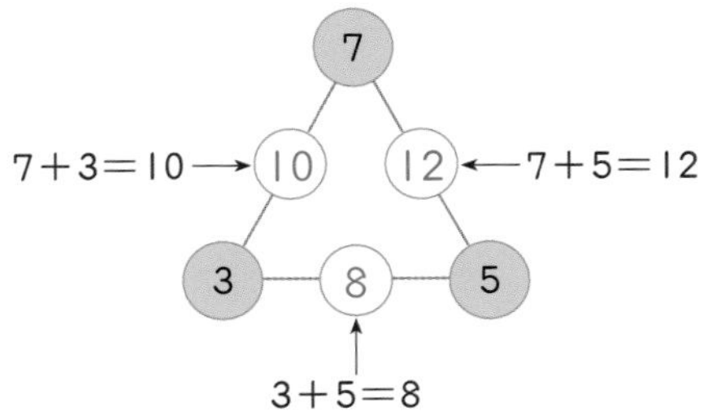


03 (1) 색칠한 부분이 시계 방향으로 2칸씩 이동하는 규칙입니다.
(2) 기준이 되는 부분이 시계 반대 방향으로 한 칸씩 이동하고, '기준이 되는 부분 색칠, 기준이 되는 부분을 제외한 나머지 부분 색칠'이 반복되는 규칙입니다.

04 색칠된 부분은 색칠되지 않고, 색칠되지 않은 부분은 색칠되었습니다.

총괄평가 Lv.1 기본 B

05 주어진 조각을 모두 사용하여 오른쪽 모양을 완성해 보시오.

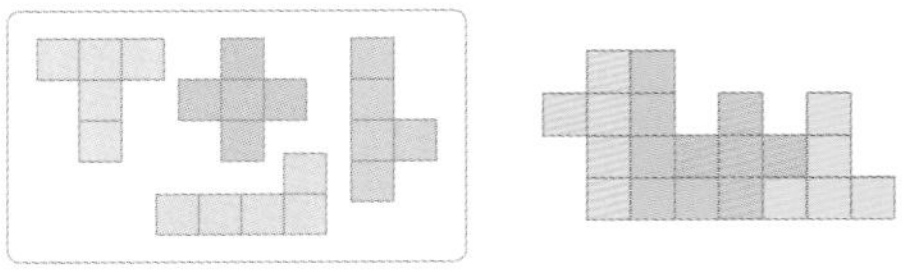

06 원숭이와 사슴이 똑같은 모양으로 땅을 나누어 가지도록 선을 그어 보시오.

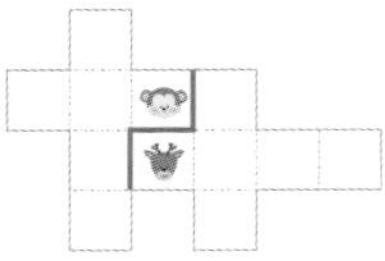

22

07 그림의 오른쪽에 거울을 세워 놓고 보았을 때 거울에 비친 모양을 그려 보시오.

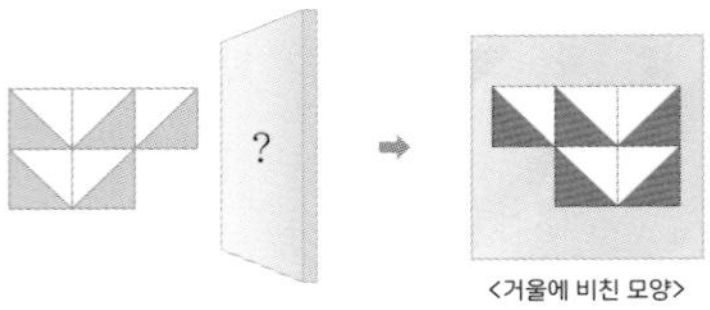


<거울에 비친 모양>

08 밑줄 친 부분을 바르게 고쳐 보시오. 6명

버스 정류장에 7명이 줄을 서 있습니다.
나는 앞에서 셋째, 뒤에서 넷째에 서 있습니다.

23

**05** 주어진 조각을 회전시켜 보면서 모양을 완성합니다.

**06** 작은 네모가 12칸이므로 6칸씩 나누어야 합니다.

**07** 거울에 비친 모양은 왼쪽과 오른쪽이 서로 바뀝니다.
거울에서 가까운 부분부터 차례대로 그립니다.

**08** 나는 앞에서 셋째에 서 있으므로 나의 앞에는 2명이 서 있고, 뒤에서 넷째에 서 있으므로 나의 뒤에는 3명이 서 있습니다.
따라서 버스 정류장에는 모두 6명이 줄을 서 있습니다.

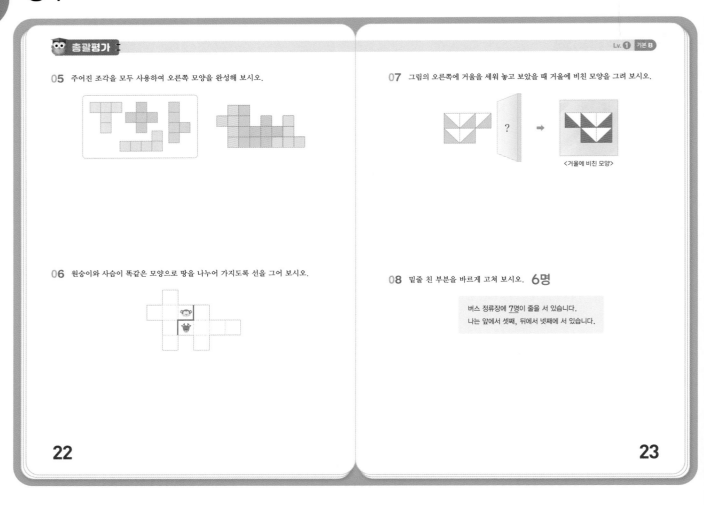

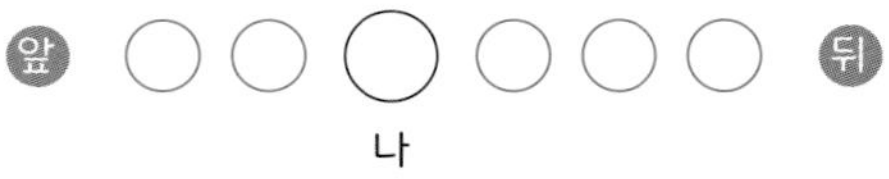

총괄평가 Lv. 1 기본 B

09 구슬 7개가 있습니다. 민지가 현우보다 3개 더 많이 가지도록 나누었을 때, 민지가 가지게 되는 구슬은 몇 개인지 구해 보시오. 5개

10 상황을 보고 만들 수 있는 문제를 모두 찾아 ○표 하시오.

상황
사탕을 재원이는 6개, 한준이는 9개 샀습니다.

- 한준이는 윤서보다 사탕을 몇 개 더 많이 가지고 있습니까? (　　)
- 두 사람이 산 사탕은 모두 몇 개입니까? ( ○ )
- 한준이는 재원이보다 사탕을 몇 개 더 많이 샀습니까? ( ○ )

24

정답과 풀이 53쪽

**09** 구슬 7개 중 3개를 민지에게 주고 남은 구슬을 두 사람이 똑같이 나눕니다.

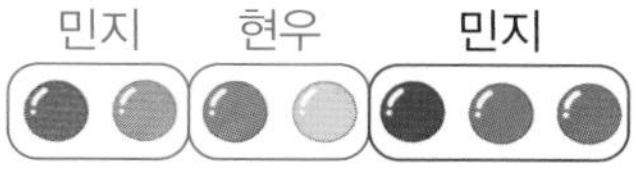


그러면 민지가 가지게 되는 구슬의 수는 $3+2=5$(개)이고, 현우가 가지게 되는 구슬의 수는 2개입니다.

**10** • 한준이가 윤서보다 사탕을 몇 개 더 많이 가지고 있습니까? ( × )
→ 윤서가 사탕을 몇 개 샀는지 알 수 없습니다.
• 두 사람이 산 사탕은 모두 몇 개입니까? ( ○ )
→ $6+9=15$(개)
• 한준이는 재원이보다 사탕을 몇 개 더 많이 샀습니까? ( ○ )
→ $9-6=3$(개)

**MEMO**

창의사고력
초등수학

# 팩토

**팩토**는 자유롭게 자신감있게 창의적으로
생각하는 주·니·어·수·학·자입니다.

Free Active Creative Thinking O. Junior mathtian

논리적 사고력과 창의적 문제해결력을 키워 주는

# 매스티안 교재 활용법!

| 대상 | 창의사고력 교재 | | 연산 교재 |
|---|---|---|---|
| | 팩토슐레 시리즈 | 팩토 시리즈 | 원리 연산 소마셈 |
| 4~5세 | <br>팩토슐레 Math Lv.1 (6권) | | |
| 5~6세 | <br>팩토슐레 Math Lv.2 (6권) | | |
| 6~7세 | <br>팩토슐레 Math Lv.3 (6권) |  팩토 킨더 A<br> 팩토 킨더 B<br> 팩토 킨더 C<br> 팩토 킨더 D | <br>소마셈 K시리즈 K1~K8 |
| 7세~초1 | | 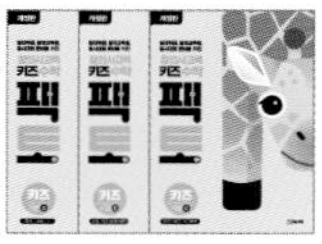 팩토 키즈 기본 A, B, C<br>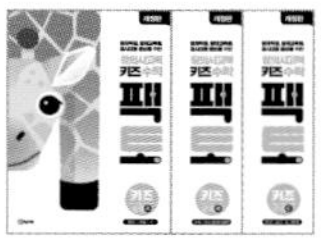 팩토 키즈 응용 A, B, C | <br>소마셈 P시리즈 P1~P8 |
| 초1~2 | | 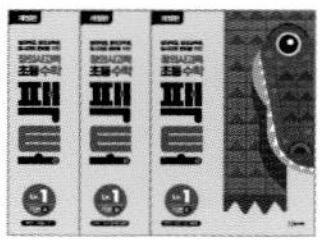 팩토 Lv.1 기본 A, B, C<br>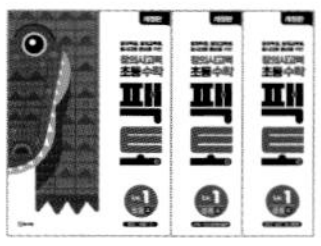 팩토 Lv.1 응용 A, B, C | 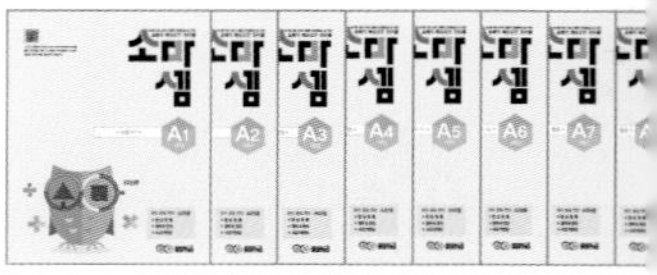<br>소마셈 A시리즈 A1~A8 |
| 초2~3 | |  팩토 Lv.2 기본 A, B, C<br> 팩토 Lv.2 응용 A, B, C | <br>소마셈 B시리즈 B1~B8 |
| 초3~4 | |  팩토 Lv.3 기본 A, B, C<br> 팩토 Lv.3 응용 A, B, C | 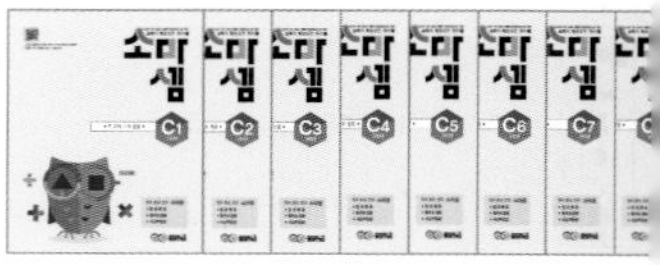<br>소마셈 C시리즈 C1~C8 |
| 초4~5 | |  팩토 Lv.4 기본 A, B<br> 팩토 Lv.4 응용 A, B | <br>소마셈 D시리즈 D1~D6 |
| 초5~6 | |  팩토 Lv.5 기본 A, B<br> 팩토 Lv.5 응용 A, B | |
| 초6~ | |  팩토 Lv.6 기본 A, B<br> 팩토 Lv.6 응용 A, B | |